甘肃北山区域-盆地-岩体多尺度地下水数值模拟研究

李国敏　董艳辉 等　著

科 学 出 版 社
北　京

内 容 简 介

本书基于盆地地下水流动理论，以甘肃北山地区为实例开展多尺度研究工作。设定区域、盆地及岩体三个不同尺度并逐级缩小，既保障研究的时空连续性，也避免了跨尺度数据传递的误差，形成了区域-盆地-岩体连续、完整、统一的研究思路。采用不同的概念模型和数值模拟手段建立各尺度所对应的地下水流动数值模型，着重分析了甘肃北山地区不同尺度地下水运动规律，为其作为高放废物地质处置预选区是否适宜提供科学依据，同样也为新疆、内蒙古等预选区的研究工作提供了理论支撑。

本书作为地质、环境、人防、国防等相关专业科技人员和高等院校师生的参考用书。

图书在版编目（CIP）数据

甘肃北山区域-盆地-岩体多尺度地下水数值模拟研究/李国敏，董艳辉，等著. —北京：科学出版社，2016

ISBN 978-7-03-046529-0

Ⅰ. ①甘… Ⅱ. ①李… Ⅲ. ①山区-盆地-地下水动态-数值模拟-研究-甘肃省 ②山区-岩体-地下水动态-数值模拟-研究-甘肃省 Ⅳ. ①P641.2

中国版本图书馆 CIP 数据核字（2015）第 285397 号

责任编辑：韦 沁/责任校对：陈玉凤

责任印制：张 倩/封面设计：耕者设计工作室

科 学 出 版 社 出版

北京东黄城根北街16号

邮政编码：100717

http://www.sciencep.com

北京佳信达欣艺术印刷有限公司印刷

科学出版社发行 各地新华书店经销

*

2016 年 3 月第 一 版 开本：787×1092 1/16

2016 年 3 月第一次印刷 印张：12 3/4

字数：308 000

定价：138.00 元

（如有印装质量问题，我社负责调换）

作 者 名 单

李国敏　董艳辉　王礼恒　魏亚强
黎　明　周鹏鹏　童少青　张　倩

前　言

作为一种重要的清洁能源，大力发展核能对于实现我国能源结构调整具有重要意义，但核能利用的同时也产生了大量高水平放射性废物（简称“高放废物”）。高放废物的妥善处置，是核能长期、高效、安全利用的关键制约因素。

通过长期探索与科学论证，目前世界公认较为安全的处置方法是深部地质处置：即把高放废物埋在距离地表深约 500～1000m 的地质体中，利用天然和工程屏障组成的深地质处置库系统使高放射性废物与人类生存环境安全隔离。2006 年 2 月，国防科学技术工业委员会、科学技术部、国家环境保护总局联合发布了《高放废物地质处置研究开发规划指南》，进一步明确了我国高放废物采用深地质处置这一基本政策。

高放废物处置库一般都拟建在低渗基岩中（如花岗岩、玄武岩、盐岩和泥质岩等），而在这些基岩介质中，不可避免地存在裂隙和节理，当处置库工程屏障失效后，放射性核素必将以地下水为载体，沿基岩裂隙向人类环境迁移。可见，水文地质特性定量评价研究是高放废物地质处置场址评价研究中至关重要的组成部分。

《高放废物地质处置研究开发规划指南》中明确提出水文地质特性评价研究需要从“区域、地段和场址三个尺度上开展水文地质相关研究工作”。2000 年以来，核工业北京地质研究院、中国科学院地质与地球物理研究所等单位已针对甘肃北山高放废物地质处置预选区开展了大量的地壳稳定性、地质构造、区域地下水循环规律研究，同时针对重点场址进行了地球物理、深部钻探、水文地质试验等工作。如何将跨尺度的“区域”与“场址”资料系统、有机地结合起来为选址工作中的水文地质适宜性评价提供科学依据，成为亟待解决的问题。

本书基于盆地地下水流动理论，以甘肃北山地区为实例开展多尺度地下水数值模拟研究工作。设定区域、盆地及岩体三个不同尺度并逐级缩小，既保证研究的空间连续性，也避免了跨尺度数据传递的误差。针对不同尺度的特征，在模型概化上分别采用等效多空介质连续模型、多重交互式连续模型、离散裂隙网络模型等建立各尺度相应的地下水流动模型，选取了与之相适应的模拟软件（包括 MODFLOW、MODFLOW-LGR、TOUGH2、FRACMAN 等），通过多种情景数值模拟计算，分析了甘肃北山地区不同时空尺度的地下水运动规律，为甘肃北山高放废物地质处置预选区的适宜性评价提供了科学依据。本研究很大程度上丰富了地下水数值模型研究的技术方法，为地下水多尺度问题的解决提供了新的思路。

全书共八章，第 1 章为高放废物地质处置的基本概念与研究进展，由李国敏、董艳辉、王礼恒共同编写；第 2 章为甘肃北山地下水系统的多尺度特征总结分析，主要由王礼恒整理、撰写；第 3 章为祁连山-河西走廊-北山典型剖面地下水流动模式的研究，由董艳辉、王礼恒编写；第 4 章为北山及邻区地下水化学与同位素特征研究，主要由王礼恒撰写；第 5 章、第 6 章为区域-盆地地下水流动数值模拟研究，由王礼恒、董艳辉、李国敏编写；第 7 章为岩体尺度地下水流动与核素运移数值模拟研究，由董艳辉、王礼恒、魏亚强共同编写；第 8 章为全书总结与进一步研究建议，由董艳辉撰写；全书由董艳辉统稿。

本书的成果是在国防科学技术工业局规划的高放废物地质处置研究开发项目“高放废物地质处置甘肃北山预选区区域-盆地-岩体多尺度地下水数值模拟研究”的资助下完成的，在此表示衷心感谢。本书在编写和出版的过程中，得到了核工业北京地质研究院等单位和个人的大力支持与帮助，在此深表感谢。书中部分内容参考了有关单位或个人研究成果，均在参考文献中列出，在此一并致谢。由于水平和时间的限制，书中难免有不当或错漏之处，希望读者不吝指正。

作者

2016 年 3 月

目　录

第1章 绪　　论

1.1 基 本 概 念

1.1.1 高放废物地质处置的基本概念

随着人们对清洁环境的迫切需求，世界各国都在逐步调整自身能源结构。作为重要的清洁能源，核能在能源结构中所占比重日益提升。根据国际原子能机构 2011 年 1 月公布的数据，目前全球正在运行的核电机组为 442 个，核电发电量占全球发电总量的 16% World Nuclear Association。中国核能行业协会数据显示，截至 2014 年 12 月，中国共投运 22 台核电机组，总装机 2010 万 kW，发电量 1280 亿 kW • h，占全国总装机容量的 2%。预计到 2016 年整个核电装机容量将超过 3400 万 kW，发电量将超过风电，成为继火电、水电之后的第三大能源（中国核能行业协会，2015）。

核电工业的运行能够为人们提供大量的清洁能源，但与此同时也产生了大量的核废料（或称为放射性废物）。按照放射性水平分类，核废料可划分为低水平放射性废物、中水平放射性废物和高水平放射性的核废料（简称“高放废物”）。目前，已有相对成熟的技术对低、中放废物进行最终安全处置。而对于高放废物，由于其中含有毒性较大、半衰期很长的放射性核素，因而对它的安全处置是一个世界性难题。核废料处置不当不仅会辖制核电工业的发展，也会直接威胁到人类乃至整个生物圈的安全。因此为了保障人类利用核能的安全性与可持续性，恰当地解决核废料的安全处置问题，成为当前亟待解决的问题之一（Ewing *et al.*，1995；周胜、王革华，2006）。

对于高放废物的最终处置，曾经提出“太空处置”、“深海沟处置”、“岩浆熔融处置”、“嬗变处置”等方案。经过多年的研究与实践，目前，国际上公认较为可靠的方法为“深地质处置”。即把高放废物埋在距离地表深约 500～1000m 的地质体中，利用天然和工程屏障组成的深地质处置库系统使高放射性废物与人类生存环境安全隔离（Bredehoeft *et al.*，1978）。埋藏高放废物的地下工程称为高放废物处置库。因此，可以看出，地质处置的目的是采用一整套设施将高放废物圈闭起来，以防止或减缓放射性物质向生物圈迁移。一般选择地壳稳定性好、含水性差、远离人类活动的地区作为处置场所，由地表打竖井至深部，而后由竖井底部开凿水平坑道，再在水平坑道中打竖井或支坑道，作为废物的存放场所，地下处置库便是由这些坑道、竖井构成的工程设施。

1.1.2 高放废物地质处置系统

高放废物地质处置一般采用“多屏障系统”的设计，即设置一系列天然和人工屏障于废物本身和生物圈之间，以增强处置的可靠性和安全性。这些屏障包括：废物包装（废物、固体材料、废物罐和可能的外包装）、工程屏障和天然屏障（主要指地质介质本身）。

在这样的体系中，地质介质起着双重作用，既保护源项，又保护生物圈。具体地讲，它保护人工屏障不使人类闯入、免受风化作用，在相当长的地质时期内为工程屏障提供稳定的物理和化学环境。此外，地质介质还能够通过一系列物理化学作用，如吸附作用、生物作用、稀释作用等，限制放射性核素向生物圈迁移。

1.1.2.1　天然屏障

高放废物地表处置之所以被否决，原因在于目前人类在地表所建造的建筑物，其服役年限都远远小于长寿命放射性核素的半衰期。而在深部地质介质中建造的处置库能够保证放射性核素的长期圈闭，而适宜的地质介质在地壳中分布十分广泛，因此高放废物的深地质处置设想具备实现的基础条件。

深部地质介质能够保证高放废物安全地被圈闭而不泄露，这是由于地质介质本身就可以构成阻滞核素迁移的天然屏障，还能够避免人类闯入进行破坏。地质介质不仅是良好的物理屏障，还是有效的化学屏障。核素在进入地下水后并随地下水流动而迁移的过程中，将会与介质发生各种作用，如吸附作用，沉淀作用等，这些作用能够有效地降低核素迁移速度。

地质体自身的演化是在长时间尺度下完成的。只要避开例如现代火山地区、强烈构造活动地区等，就可以选择到足够稳定的地质体以保证放射性核素长期有效的圈闭。相对而言，用于建造高放废物处置库的岩体体积只会占到稳定岩体的很小一部分，因此处置库的修建与闭库，都不会影响到稳定岩体的整体圈闭功能。

处置库的岩石类型是关系到处置库能否长期安全运行及有效隔离核废物的关键。多年来，世界各国对处置库的可能围岩进行了详细研究，通过对比，对花岗岩、黏土、岩盐的适宜性达成了共识。当然，一个国家最终选择什么样的岩石作为处置库围岩，还要根据本国的实际地质条件而定，如美国选择内华达州的凝灰岩、得克萨斯州的岩盐和华盛顿州的玄武岩作为高放废物处置库的围岩，我国则主要选择甘肃、内蒙古、新疆等地的花岗岩作为围岩。

选择高放废物处置库围岩要考虑很多因素，主要包括围岩的矿物组成、化学成分；岩石的水力学性能；岩石的力学和热学性能。围岩的矿物组成和化学成分对滞留放射性核素起关键作用。从这方面讲，花岗岩、黏土及黏土质岩石、玄武岩和凝灰岩都是很好的围岩类型。围岩在水力学方面应具有低孔隙和低渗透特征，以降低核素随地下水的迁移速度。以上 4 种岩石的孔隙度和渗透率都是较低的，花岗岩分别为 1.7%和 6.9×10^{-10}~2.6×10^{-8}m/s；黏土及黏土质岩石分别为 0.96%和 2.3×10^{-10}~7.6×10^{-10}m/s；玄武岩分别为 4.2%和 1.09×10^{-11}~4.0×10^{-11}m/s ；凝灰岩分别为 0.35 %和 5.1×10^{-11} ~ 8.5×10^{-11}m/s。岩石的力学性质决定了处置库的稳定性，其力学参数应有利于处置库的施工建造及安全运行。岩石的热学性能主要由热导率表示。高放废物核素的衰变要产生辐射热，据理论计算，高放废物在处置库中放置 5 年以后，近场温度可高达 500℃，由于热应力的作用能使围岩产生破裂而降低处置库系统的稳定性，因此要求围岩具有一定的导热能力。

1.1.2.2 工程屏障

综上所述，处置库的地下设施、废物容器及回填材料统称为工程屏障，它与周围的地质介质一起阻止核素迁移。

废物容器是防止放射性核素从工程屏障中释放出去的第一道防线。目前，世界各国在废物容器的设计上大同小异，所选用材料多为耐热性、抗腐蚀性能良好的不锈钢材料。为了寻求更优质的材料，ZrO_2等陶瓷材料和其他合金材料也都在研究中。容器的形状多为圆柱体。一般认为，容器保持完好的时间可持续千年以上。

回填材料作为高放废物处置库中的工程屏障充填在废物容器和围岩之间，也可以用它封闭处置库，充填岩石的裂隙，对地下处置系统的安全起着保护作用。回填材料应具备的性能是：对放射性核素具有强烈的吸附能力，阻止和减缓放射性核素向外泄漏；具有良好的隔水功能，延缓地下水接触废物容器的时间，降低核素向外泄漏的速度；同时应具有良好的导热性和机械性能，以便使高放废物衰变热量及时向周围地质体扩散，并对废物容器起支护作用，防止机械被破坏和位移。

在过去的二十余年间，许多国家通过研究对比，认为膨润土具有良好的隔水性和吸附性，是高放废物处置库良好的回填材料。20 世纪 80 年代末，核工业北京地质研究院对不同 pH 等条件下的常见核素 U、^{90}Sr、^{137}Cs、^{241}Am、^{237}Np、^{239}Pu 在膨润土中的吸附行为进行了土柱实验研究，结果表明膨润土适合高放废物处置库的回填材料。

虽然玻璃固化体中的核素封闭于多重屏障系统内，但不管该系统的设计多么完美，也不能永远地阻止核素向生物圈迁移。因为再坚固的设施也不可能永远存在。一旦工程屏障损坏，核素就将随地下水一起向地质介质中迁移，通过地质介质，最终到达生物圈。核素从处置库向生物圈迁移的过程可以设想为：首先，虽然处置库一般建在地下水贫乏且渗透性很低的岩体中，但深度一般应在 500 ～ 1000m 的地下，这个深度一般均属于饱水带，在处置库运行的初期，地下水将从周围压力较高的地区向处置硐室低压区运动，而地下水最先接触的将是回填材料。穿过回填层的水随后将与废物容器接触，一旦容器破损或腐蚀，地下水便直接与玻璃固化体接触，于是水与固化体间的相互作用便开始了。固化体中的核素或溶于地下水，或以微粒的形态转移到水中。与此同时，整个处置库便达到完全饱水的程度，于是，处置库硐室中的水压力与围岩体中的水压力达到平衡状态，从这一平衡点开始，地下水的运动将不再是由周围岩体流向处置库，而是开始受控于处置库地区的地下水流场。一般由补给区流向排泄区，于是转移到地下水中的核素便通过破损的容器沿水流方向返回到回填层中。在回填层中，某些核素被吸附或生成沉淀，但回填材料的吸附容量是有限的，很快核素将随地下水一起穿过回填层进入到地质介质中，在天然屏障中开始了向生物圈的迁移历程。可见，良好的工程屏障将大大延迟核素向地质介质、向生物圈迁移的时间，对保证处置库的安全运行是十分必要的。由此，可将工程屏障的功能概述如下：① 使大部分裂变产物在衰变到较低水平的相当长的时期内（1000 年左右）能够得到有效包容；② 防止地下水接近废物，减少核素的衰变热对周围岩石的影响，防止和减缓玻璃固化体、岩石和地下水的相互作用；③ 尽可能延缓和推迟有害核素随地下水向周围岩体迁移。

为了实现这些功能，目前，世界许多国家都在对工程屏障的各个方面进行研究，许多国家也正在研究如何把它们作为整体系统，综合、有效地发挥其功能。

1.2 多级尺度概念与定义

1.2.1 高放废物地质处置中的多尺度问题

高放废物地质处置选址是一个典型的多尺度问题。以我国高放废物地质处置选址评价研究为例，依据社会经济资料和地质背景，我国初定西北地区的甘肃北山、内蒙古阿拉善、新疆雅满苏等为预选区。首先从地壳稳定性、区域构造格架、地震地质特征、区域水循环等大尺度评估要素出发，以宏观视角对比、评价预选区适宜性。之后从预选区内选择稳定完整的岩体进行重点地段的评估。在重点地段评估过程中则采用深部钻探、地球物理、水文地质试验、工程地质测绘等小尺度精细研究评价岩体是否适宜修建处置库。从全国范围初选，到确立预选区，再到重点地段研究，这是一个连续完整的过程，也是一个尺度逐步缩小、研究程度逐步提升的过程（图 1.1）。

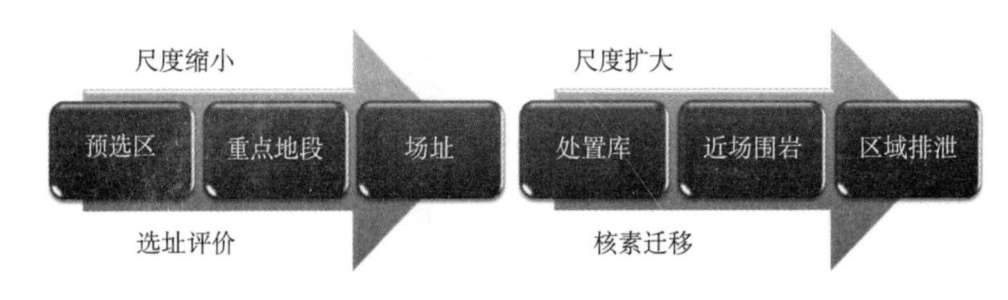

图 1.1　高放废物地质处置中的多尺度问题

核废料从工程屏障中溢出，进入处置库附近的赋存于裂隙中的地下水的过程是一个米级的空间尺度问题，时间尺度在年至百年范围内；核素进入围岩并随地下水一起运动至生物圈，则是一个上千公里的空间尺度范围，同时时间尺度也跨越为万年至十万年。作为核素运移的唯一载体，地下水的运动始终贯穿于处置库小尺度与预选区大尺度之间。

核素的泄露与迁移是一个复杂而又漫长的过程，每个过程发生的时间和空间尺度均具有明显差异，采用单一技术手段或方法刻画核素自处置库迁移至围岩最终随地下水进入环境的全过程是极不恰当的，因此需要用多重尺度的方法来研究这个过程。一般而言，地质处置库场址处于地质条件稳定的完整岩体中，岩体中地下水流动将受到所处的山间盆地水文地质条件制约，而该盆地地下水运动还将受到更大尺度的区域地质构造及地下水流场的控制。因此，无论是地下水本身运动规律的研究还是高放废物选址评价工作的开展，都是一个多尺度并存的问题。为从地下水角度对高放废物地质处置库安全性进行科学评估，就必须从不同的尺度开展研究，以保证评价结果的客观性与合理性。

1.2.2 多级尺度的定义

区域尺度的地下水流动研究主要为选址和场址评价服务，考虑的是大规模地质演化作用的范围。根据甘肃北山地区的构造格局和地层岩性分布特征，以地下水补给与排泄的大致位置为约束，确立区域尺度研究范围大致北到中蒙边界，东至额济纳盆地，南为河西走廊与祁连山一带，西为马鬃山一线的区内地势较高处。该范围包括了整个北山山区，基本框定在北山造山带构造格局内，地层岩性以花岗岩和变质岩为主，大体上西部为地下水补给区，东部南部为地下水排泄区，区内形成以地下水循环为主体的完整范围（图 1.2）。

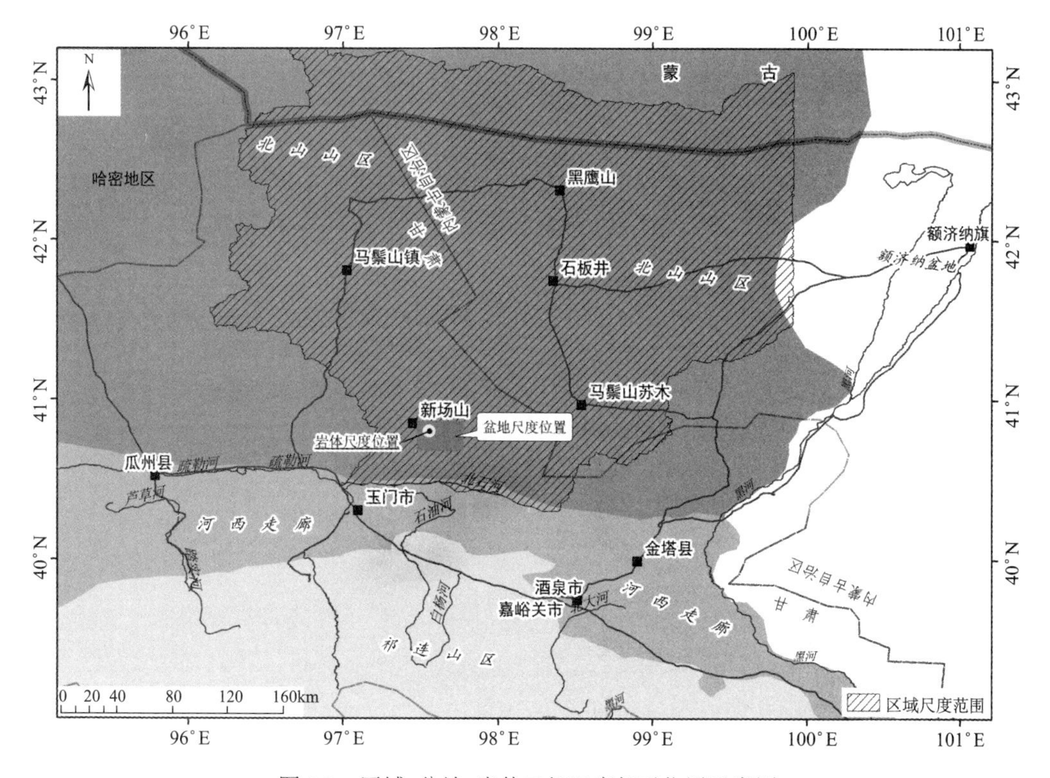

图 1.2 区域-盆地-岩体三级尺度相对位置示意图

盆地尺度地下水流动研究的范围主要为组成区域地下水系统的山间盆地，在甘肃北山地区则是指花岗岩处置库预选地段所处的若干相关山间盆地，本研究中选取新场地段所处的山间盆地作为研究对象。其位于北山山区中南部靠近河西走廊地带，大致范围以新场山、新场南山为地形圈闭的盆地，南北均为大型压扭断裂为边界，北、西、南地势略高，东部略低。盆地尺度主要作用时明确处置库场址区地下水的时空运动规律，过渡、承接从区域尺度向岩体尺度中水量、水位信息的传递，有效避免数据跨尺度传递过程的失真，保障研究过程的时空连续性。

在盆地尺度研究的基础上，进一步详细开展岩体尺度研究。岩体尺度范围初步设定于新场盆地北部完整的岩体中。通过深部钻探与水文地质试验确定不同深度内岩体渗透性能分布规律，在进行地表裂隙统计测量工作的基础上，建立岩体尺度地下水流动概念模型与数值模型，分析地下水运动的时空规律。

不同尺度的范围、划定依据与重点关注的问题列入表 1.1。

表 1.1 不同尺度研究基本情况一览表

	范围	划定依据	奠定基础	重点关注
区域尺度	甘肃北山及邻区含河西走廊、祁连山区等	地层岩性 构造格局	资料收集 野外调查 取样分析	区域地质背景；断裂的特征；含水层的几何形态展布范围及相应的水力联系地下水系统边界；地下水来源演化
盆地尺度	新场盆地	重点地段	野外调查 渗水试验	盆地内断裂水文地质特性地下水形成机制与运动特征所在流动系统边界
岩体尺度	新场岩体	备选场址	野外调查 裂隙测量	岩体在流动系统中所处位置裂隙发育情况、地球化学特征；水力参数、热力参数

通过甘肃北山区域、盆地及岩体三个不同尺度的深入研究，尺度之间互相嵌套、相互约束，构建不同尺度地下水流动数值模型，预测评估在长时间尺度中地下水流动规律及演化趋势，为进一步确定处置库场址预选区域和地段比选提供定量的科学依据与技术支撑。

1.3 国内外研究进展

1.3.1 高放废物地质中水文地质特性评价研究现状

1.3.1.1 国外研究现状

高放废物地质处置是1957年美国科学家提出的设想，至今还没有一个国家真正建成高放废物处置库。大部分国家都还处在处置库的选址、场址评价工作及地下实验室研究工作阶段（郭永海等，2001；Alexander and McKinley，2011）。为了保障高放废物的安全处置，许多国家制定了明确的政策、颁布了相关法律法规，并委任专门的实施机构，在政策、法规和体制上为高放废物的管理和处置奠定基础。从世界范围来看，各个国家都在努力开展相关的研究工作，力度也逐渐增加。处置库的选址和评价进展较快的是美国和芬兰（王驹等，2006），比利时、法国、德国、加拿大、瑞典等国也在积极开展相关工作。鉴于地下水渗流在处置库安全中扮演的重要角色，各国在选址评价过程中对水文地质特性评价投入了大量的研究工作。

美国于2002年选定西部内华达州的尤卡山（Yucca Mountain）作为民用高放废物的最终处置场地，并完成场址评价工作。为开展尤卡山水文地质特性评价，美国能源部（DOE）协同美国地质调查局（USGS）及美国国内多家科研机构对该地开展了水文地质调查与研究工作，综合地质、地球物理、遥感等多项先进技术在尤卡山进行了实地勘察与数据采集工作，构建了尤卡山区域地下水流动系统水文地质框架和地下水流动数值模型（D'Agnese *et al.*，1999；Belcher，2004；Faunt *et al.*，2004）；此外，考虑核素衰变释热等因素，开发了针对处置库及围岩尺度下的能够用于模拟渗流场、温度场耦合作用下的核素迁移计算程序（Pruess *et al.*，1984；Wu and Pruess，1998），科学地评估了尤卡山作为美国高放废物地质处置场址的适宜性。尽管目前尤卡山计划暂时搁浅，但该选址过程中的研究思路与评价方法为其他国家高放废物选址工作提供了借鉴模式。

芬兰于 1983 年开始进行高放废物地质处置库选址工作，1987~2000 年期间，通过大量的地质勘查、地球物理勘探、地球化学调查研究，确定奥尔基洛托（Olkiluoto）作为预选场址。在水文地质特性评价研究方面，除了对奥尔基洛托地区进行了区域大尺度的地下水流动数值模拟及核素迁移规律研究（Jakimavičiūte-Maseliene *et al.*，2006），同时也考虑该场地尺度中结晶岩内不可避免的裂隙对地下水的运动规律的影响（Löfman，2000；Blessent *et al.*，2011），此外还考虑气候条件变化情况下的多尺度地下水流动数值模拟研究（Joyce *et al.*，2014）。在这些研究的基础上，芬兰于 2004 年在该地区建立地下实验室，计划在 2020 年正式开始使用处置库。

法国于 2014 年启动工业地质处置中心（Cigeo）废物处理程序的设计工作，该中心是位于法国东部的默兹 Meuse 地区与上马恩（Haute Marne）地区交界处的一座深地质处置设施。除了进行区域尺度水文地质调查与评价工作外（Hakim *et al.*，2014），目前该处以已进入地下实验室相关研究阶段（Delay and Distinguin，2004；Delay *et al.*，2007），同时也考虑不同尺度间的相互作用与耦合模式（Jiang *et al.*，2014）。除了进行了不同空间尺度的研究外，法国学者也对上马恩（Haute Marne）地区未来若干年气候变化对地下水的影响进行了研究和预测（Holmen *et al.*，2012）。在这些研究的基础上，目前该处已确定为法国未来的中高放废物地质处置库，由 Assystem 公司、Cegelec 公司和 Spretec 公司共同负责实施。

比利时于 1976 年开始进行高放废物地质处置研究，1978 年确定 Dessel 地区的黏土岩作为处置库围岩，1980 年开始进行地下实验室的建造（Mallants，2009）。在地下实验室中进行了多种地球物理方法（如钻孔测井、地震解译、核磁测量等）对黏土岩结构的不连续性和非均质性进行了研究，并进行了大量的原位实验（Jia and Chen，2011），同时结合区域尺度选址评估与地下实验室围岩特征研究进行了多尺度地下水渗流行为的模拟与预测（Rogiers，2013）。

德国在 1964 年开始对盐岩作为处置库围岩开展了大量的研究，确立 Gorleben 地区的盐岩较为适宜并在此建立地下实验室，进行了地热、地震、重力、地球化学、水文地质、水文地球化学、盐岩蠕变等多方面的研究（Behlau and Mingerzahn，2001）。在此基础上，在区域尺度上深入研究了考虑核素与变密度地下水之间相互作用下的迁移规律（Kolditz *et al.*，1998；Wang *et al.*，2003）。此外，加拿大、瑞典等国在确立高放废物地质处置库场址过程中也深入开展了水文地质特性评价研究，同时从不同尺度着手科学地评估了处置库的安全性。（Stroes-Gascoyne and West，1996；Follin and Hartley，2014；Joyce *et al.*，2014）。

整体上，参与高放废物地质处置的国家越来越多，投入越来越大，针对水文地质特性评价的研究工作也越来越深入。同时也可以清晰地看到，选址评价工作中无法避免的碰到了多重尺度的问题，但目前绝大多数研究工作只在单一尺度上开展，鲜有多重尺度交互的相关研究。

1.3.1.2　国内研究现状

我国高放废物地质处置研究工作自 1985 年开始，处置库的选址历经全国性的筛选、地区筛选及地段筛选三个阶段（王驹、徐国庆，1998；王驹等，2005；Wang，2010）。通过全国范围内的选址评价研究，目前选定以我国西北为重点选址区，在新疆、甘肃、内蒙古三省开展全面的场址预选与评价工作。其中在甘肃北山地区已开展 20 余年的研究工作（郭永海等，2014），完成了包括地壳稳定性、地震特征、地质条件、水文地质条件等全方位的工作。在 1∶50000 的地面地质、水文地质调查的基础上，施工 11 口深钻孔（>500m）、8 口浅钻孔（<100m），开展了地质研究、钻孔水文地球化学测井、钻孔双栓塞水文地质试验、钻孔电视、钻孔雷达、地壳应力测量等研究，建立了“高放废物处置库花岗岩场址特性评价技术集成系统”，获取甘肃北山场址的深部岩石样品、原状地下水样品、深部地质环境数据和资料，为甘肃北山预选区的场址评价研究提供了科学依据。为全面开展不同预选区、不同围岩类型的对比工作，客观评估场址适宜性，2013 年我国在新疆和内蒙古两地分别开展了新预选场址评价工作，有望实现多场址、多围岩类型对比，为我国尽快建立地下实验室奠定牢固基础。

在水文地质特性评价研究方面，目前已全面开展了甘肃北山地下水来源、演化及循环规律研究。郭永海等（2003，2008a）综合利用地下水化学与同位素等技术，全面系统地分析了甘肃北山地区地下水的形成与循环；李国敏等（2007c）、赵春虎等（2008）提出了北山区域地下水径流模式概念模型，指明了地下水的循环过程与排泄途径；宗自华等（2008）、王海龙（2014）依据北山已有深钻孔数据建立了钻孔附近三维裂隙网络模型，分析裂隙特征对核素迁移的影响；董艳辉、李国敏等（2009a，2009b）利用高性能并行计算方法综合地质、遥感等多种技术建立北山大区域地下水流动数值模型并进行了多情景分析预测。

经过多年来大量的现场试验、调查与研究，目前甘肃北山预选区区域资料日趋完善，重点岩体相关地质数据不断地充实，急需综合、统一多个不同尺度上数据，进一步提高地下水流动模型的仿真性，刻画预选区地下水流场、认识地下水循环规律与影响因素，为场址评价提供科学依据。

应该注意到，高放废物地质处置是否安全主要取决于放射性核素在天然屏障中（即处置库围岩）的迁移形式与迁移速率，而这种迁移与处置库系统所处的水文地质环境密切相关。高放废物深埋入地下后，会继续衰变产生热量从而破坏工程屏障（核废料容器或处置库壁）而进入地下水环境，然后随地下水运移而污染人类和其他生物的生存环境。因此处置库周边地下水的一些特征，如地下水的流速、流向、水量、化学成分等特性对于其携带放射性核素进入生物圈起着重要的影响和控制作用（李国敏，1994；Bodvarsson *et al.*，1999；郭永海等，2007）。

为了慎重、客观、合理地选择高放废物处置库的场址，我国提出处置库选址评价—地下实验室研究—处置库建设三个阶段的技术路线，进行我国高放废物地质处置场址的评价工作（王驹、徐国庆，1998）。自 1985 年以来，在全国范围内收集了不同地区的社会经济资料和地质背景，进行了综合对比后初定我国西北地区的甘肃、内蒙古、新疆等地作为高放废物地质处置预选区，计划通过不同预选区的深入研究和对比论证，确定未来处置库的最终修建场所。目前，鉴于国家规划与现实需求，必须加快推进处置库选址评价工作，尽早进入地下实验室研究与处置库建设阶段。

1.3.2 地下水流动系统研究现状

作为统一高放废物地质处置研究中多级尺度的工具，地下水流动系统理论的提出与深入研究是具有划时代意义的。尽管该理论提出至今已发展多年，但仍面临如系统级次的识别、划分与耦合，渗流场、温度场及化学场的有机结合等问题，多数问题仍处在研究探索阶段，需要尽快提出具可操作的实际技术方法。

1.3.2.1 地下水流动系统理论的提出与分析方法

20世纪系统论的提出，逐步渗透到各个领域并成功解决了众多复杂问题（冯·贝塔朗菲等，1987；成思危，1999）。“系统”的思想和方法随后也进入水文地质领域，并逐步应用于分析和解决各种水文地质问题，出现了地下水流动系统的概念（王大纯等，1995）。与传统的井孔水力学相比，地下水流动系统往往更注重的是完整的地下水循环过程，并认为地下水是地质历史时期内多种地质要素综合作用的产物，是一种活跃的地质营力（Ingebritsen and Sanford，1999；Tóth，1999）。1980年，Tóth（1963，1978，1980）、Engelen和Jones（1986）等进一步发展了地下水流动系统的理论，提出了不同级次流动系统的概念，包括区域的（Regional）、中间的（Middle）和局部的（Local）三个不同尺度系统，创立了基于重力驱动的地下水流动系统理论。

不同级次地下水流动系统的循环深度不等，地下水交替强度有序变化：区域级次地下水流动系统中地下水径流路径最长，径流深度最大；中间级次流动系统地下水径流时间相对较短，径流深度较浅；局部级次流动系统地下水径流路径最短，径流深度最浅，地下水循环交替速度最快。因此，Tóth和Sheng（1996）提出核废料的处置应优先考虑区域地下水流动系统的补给区，假如发生核废料泄漏事故，携带核素的地下水自补给区运动到排泄区需要相当长的时间（相对较长的径流路径与较慢的径流速度），这对保障生物圈安全起到了至关重要的作用（Voss and Provost，2001）。准确圈定（划分）流动系统的级次与空间分布范围能够科学评估核废料处置库选址的合理性，但Tóth（1963）提出的关于某一级次地下水流动系统的定义非常抽象，并不便于实际操作。Zijl（1999）定义了穿透深度，确立不同规模的地形起伏会产生不同深度的“隔水底板”，初步圈定了不同级次地下水流动系统在垂向上的循环深度。蒋小伟等（2011a，2011b）利用解析解获取了多级次地下水流动系统中“驻点”的位置，并基于此精确划定不同级次地下水流动系统。他们均采用解析方式针对均质各向同性小型盆地开展流动系统级次性划分，而事实上影响地下水流动系统的因素非常复杂，解析解的应用受到了一定程度的限制（梁杏等，2012）。

为了清晰展示多级次地下水流动系统并分析影响流动系统形态的因素，众多学者都采用了数值模拟技术进行研究。最初Tóth（1963）采用规则的定水头上边界，利用解析解得到了均质各向同性介质的单元盆地及复杂地形盆地的地下水流模式，明确了多级次地下水流动系统发育的基本形态。随后的大多数学者，都采用规则的地下水水位作为上边界条件进行数值模拟研究：Freeze 和 Withersp（1967）利用数值解研究了非均质介质以及地下水水位形状等对地下水流模式的影响，尽管研究中将多级次水流系统非均质化了，但仍采用了规则形状水位，因此客观上阻碍了随后地下水流系统数学模拟的发展（梁杏等，2012）。Engelen（1986，1996）在探讨地下水流系统物理机制的基础上，改进了水流系统数学模拟手段与方法，在水文地质分析的基础上，综合运用数学模拟、地下水势场以及水化学资料，建立了更具操作性的地下水流系统分析方法。Wang、Jiang 等（2010，2011）考虑了松散沉积盆地实际条件，对渗透系数随深度衰减条件下的盆地地下水流进行了数值模拟。结果表明，渗透系数随深度衰减越显著，局部流动系统的穿透深度越大，区域流动系统所占据比例越小，直至消失。Liang 等（2013）基于实验室物理模拟和数值模拟相结合的方式，讨论了通量上边界条件下控制多级次流动系统发育的影响因素，证实地形并不是唯一控制系统级次发育的因素，主要控制因素应当是入渗强度与盆地介质渗透系数。

1.3.2.2　地下水流动系统概念模型探讨

地下水流动系统理论起源于 Tóth（1963）对潜水盆地地下水流特征的研究，在该理论创立早期，以托特潜水盆地模型为基础，研究者们采用规则上边界或指定水头上边界的形式探讨了盆地地形、地质条件等因素对地下水流动系统特征的影响和控制作用。之后众多学者在以定水头作为上边界条件的情况下研究了地下水流动系统的发育特征与影响因素（Goderniaux *et al.*，2013；Gomez and Wilson，2013）。蒋小伟等（2009）进一步改进复杂盆地模型上部给定水头边界的数学表达式，推导流函数的解析解，以流线为线索，分析了地下水流动系统中驻点水动力学特征，并以此为基础提出了精确划分不同级次地下水流系统的方案。该方案应用于我国内蒙古鄂尔多斯盆地地下水流动系统的研究中（Hou *et al.*，2008；张俊等，2012），精确地刻画了盆地尺度内地下水的补给、径流及排泄特征，为该地区地下水资源开发利用提供了科学依据。

这种指定上边界水头的研究被称为“地形控制论（Topography-control）”，这样的概念模型对于水位分布进行了过度地简化，在一定程度上夸大了排泄区的分布，尤其对于单一区域流动系统，排泄区范围占盆地面积的 50%，这与实际情况并不相符。尽管这种模型存在一定问题，但它让人们直观了解到了地下水流动系统发育的形态特征，对于探索地下水流动规律、推动流动系统理论发展具有重要意义。

事实上根据需求不同，也有学者提出以降水补给作为上边界研究地下水流动系统的发育特征，被称为“补给控制论（Recharge-control）”。Haitjema 和 Mitchell（2005）提出地形控制地下水水位的质疑，他讨论了含水层厚度以及地表水排泄带间距对地形控制地下水水位的影响，并提出了一个地形是否控制地下水水位的判别式。Liang 等（2010，2013）通过在实验室进行砂槽物理模拟与数值模拟相结合的方式，探讨了通量上边界对控制地下水流动系统特征的影响。Gleeson 等（2011）基于 Haitjema 提出的判别式对美国本土地下水系统进行分类，他认为大尺度上的地下水水位可明显地分为两种类型：补给控制型和地形控制型。Marklund 和 Wörman（2011）尝试综合通量（Neumann）和指定水头（Dirichlet）两种形式确定上边界，试图进行求解地下水水位的动态变化。

尽管“补给控制论”考虑了更多可能影响地下水系统的现实因素，如降水补给强度、含水层渗透性等，但这种方式也存在一定程度的简化，这是由于该模型仅认为河流、湖泊等为集中排泄区而忽略了蒸发等因素对地下水的排泄作用，从而低估了排泄区的分布范围，这对弱化高放废物地质处置预选区中敏感点的分布范围影响极大。

1.3.2.3　地下水流动系统中的水化学场

鉴于地下水在空间上具有隐蔽性，在时间上具有地质时间的长尺度，因此无法直观了解、查看地下水流动系统。但是，地下水作为岩石圈、生物圈、大气圈的纽带，在自然系统的循环过程中不断地进行着物质与能量的交换，因此通过地下水化学的时空变异特征与演变规律，能够更好地揭示地下水与相关环境的相互作用。地下水系统有自组织过程也有自相关特性，水化学特征则是二者的综合体现，并反映出地下水运移的方向与规律。因此可以借助地下水化学场初步划定流动系统范围或级次。

同位素与水化学的技术方法日益成熟，已广泛用于探讨地下水的起源、形成、埋藏及质与量的沿时变化等理论问题（王恒纯，1991；沈照理等，1993；Clark and Fritz，1997），此外还能够判定地下水的补给来源、补给强度、各种补给来源的比例、补给区位置高度以及测定地下水的年龄、流向、流速等实际应用问题（Bennetts *et al.*，2006；Li *et al.*，2008；Tweed *et al.*，2011）。Edmunds 等（2003）与 Rouabhia 等（2011）利用痕量元素和稳定同位素技术研究了北非的阿尔及利亚和突尼斯一带地下水的来源及含水层间的水力联系，明确了地下水补给来源与补给时间，分析了不同含水层内地下水的演化受到不同化学作用控制。Cartwright 等（2009）、Tweed 等（2011）、Al-Charideh 和 Hasan（2013）、Zghibi 等（2013）通过对地下水流动系统的初步认识，综合研究在干旱-半干旱地区从补给区到排泄区地下水中稳定同位素、主要离子等演变规律，明确了地下水的补给来源和盐分累积过程，确立了完整流动系统中水化学场的分布特征与演变过程。

同位素与水化学方法应用于水文地质领域有助于从宏观上阐明水文地质过程的机理，初步划定补给区域排泄区的位置。但需要指出的是，在研究地下水的问题中，任何一种方法都有自身的局限性（Kim and Park，2014）。因此应用同位素方法解决水文地质问题时，只有将其与常规水动力学相配合，才能获得可靠的结果。

1.3.3　多尺度地下水数值模拟研究现状

毫不夸张地说，几乎所有的问题都存在多重尺度效应（Weinan *et al.*，2003）。而目前水文地质学建模所面临的最大挑战就是不同时空尺度问题中对地下水流动、溶质运移、水与介质之间的反应过程都没有得到彻底的认识和了解（Scheibe *et al.*，2014）。因此包括地下水的流动、溶质的迁移等都在多尺度模拟中存在诸多困难和障碍且难以解决。

1.3.3.1　国外研究现状

在区域尺度上采用基于达西定律和质量守恒方程建立的描述地下水运动的方程，利用成熟的有限差分法或有限元方法进行数值计算是过去几十年中地下水数值模拟中应用最为广泛的方式（Harbaugh *et al.*，2000；Trefry and Muffels，2007）。无论是在区域水资源利用规划方面还是污染场地治理与预测方面，利用地下水在宏观上表现出来的特征描述并预测区域水循环规律及污染物迁移所表现出来的特征是最为直观有效的方式。

美国地质调查局针对尤卡山高放废物地质处置开展了地下水流动数值模拟研究，主要以用于模拟孔隙介质的模块化三维有限差分地下水流动模型（Modular three-dimensional finite-difference ground-water flow model, MODFLOW）为计算程序，分析了区域地下水流场特征、参数敏感度及未来气候条件下的水位、水量预测，将多种技术方法获取的各类数据集成到水文地质框架下统一管理、使用，成为高放废物地质处置区域地下水流动数值模拟的典型例子（D'Agnese *et al.*，1999；Tiedeman *et al.*，2003；James *et al.*，2009）。此外由于采用有限差分方法的 MDOFLOW 计算程序易于理解，简单实用，已有多名学者综合考虑水循环的完整性，从大区域尺度上耦合地表水、非饱和带水等因素，进行相关的模拟研究（Werner *et al.*，2006；Zammouri *et al.*，2007；Twarakavi *et al.*，2008；Xu *et al.*，2012）。

Nastev 等（2005）、Lin 等（2010）采用 FEFLOW 模拟软件以区域大尺度视角开展区域地下水资源管理模型研究、区域地下水流动规律研究及污染物的迁移规律等，分析了地下水均衡与流场特征，提出科学合理的开发利用方案。Schoeniger 等（1997）在小型盆地尺度上充分考虑作为主要含水介质的基岩裂隙的特征，模拟分析了其中地下水的运动规律和污染物迁移行为，为当地污染物治理提出合理可行的设计方案。

随着研究的深入和先进技术的应用，部分学者发现在进行大规模、大尺度区域地下水数值模拟及污染物溶质运移模拟过程中，由于概化或计算网格分辨率等因素制约，模型预测结果出现明显的偏差（Cirpka *et al.*，1999；Raje and Kapoor，2000；Knutson *et al.*，2007）。因此对区域尺度进行一定程度的缩小，进行更为精细化的研究成为了研究的趋势与必然（Guimerà *et al.*，1995；Panday and Langevin，2012）。Zyvoloski 等（2003）也以尤卡山高放废物地质处置选址研究为契机，进行了场地尺度的水文地质概念模型及数值模型的深入研究，校准模型的同时预测了可能携带核素的地下水质点的运动路径。McLaren 等（2000）、Bodvarsson 等（2003）也在场地尺度上充分考虑裂隙介质的特性，分析了影响地下水运动的参数的敏感性，研究了介质对于地下水运动的影响和对污染物的阻滞效应。

除了有限差分法和有限元方法外，在区域到场地不同尺度上进行地下水流动数值模拟研究中使用的数值方法还包括边界元法、有限分析法、积分有限差分法、格子玻尔兹曼方法（Lattice Boltzmann methods）等（Narasimhan and Witherspoon，1976；Wang and Anderson，1995；El Harrouni *et al.*，1996；Anwar and Sukop，2009）。灵活的数值模拟方法能够适应不同的模拟、计算需求，为多样的地下水流动数值模拟技术方法提供支撑。

目前大部分地下水流动数值模拟方法都是单独建立在某一空间尺度上的，这是因为绝大多数的水文地质参数都具有一定的尺度效应，不同尺度之间的参数不可跨越尺度使用，因此目前不同尺度之间的地下水流动数值模拟研究几乎都是通过参数的尺度提升来完成的（Wen and Gómez-Hernández，1996；Zhou *et al.*，2010）。另外，多重分辨率方法也是解决不同尺度模型的有效方法，如 Ramannathan 等（2010）、Guin 等（2010）构建了从厘米尺度到千米尺度耦合模型，该模型几乎捕捉到了含水层非均质的所有特性。但是较粗的模型计算网格往往概化了小尺度局部介质的渗透性能，为了避免这种情况，采用多重计算网格分辨率的方法提升模型仿真性是最为直接的办法。例如，Hackbusch（1985）、Wesseling（1991）、Trottenberg 等（2000）提出的多重网格方法与相应的求解方法——多尺度有限元方法（Jenny *et al.*，2003；Arbogast *et al.*，2007）和多尺度模仿方法（Multiscale Mimetic Methods；Lipnikov *et al.*，2008）。Aarnes 等（2005）利用粗分辨率网格获取地下水压力分布与流速分布，进而采用多尺度有限元方法将其应用于细分辨率网格之上模拟预测了两相流的运动规律。

可以看出，多重尺度在地下水流动与污染物溶质运移中所面临的问题在国外水文地质领域已被广泛认识和了解，但由于缺乏机理性研究目前的模拟方式仍停留在现象认识与描述层面，为系统化多尺度问题的研究，应当从流体在介质空隙中的运动机理研究出发，重构不同尺度数值模型，研究不同尺度之间的耦合方式，保证研究尺度的连续性与统一性。

1.3.3.2　国内研究现状

从大区域地下水流动数值模拟的角度看，国内所进行的研究多数属于地下水资源评价与管理、地下水环境演变等方面（张光辉等，2006; Zhang and Li，2013; Li *et al.*，2014），或是针对具有大尺度需求的高放废物地质处置选址评价研究（董艳辉等，2008b，2009；董艳辉、李国敏，2010；王海龙、郭永海，2014）中。对于中小尺度而言，也针对某含水层或集水盆地进行了地下水资源量评估或污染物溶质运移模拟等（陈喜等，2006；徐海珍等，2011）。

不同尺度的水文地质问题在国内主要集中于研究具有高度非均质性的裂隙介质中地下水渗流与溶质运移模拟中。苏锐等（2000）、孙蓉琳等（2006）、李寻等（2010）对不同岩石中的单裂隙开展了野外渗透试验、实验室渗透试验、溶质运移等小尺度研究；刘学艳、项彦勇（2012）以北山岩体为研究对象，进行了米级尺度的渗流、热传导数值模拟分析；杜尚海等（2013）以场地尺度范围研究了深部 CO_2 地质封存对深部、浅部地下水水质的影响。黄勇、周志芳（2005）则针对裂隙介质开展了多尺度研究，从描述裂隙几何形态到构建裂隙网络模型，对流体运动与溶质运移、迁移规律进行了深入研究。

总体来看，国内对于多尺度地下水流动的研究仍处在相对初步的阶段，仍有许多领域尚未涉足或刚刚起步，因此需从不同尺度地下水渗流机理入手，充分考虑尺度之间耦合方式，进行深入研究与探索。

第 2 章　甘肃北山地下水系统多尺度特征

本章从甘肃北山及邻区基础水文地质资料分析入手，从不同尺度详细论述了地理要素、地质构造条件、水文地质特征等，为充分认识和了解甘肃北山地下水系统的多尺度特征提供了基础。

2.1　自然地理条件

2.1.1　研究区位置

甘肃北山地区位于我国甘肃省西部，河西走廊以北的戈壁荒漠区。北接蒙古国，东与额济纳盆地相邻，西部为新疆维吾尔自治区哈密地区。行政区划隶属于甘肃省酒泉地区、内蒙古阿拉善盟额济纳旗，属于我国重要的边防地区。研究区东西长约 500km，南北宽约 406km，地理坐标为北纬 40°~ 43°，东经 96°~ 101°（图 2.1）。

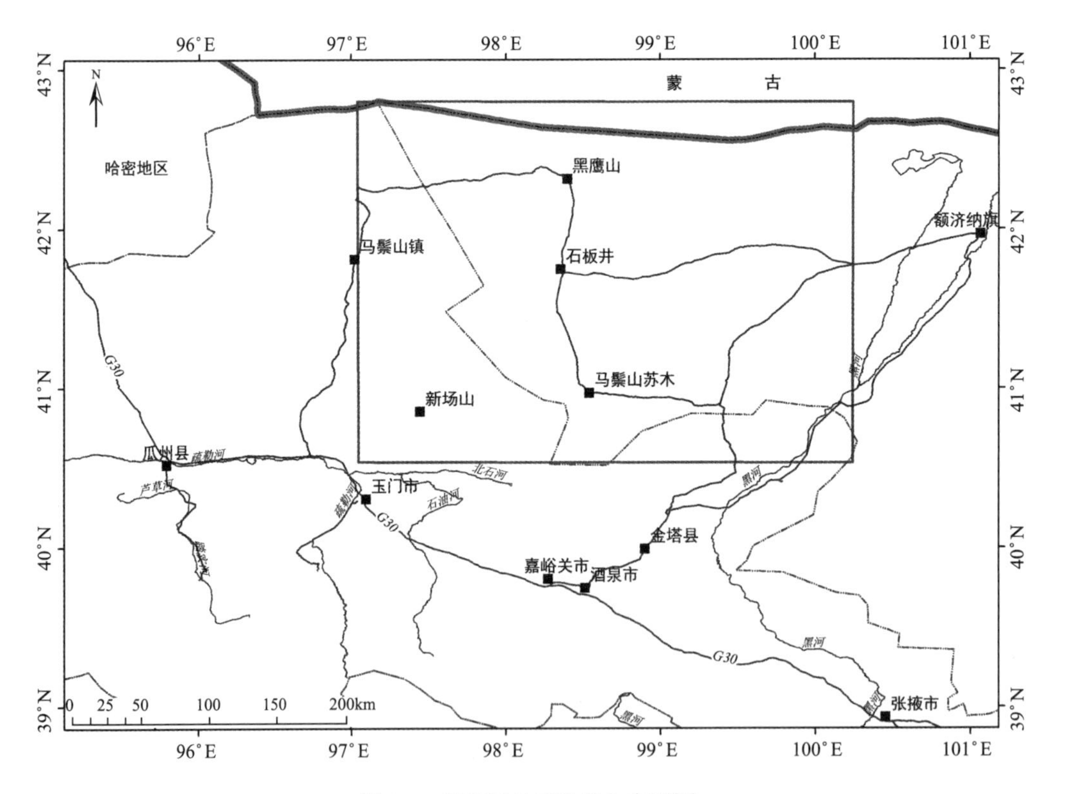

图 2.1　研究区地理位置与交通图

研究区周边有连霍高速（G30）、兰新铁路、额酒公路（S312）等，交通较为便利。但研究区内人烟稀少、并无常住居民，仅有少量牧民迁徙式放牧而成为区内暂时性人口，因此交通条件较差，多数道路属于砂石路等简易公路。研究区内农业不发达，几乎无可耕种的土地，主要经济来源为部分矿产资源开发及畜牧业。矿产资源主要包括煤矿、金矿、石材、红柱石矿、硅灰石矿等。

2.1.2　地形地貌条件

研究区根据地形、气候特征等大致可划分为三个部分：南部祁连山区、中部河西走廊区及北部北山地区。南部祁连山区属于构造侵蚀地形，山体为数条由西向东的平行山岭组成，山势东低西高，大部分地区在海拔 3500m 以上（图 2.2）。山体陡峭、切割强烈，地貌复杂，相对高差较大。雪线以上终年积雪并分布有现代冰川，降水丰沛，植被良好，是区域内重要的水资源产流区。

河西走廊地带位于祁连山与北山之间，海拔分布在 1200~2000m，是祁连山地剥蚀物质堆积区，受石油河、疏勒河、踏实河等多条起源于祁连山区的河流影响，属洪积、冲积扇形平原。地势较为平坦，呈东高西低的趋势。其中大部分冲积平原绿洲区已发展为重要的农业区，如金塔盆地、花海灌区、昌马灌区、瓜州灌区等。此外，走廊西端还存在部分盐碱荒地、沼泽地等。

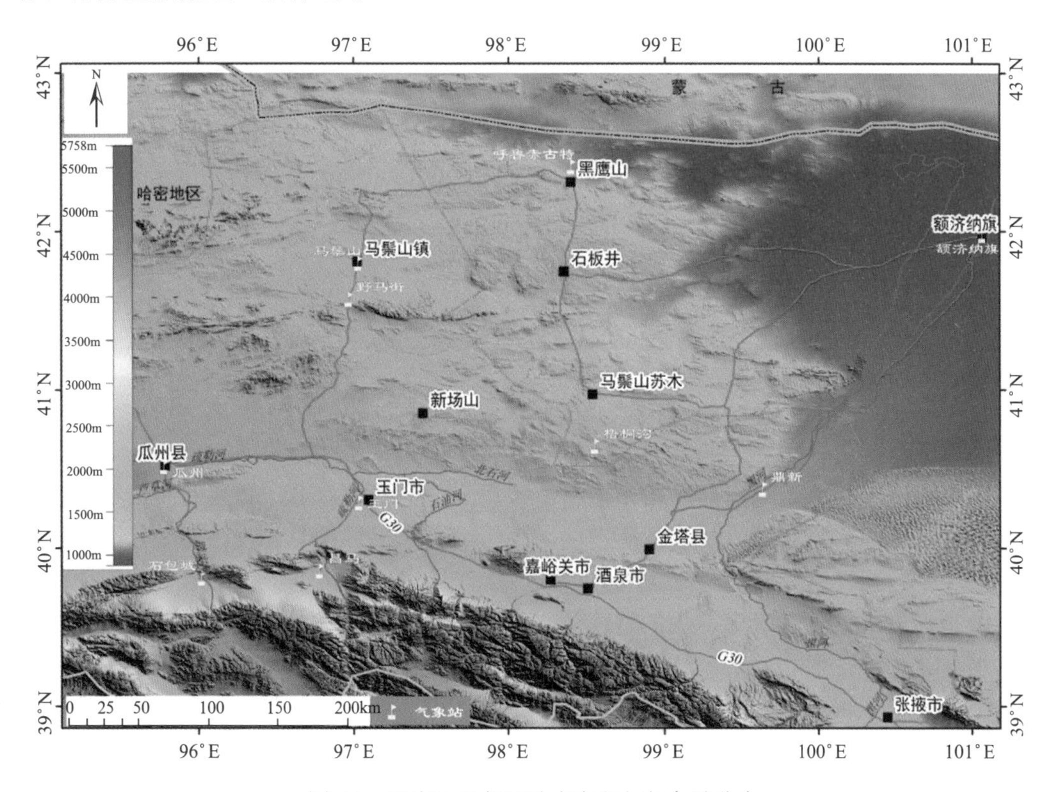

图 2.2　研究区及邻区地表高程与气象站分布

数据来源于空间信息联合会 CGIAR-CSI GeoPortal，http://srtm.csi.cgiar.org/index.asp

北山马鬃山断块带在区域地势上具有西高东低、北高南低的特点，地形起伏较大。西北部马鬃山一带地势最高，最高处海拔地面标高 2580m。由北部至南部的河西走廊一带，地面标高逐渐降低到 1200m 左右。由西部的马鬃山山区至东部黑河流域额济纳盆地，地面标高又降低到 900m 左右，成为该区的最低地带。因此，北山山区地势呈现为西高东低，南北稍高、中部低洼的形态。

研究区地貌受地质、气候、河流等多种因素综合控制，根据地貌成因及形态特征初步将研究区划分为四种类型：高山山地地貌单元、山前平原地貌、冲积平原地貌及丘陵地貌（图 2.3）。

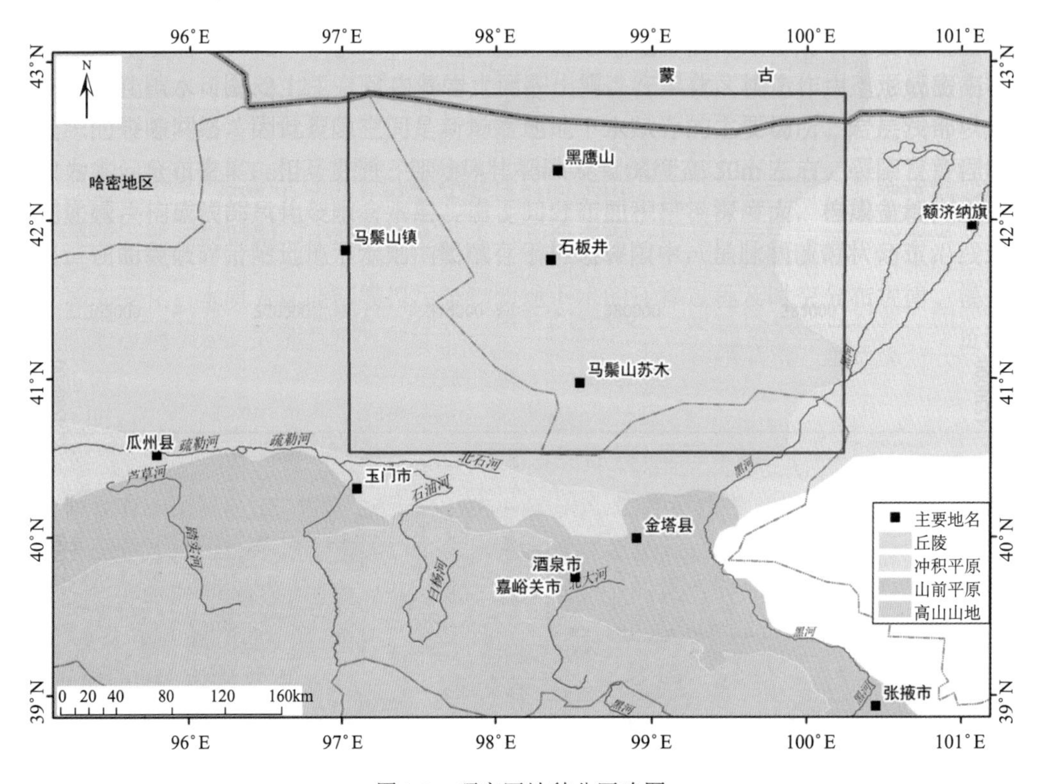

图 2.3　研究区地貌分区略图

高山山地地貌单元主要为南部祁连山山区，成因上属于构造、剥蚀地貌。在青藏高原剧烈隆升作用和强烈的冰川刨蚀、剥蚀切割作用下形成（曹伯勋，1995）。因此祁连山地由一系列平行山岭和山间盆地组成，山体呈北西-南东向延伸，海拔较高，山地呈北陡南缓的形态，海拔 4000m 以上的许多地区终年积雪，发育有现代冰川，是河西走廊的天然水库。

山前平原地貌单元为祁连山山前倾斜平原区，含部分河西走廊带，成因上属于山麓斜坡堆积地貌，在山谷洪流洪积和山坡偏流坡积作用下形成。在干旱气候条件的作用下形成了以戈壁沙漠为主要地貌景观的特点。

冲积平原地貌单元主要指瓜州盆地、花海盆地、额济纳盆地等，成因上属于河流侵蚀堆积地貌，在河流侵蚀堆积作用下形成。

丘陵地貌单元涵盖了整个北山山区。事实上，北山山地的地貌已经准平原化，其中洪积与剥蚀平地所占面积超过干燥剥蚀山地，山势较低，海拔 1500~2500m，山丘多为浑圆状山坡，坡度较小、山谷低平、地形较平坦、戈壁砾石较普遍。

2.1.3　气象与水文

2.1.3.1　气象条件

研究区位于欧亚大陆腹地，远离海洋，加上南部青藏高原地势较高，湿润气流抵达本区已成为强弩之末，经过广大沙漠、戈壁蒸发，空气中的水汽已变得很少，该区是我国极度干旱地区之一。研究区内夏季炎热、冬季酷寒、全年降水稀少、蒸发强烈、多风，因此该区为典型的大陆季风气候。全区年降水量分布在 47~400mm，年蒸发量 1500~3300mm，年均气温 6.9~8.8℃。

南部祁连山区属高寒半干旱气候区，降水量多分布在 100~200mm，冰川区降水可达 400mm，多年平均气温 0~4℃，年蒸发量 1500mm，冬春季长且寒冷，夏秋季短而凉爽。

中部走廊地区属于温带、暖温带干旱区，气候干燥，年降水量 36~68mm，蒸发量 2800mm，降水少、蒸发大、昼夜温差明显。

北部的北山山区属温带干旱区，地处冷温带干旱区与暖温带干旱区交替地带。区内多年平均降水量 36.8~62.0mm，主要集中在 5~8 月，其水平分布为东多西少、南多北少；多年平均蒸发强度 2490~3240mm，多集中在 4~9 月，蒸发强度的水平分布规律性没有降水量明显，但总的分布受年平均风速及大风日数的影响明显，即平均风速越大、大风日数越多，则蒸发越强烈；多年平均气温 6.9~9.3℃，东部低于西部。

研究区降水量具有明显的季节性且随海拔升高有增多趋势（图 2.4）。年际降水多集中在 7、8 月，以暴雨形式出现，占全年降水 60%以上；海拔越高，降水越丰沛：代表祁连山区的石包城海拔约为 2200m，降水量达 177.8mm（据 1979 年资料）；代表走廊地区的玉门镇-瓜州等地年降水量平均约为 60mm（海拔约为 1200m）；代表北山山区的野马街-梧桐沟等地降水分布在 67~80mm。

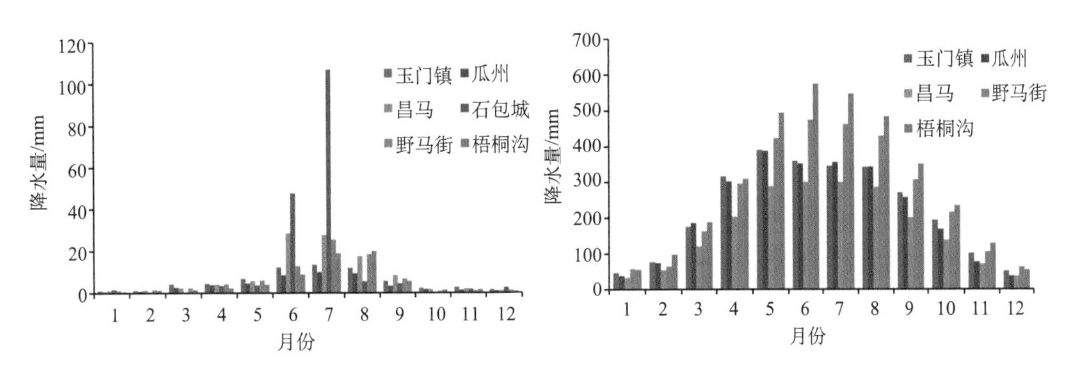

图 2.4　研究区不同地区降水、蒸发对比图

研究区内分布气象站约 10 个，涵盖了不同地貌单元，各类气象要素统计见表 2.1，研究区气象总体表现为大陆干旱-极干旱气候，降水稀少，蒸发强烈，低温多风。

根据北山及邻区多个气象站（位置分布见图 2.2）气象数据统计发现，该地区降水量具有明显的季节性且随海拔升高有增多趋势（表 2.1），年际降水多集中在 7、8 月，以暴雨形式出现，占全年降水 60%以上，降水量少、降水事件集中成为研究区降水的典型特征。

表 2.1　研究区内主要气象站多年逐月平均降水蒸发数据

气象站	站区海拔/m	年均气温/℃	年平均降水量/mm	年平均蒸发量/mm	≥8 级大风日数/天	相对湿度/%
石包城	2168.0	—	177.8	—	—	—
昌马	2059.0	5.7	100.5	2024.7	—	40
玉门	1526.0	6.24	56.6	3033.0	42	38.42
瓜州	1170.8	8.8	40.8	3240.0	68	39
额济纳旗	945.0	8.3	41.0	3756.0	44	41
鼎新	1591.0	8.4	55.1	—	—	45
梧桐沟	1591.0	8.0	78.5	3538.0	57	36
野马街	1962.7	9.0	78.7	3086.0	43	40
马鬃山	1770.4	4.4	73.1			40
呼鲁赤古特	1073.0	7.0	44.5	4117.0	97	33

注：石包城、昌马代表祁连山区；玉门、瓜州代表走廊区；梧桐沟、野马街、呼鲁赤古特带代表北山山区。数据源自中国人民解放军〇〇九二九部队，1978，中国人民解放军〇〇九二九部队编制的区域水文地质普查报告。

区内多风，主要为西或西北风，经常可见 3～4 级风。据野马街气象站 20 年来的资料，年平均 8 级以上大风为 43.3 天，最多一年可达 71 天，其中北部年平均可达 96.9 天，最多 125 天。

2.1.3.2　水文

研究区属于河西走廊中西部地区，与其紧邻的祁连山区具有丰沛的降水，容易形成地表径流因此广泛发育地表河流，包括主要河流黑河与疏勒河及其支流，如北大河、石油河、踏实河、芦草河等（图 2.1）。各河流上游或中游均建有水库，受此影响，河流间基本上失去了水力联系，且下游河段基本干涸。黑河、疏勒河、石油河属冰雪融水、大气降水和山区基岩裂隙水混合补给的河流，径流的季节性变化大，汛期 6~9 月的来水量占全年流量的 65%以上，径流年内和年际变化均较大。这里简要对规模较大的黑河与疏勒河进行介绍。

黑河由多条支流构成，汇水面积约为 2.5 万 km^2，径流量达 $34.43\times10^8m^3/a$。属于河西走廊一带重要河流，同时也是下游额济纳旗的主要用水来源。黑河主要补给于祁连山区的冰雪融水与大气降水。其补给区海拔 4000m 以上的地区常年积雪，4500m 以上现代冰川广泛发育，约为 1078 条，总面积约 $420km^2$。目前，黑河在出莺落峡之前大部分河水已被开发利用，至张掖段河水流量已很微弱，正义峡至额济纳旗段流量更加微乎其微。

黑河最终注入索果淖和嘎顺淖尔（居延海一带），全长约为 250km，流域面积超过 5 万 km^2，是额济纳平原地下水的主要补给来源。

疏勒河发源于讨赖南山与疏勒南山及二者之间的沙果林那穆吉木岭，源头海拔 4787m，汇集诸多冰川支流，向北汇入昌马盆地的昌马水库，出昌马峡后入走廊区。昌马冲洪积扇渗透性良好，河流大部分深渗入地下潜流。至扇缘一带（玉门镇-双塔水库）溢出呈泉水重新汇入疏勒河干流。由于近年来调蓄、灌溉等，双塔水库及其下游段自然河道基本断流，多数河水用于农灌区灌溉。河流全长 665km，自然河流在走廊一带自东向西流动，最终消失于库姆塔格沙漠。

由于北山山区干旱少雨，并无常年性地表水系，仅为季节性暂时洪流作用而形成的干沟。据卫星影像资料，北部以中蒙边界为界，西部沿公婆泉—明水—音凹峡一线，南部至四十里井至马鬃山苏木为界的北山干沟沟系发育特征显示，汇水总体方向自西向东，最终进入额济纳平原区。旧井-四十里井以南则汇入疏勒河流域。据资料记载[①]，区内夏季集中性降水事件发生时，沟谷内会发生洪流，并在地势低洼处形成积水。洪流一般一次历时 3~4 小时，径流过程中沿途下渗补给地下水。剩余的通常在势汇处形成临时性地表水体，由于洪流多携带泥沙，因此在势汇处蒸发后往往形成由黏土组成的“板滩”，在干燥的气候条件下出现“龟裂”现象。

研究区内无常年性地表水系，但季节性洪水形成的冲沟十分发育。据前人研究成果，当降水量大于 5mm/d 时，北山地区的沟谷均有洪流发生。山区沟谷洪水流量的大小与沟谷所处的地貌单元、汇水面积、降水特征等因素密切相关。发源于低山丘陵的沟谷，洪水发生的次数丰水年为 5～6 次，而平水年一般为 2～3 次，枯水年仅有 1 次。洪流一次经历的时间在 3～4 小时左右，而小沟洪流径流 1 小时左右就消失了。洪水呈现为土黄色，携带大量泥沙，含沙量为 5%～10%。洪水大部分沿途下渗补给地下水，剩余洪水汇集于地势低凹处，形成暂时性地表水体，经过强烈的蒸发作用，几天之后就消失殆尽。

2.2　区域尺度水文地质条件

2.2.1　区域地质构造

研究区处于西伯利亚、塔里木和中朝三大板块的对接部位，地质结构复杂，地层发育较为齐全、出露广泛，从太古界到古近系新近系均有分布，详实地记录了本区地质及地层演化过程（左国朝、何国琦，1990）。由于所处构造条件不同，各时代地层在空间分布上，具有一定的规律性。海西期及中生代火成岩岩体侵入频繁，且经历了多次构造变动，致使前二叠纪地层遭到不同程度的变质作用。前第四纪地层主要分布在祁连山-阿尔金山、北山及走廊山脉，第四纪地层则主要分布在走廊平原区及额济纳洪积平原区（图 2.5）。

① 中国人民解放军〇〇九二九部队，1978，中国人民解放军〇〇九二九部队编制的区域水文地质普查报告。

2.2.1.1　前第四纪地层

祁连山-阿尔金山区：前寒武系主要为片岩、片麻岩、石英岩、大理岩、板岩、千枚岩等组成的一套以变质作用为主的地层。部分地段受断裂和岩浆侵入作用破坏极为严重，岩石破碎、裂隙发育，为地下水的储存和运动提供了良好的空间。古生代（包括寒武纪、奥陶纪、志留纪、泥盆纪、石炭纪、二叠纪）以碎屑岩为主，如泥盆纪地层中的砾岩、砂岩，此外部分地层中含变质岩如寒武-奥陶纪地层的大理岩、千枚岩等。中生代除了三叠纪出现海陆交互相碎屑岩外，多数属于陆相碎屑岩，岩性以砂岩、泥岩、页岩、灰岩等为主，其中侏罗纪地层中含煤、白垩系地层含石膏夹煤线。新生代以来的地层多以河流相冲洪积物、残坡积物等组成，分布在祁连山山前地带及山区沟谷内。

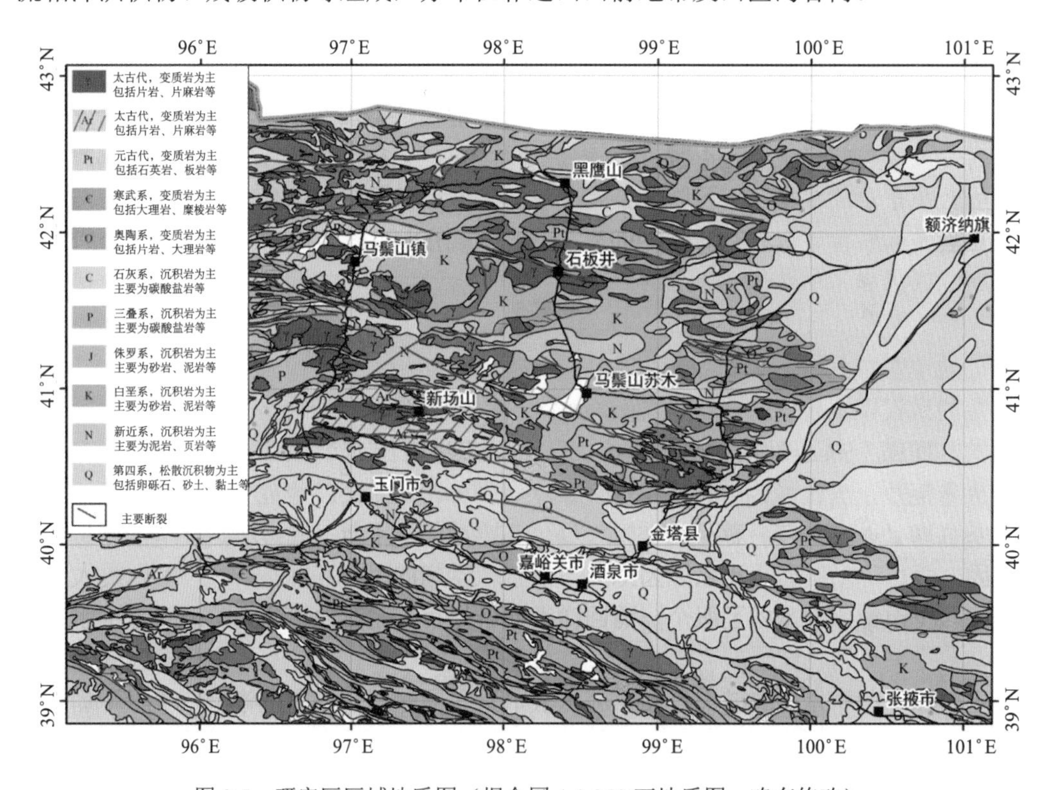

图 2.5　研究区区域地质图（据全国 1∶250 万地质图，略有修改）

北山山区与走廊山脉：前寒武地层以石英片岩、石英岩、结晶大理岩及硅质灰岩等为主，受到多期构造及岩浆的破坏，多处岩石异常破碎，裂隙极为发育；古生代中奥陶统—志留系属于北山山区内分布较广、厚度较大的变质岩系，以大理岩、片麻岩、混合岩、糜棱岩等组成；石炭-二叠系以滨海相碳酸盐岩及巨厚海陆交替沉积岩为主；中生代地层中的侏罗-白垩系在北山山区中部的干沟中广泛发育，属一套内陆湖相碎屑沉积，岩性以砂岩、泥岩、页岩及薄层石膏等为主；新生代地层中古近纪、新近纪地层主要出露在红柳大泉盆地内，岩性主要为细砂岩、砂砾岩、泥岩、粉砂岩等。

2.2.1.2　第四纪地层

中生代以来，河西走廊一带连续大幅地沉降过程与来自山区碎屑堆积物的连续填充过程相伴，使得走廊平原区一带第四纪地层甚为发育，出露齐全。此外，山前冲洪积扇沉积相带规律明显：自山前至平原区，沉积物颗粒逐渐变细，层次逐渐增多，往往由扇顶单一结构逐渐过渡至扇缘多层结构相间。地层成因类型包括：冰碛物-洪积、洪积、坡积-洪积、冲积-洪积、冲积、冲积-湖积、湖积-沼积、化学沉积、风积等。

第四纪地层在研究区内出露也比较完整，包括了更新统和全新统，分述如下。

下更新统主要分布在盆地底部，构成盆地的基底。地表则主要在走廊平原南部和北部山区出露，多分布于石油河、疏勒河出山口一带。堆积物以洪积物为主，主要为灰、黄灰和紫灰色半胶结-胶结状砾石层，其次为砂砾层、含砾黏土质砂土夹不等粒砂层，最大厚度可达 600m，常呈角度不整合或平行不整合覆盖在新近纪上新统之上。

中更新统主要分布在盆地下部下更新统之上，分布范围广泛。主要成因类型有冲积、洪积、冲积-洪积、洪积-坡积等，以洪积物为主。堆积物由砂砾、碎石、岩屑组成，厚 40~200m。

上更新统分布在盆地中更新统之上，往往构成河谷冲积阶地和山前洪积扇，广泛出露于平原区地表，形成特有的戈壁景观。岩性往往与其处在冲洪积扇的部位密切相关，扇顶多由单一结构的砂砾石组成，向扇缘过渡为黏土、亚黏土、亚砂土、淤泥等组成，厚度约为 150~700m。

全新统地层分布主要受地貌控制，主要分布在盆地各沟谷内，构成河流现代阶地。岩性以亚黏土、亚黏土、黏土、中细砂、砂砾卵石或砂砾石为主，具有明显的二元结构。厚度 5~30m。此外，研究区内的小型沙漠、各河流沿岸、尾闾区的沼泽、湖泊、盐池均属于全新统。在祁连-阿尔金山山区、北山山区的山间盆地、沟谷、洼地内也有第四纪地层分布。

2.2.1.3　侵入岩

研究区岩浆侵入活动极为频繁，侵入时代包括加里东期、海西期、印支期，以海西期最强，加里东期次之，印支期最弱。岩性由武安性到超基性均有分布，以酸性为主，并见有大量岩脉穿插。侵入岩在研究区内主要出露在北山地区，因此该地区成为我国高放废物地质处置库的备选场址之一。另外在沿敦煌-瓜州-玉门一带也有侵入岩的出露，并形成了北东向的北截山、南截山。

北山山区大面积分布着侵入岩，可见岩浆侵入活动的频繁性。其中以海西期侵入的花岗岩最为发育，厚度可达数千米，是高放废物地质处置库的良好围岩。侵入岩主要岩性为花岗岩、花岗闪长岩、闪长岩、石英闪长岩等。花岗岩主要包括了斜长花岗岩、二长花岗岩、中细粒花岗岩、钾长花岗岩，每期均有侵入，是北山山区最主要的侵入岩体，由于强烈的风化作用形成如岩蘑、风蚀洞等特殊的风蚀地貌；花岗闪长岩呈岩株、岩枝状产出，岩体时代为海西中、晚期；闪长岩与石英闪长岩呈岩基产出，侵入时间为印支期。

瓜州南部的侵入岩以海西期花岗岩及花岗闪长岩为主，构成了北截山、南截山山体。花岗岩多为粗粒结构、易风化；边缘相通常颗粒较细，坚硬、不易风化，往往形成较高的山体，阻断了祁连山山前盆地与瓜州盆地之间的沟通。地表裂隙较为发育，为地下水的储存和运动提供了空间，但深部相对较差，初步推断具有一定阻水性。

2.2.1.4　区域构造特征

从构造上看，北山预选区受控于北山造山带，它处于塔里木板块东北缘，是连接塔里木-中朝-西伯利亚板块的纽带，具有漫长的地质演化历程和复杂的造山带结构构造，为一多旋回复合造山带。

从大区域上看，甘肃西北地区区域大地构造单元划分较为复杂，不同学者有不同划分方案。张文佑等（中国科学院地质研究所，1958）将甘肃西北地区由北而南划分为以下几个单元：天山-兴安断褶系（其中包括次级构造单元的北天山断褶带、南天山断褶带和巴彦淖尔断褶带）、塔里木断块区和昆祁断褶系的祁连山断褶带；杨森楠（1985）将该地区由北而南划分为天山-兴蒙地槽系的北天山地向斜、塔里木地台、华北地台及秦祁昆地槽系的祁连山地槽；杨振德等将该区划分为天山-兴安岭断褶带等；左国朝、何国琦（1990）对北山地区及甘肃省西部板块构造进行了划分，其主要板块构造单元有：西伯利亚板块、塔里木板块和华北板块等，不同的板块分别以红石山断裂带和阿尔金走滑断裂带为分界线；任秉琛等（2001）将北山地区，以红柳河-牛圈子-洗肠井蛇绿岩带相隔，分为南、北两带，分别代表敦煌古陆块和天山中央隆起东延部分。不同学者根据研究的目的以及区域的差异，对北山地区构造单元的划分有一些不同的认识。

甘肃西北板块构造活动大致可以追溯到中晚元古代，当时西伯利亚板块、塔里木板块及华北板块的陆台基底均已固结形成大陆型地壳，它们在之后的地质时期中，以陆核或地台而成为板块生长的中心，其间则为海洋所分隔。

中晚元古代活动性海域存在于北祁连地区，显生宙以来至古生代末，板块轮廓基本发展定型，形成褶皱带与地台或地块镶嵌拼贴的格局。北山地区为加里东期—海西期褶皱带，介于西伯利亚地台与塔里木地台之间，北西-南东向横亘着祁连山加里东地槽褶皱带。从晚二叠世开始北山地区进入板内阶段，上二叠统出现陆相火山磨拉石沉积。而祁连山地区晚古生代—早中生代除南祁连保留有残留海盆并遭三叠纪洋海水侵漫外，中祁连、北祁连形成板内山间拗陷及山前拗陷。

古生代末，塔里木板块北山褶皱带、华北板块的阿拉善地块，构造运动开始活跃。层间滑动断裂发育，层状块体的强烈滑动，促进了剪切带的发育。它主要发生在古生代末至中生代初。中新生代北山地区中仅有部分地区有少量中新生代地层分布，现代地壳运动较弱；此时，祁连山加里东地槽褶皱带进入了断陷盆地发育阶段，到侏罗纪时在山前或山间形成了一系列北西向的断陷盆地，白垩纪盆地范围有所扩大和加深。古近纪、新近纪以来，该区以块断升降运动为主，山岳不断抬高，山前断陷盆地相对沉降，接受沉积，现代地壳运动也较强烈。

区域大地构造演化过程是地壳形成、形变、发展及变化的过程，研究区从区域大地构造演化历史来看，北山地区应属塔里木板块的一部分，其在中新生代以来，构造活动并不强烈，处于长期隆起剥蚀状态。在现代地壳应力场作用下，未发生大的地震活动，因此，北山地区地壳稳定性好，而河西走廊及祁连山地区，中新生代以来，沿深大断裂差异升降运动强烈，在河西走廊地区，中新生代沉积物厚达数千米。这两地区新构造运动也十分强烈，地震活动性较强，地壳稳定性较差。

从研究区的构造地质图上看（图 2.6），北部的石板井断裂带倾向北东向，倾角较

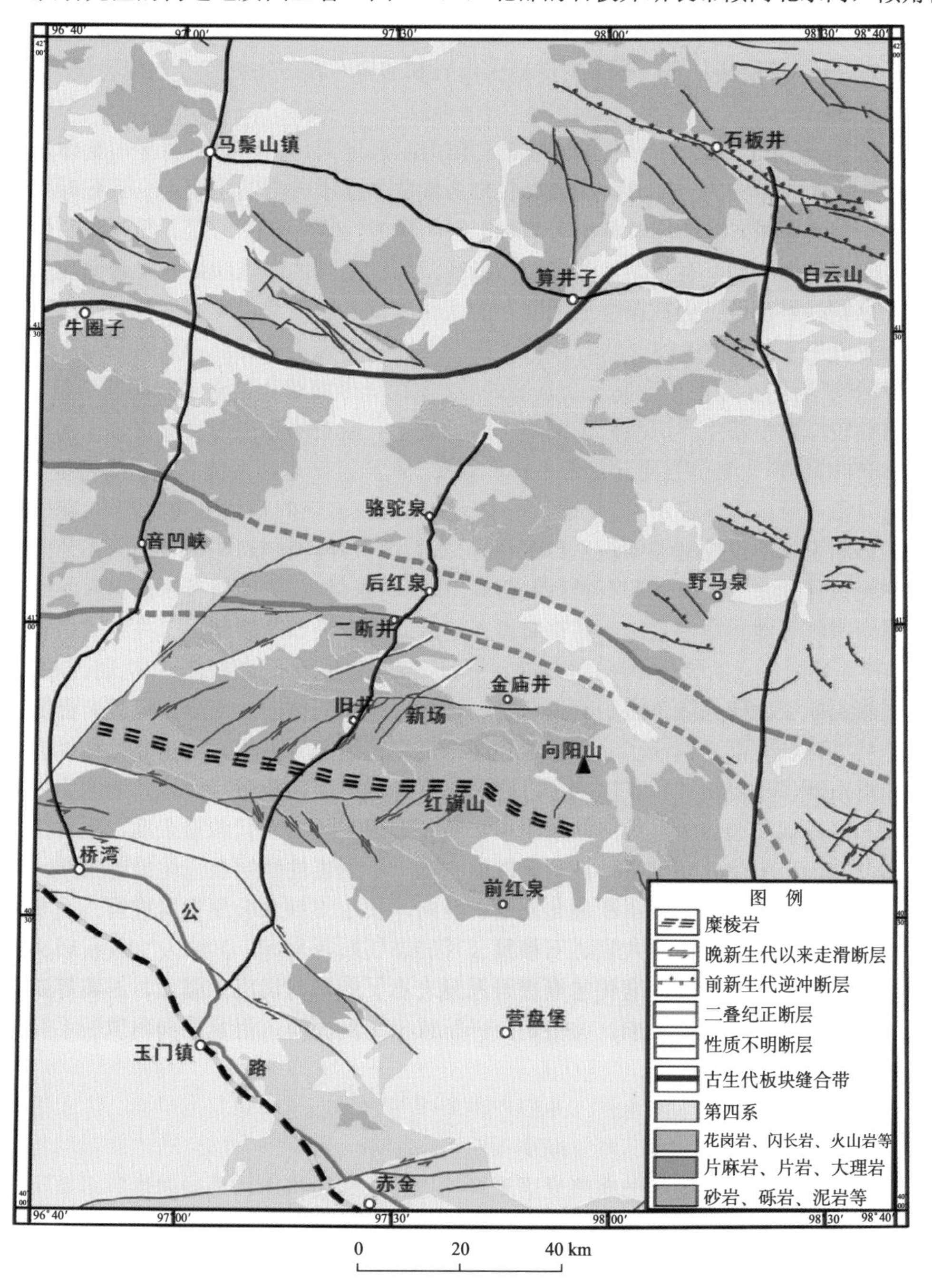

图 2.6　区域构造概图（据郭召杰等，2007，修改）

陡，由相互平行的压性断裂组成，挤压破碎带发育，糜棱岩化带突出，沿挤压带分布的侵入岩多具碎裂结构，海西晚期的钾长花岗岩岩体沿断裂带分布，遥感影像显示明显的线性构造特征，地貌上常形成直谷，多处见到断层三角面。在该断裂带的白云山以北石板井和小黄山一带分布有规模大小不等的蛇绿岩套，蛇绿岩自下而上为蛇纹石化超镁铁质岩、斜长花岗岩（729Ma，Rb-Sr 法），堆积辉长岩、辉绿岩墙群、枕状玄武岩以及含放射虫硅质岩，断裂带北侧分布有中元古界变质岩、石炭系火山-沉积岩和海西期花岗岩类侵入岩，断裂带南侧分布一些下古生界火山岩和加里东期—海西期花岗岩类侵入岩（左国朝等，2003）。

牛圈子-算井子-白云山一带的断裂带总体为东西走向，为公婆泉-月牙山地体与马鬃山中间地块的分界线的一部分。在该断裂带西部的牛圈子一带，主要由一系列互为平行和规模不等的叠瓦式冲断层及其所夹的背向斜所构成，倾角 60° 以上，断裂带两侧地层产状陡立，断裂活动具有长期性和多期性特征，断续出露的串珠状蛇绿岩套明显受断裂控制，且蛇绿岩套可见到被撕裂后所残存的镁铁质侵入岩残块，受后期强烈挤压而破碎（刘雪亚、王荃，1995）。

音凹峡-后红泉往南东方向一带延展的断裂带，该断裂带由两条平行的断裂组成，其间分布有较厚的中新生界沉积岩。凹峡一带呈北东向展布的正磁力高异常带，其与北西西向展布的金塔-北大山强磁异常带不协调斜接，从异常带东西两侧基底磁场特征看，正磁力高异常不应该由基底所引起，推断系中新生界沉积岩下的隐伏中酸性岩体（花岗岩）所致。该断裂带不仅控制着中新生界沉积岩，而且有可能控制着花岗岩的分布范围，主要由古元古代基底变质岩系和石炭系海相火山-沉积岩组成，该断裂带断续出露蛇绿岩残片，在音凹峡等地出露二叠纪超镁铁质侵入岩。此外，沿该断裂带，二叠纪火山岩分布广泛，在遥感影像上断裂带显示明显的线性影像特征和负地形地貌特点（胡朋，2008）。

红旗山断裂为研究区范围的石板墩-帐房山-红旗山断裂的一部分，地貌上沿断裂两侧的地势为南低北高，构成了北山山地和河西走廊盆地的分界线。在旧井预选地段内断裂走向近东西，呈舒缓波状贯穿全区，断裂南侧为近东西向条带状山地，北侧为旧井加里东期和海西期花岗岩体，地势比较平坦。断裂形成于早古生代加里东期，晚古生代海西期活动强烈，中生代期间活动性明显减弱。由于不同岩性地层抗风化能力不同，沿断裂有长条状谷地发育，红旗山断裂北侧近东西向，长达 100 余公里的糜棱岩，主要岩石为花岗质片麻岩、绢云石英片岩、石榴黑云片岩、钙质片岩等，其中发育规模较大的韧性剪切带，出现一系列糜棱岩化的糜棱岩系列岩石。该带剪切应变强烈，石英等矿物线理明显，糜棱岩带近东西走向，与剪切带平行或低角度相交，沿北西向出现一系列破碎带，含金石脉充填其中。

2.2.2　水文地质条件

地下水的形成、运动与分布深受区域自然地理、地质构造、地层岩性等多重因素综合作用，由于区域自然地理因素及地下水网络的复杂多变，使控制地下水形成条件的各种因素在不同区域上作用的强度也不相同。因此研究区内水文地质条件及地下水类型相对较为复杂，并在不同构造带和深度上表现出相应的分布规律。

2.2.2.1　地下水赋存类型

研究区内地形、地质、构造等条件复杂，含水层岩性与结构具有较大差异，造成地下水的赋存方式各异。综合含水介质的岩性、地下水分布的地形、地貌、地质构造等条件，研究区地下水可分为基岩裂隙水、碎屑岩类裂隙孔隙水、松散岩类孔隙水（图 2.7）。

基岩裂隙水是泛指赋存于岩浆岩、变质岩中的地下水，除了南部祁连山区有所分布外，其更为广泛的分布在北山山区。祁连山山区地势险峻，地表坡度大，地下水与地表水转换频繁。一般情况下，地下水仅赋存在表层风化带中，在地形控制下迅速排泄至沟谷河流中，因此这里不做过多介绍。

由于北山山区广泛分布着前中生界变质岩、岩浆岩及各期次侵入岩，历经多次构造活动后，原生节理、断裂及构造节理裂隙十分发育，因此基岩裂隙水是北山地区最主要的地下水类型。该地区地表岩石裸露，风化破碎剧烈，有利于大气降水和沟谷洪流的垂直入渗。

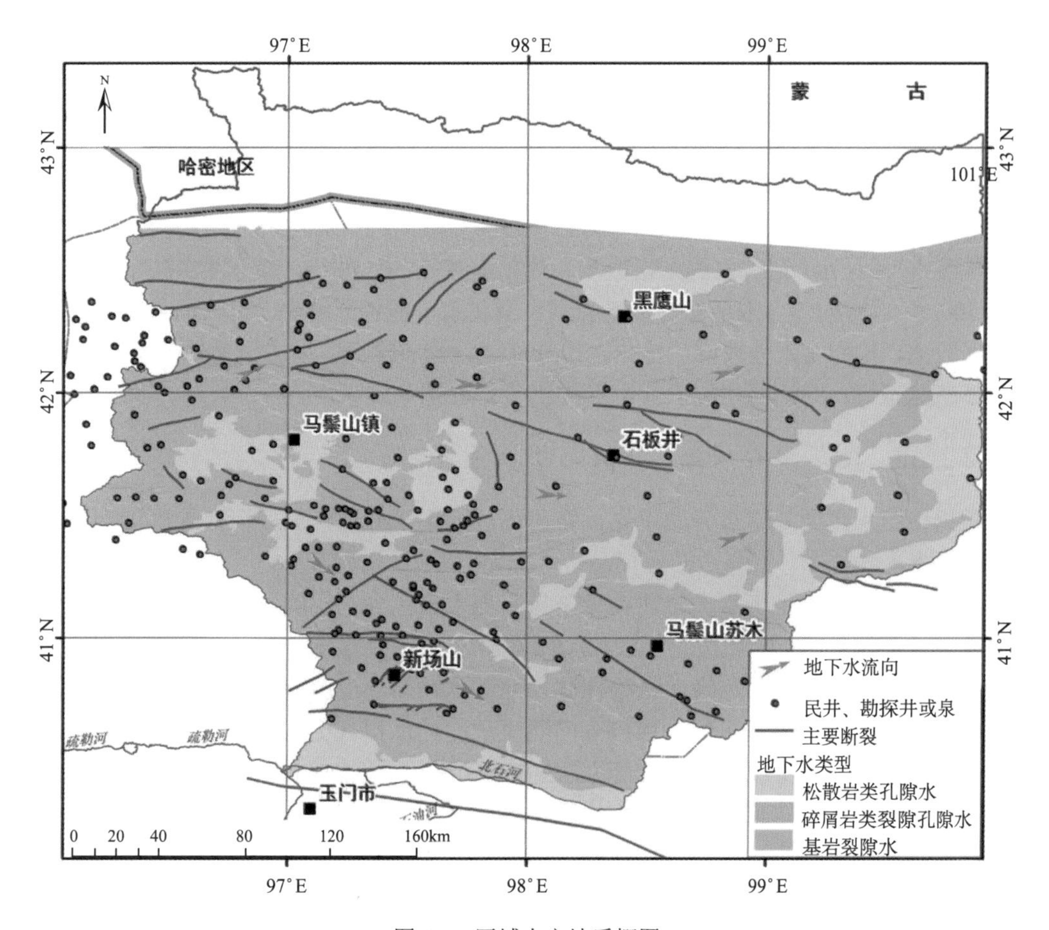

图 2.7　区域水文地质概图

北山山区基岩裂隙水根据含水空间的差异，又可分为风化裂隙水和构造裂隙水两种类型。通常风化裂隙水多为潜水，在地势平缓处水位埋深一般小于5m，在地势剧烈变化处或地势较高处，多在10~50m。构造裂隙水则多受断裂控制，通常压性、压扭性与隔水岩层组合成阻水结构；张性、张扭性则易形成溶蚀裂隙，富水性较强。因多次构造变动，两种形式的构造形迹相互切割、相互交叉形成“多”字形裂隙网络，致使地表岩层破碎、松散，垂向裂隙发育较深，可达80~100m，非常有利于地下水的赋存与运动。但由于大气降水自北西向南东逐渐减少，而蒸发量加倍增大的情况下，裂隙网络即使非常发育，基岩内富水性仍然极其微弱。

碎屑岩类裂隙孔隙水主要分布在北山山区，埋藏于古近纪、新近纪、侏罗纪、白垩纪地层中，含水介质以粉砂岩、砂岩、砂砾岩、砾岩等为主。从岩性上看，该类含水介质具备一定的储水条件，但由于北山降水稀少、蒸发强烈，缺乏补给源，且这一类岩层通常位于封闭、半封闭的盆地内，并没有形成统一的储水构造，只有在汇水条件好或者地势低洼的部位，地下水富水性才相对较好。该类型的地下水通常形成于大气降水，稀少的降水部分保留在风化壳内，供蒸发和植被蒸腾，剩余部分沿裂隙向槽地中心运动，最后储存在槽地低洼处的碎屑岩裂隙孔隙中。

松散岩类孔隙水主要分布在河西走廊一带的盆地中及额济纳冲积平原中，赋存于第四纪松散堆积物中。河西走廊内分布大大小小数十个冲洪积扇，形态发育良好，具有冲洪积扇的典型结构，岩性分布与变化有明显的分带性：扇顶通常由单一结构的卵砾石组成，向扇边缘过渡为砂砾石、砂层、黏土互层的多层结构。并由单一结构潜水过渡为多层结构潜水-承压水。通常第四系松散堆积物的厚度在50~400m，部分冲洪积扇扇顶厚度大于500m，自南向北含水层厚度逐渐减薄，至北山山前逐渐消失。走廊地带含水介质储水空间较大，均属富水性较强的地带，也造就了绿洲、灌区，如赤金盆地、玉门-踏实盆地、瓜州盆地等，为河西走廊农业发展提供了良好的基础条件。

2.2.2.2 地下水的补给、径流与排泄条件

根据地下水主要补给来源的差异，将研究区地下水分为两类：河西走廊区地下水和北山地下水。

河西走廊一带的地下水一方面接受来自祁连山山区含水层的侧向径流补给，另一方面接受河道渗漏补给。发源于祁连山区疏勒河出山后，流经渗透性较好的冲洪积扇地区，渗漏补给地下水。受地形与地质结构控制，地下水在祁连山山前通常自南向北流动，进入走廊后，以玉门为界，玉门以西自东向西流动途径瓜州直至敦煌一带，以蒸发排泄和人为开采为主；玉门以东自西向东流动至花海盆地-干海子一带，地下水水位埋藏越来越浅，多数以蒸发形式排泄。因此走廊地区松散岩类孔隙水主要补给来源为祁连山区的降水和冰雪融水，受地形与地质结构控制，以玉门为界分东西两个方向流动，排泄方式以蒸发为主，还包括大量的人为开采（Wang *et al.*，2015）。

北山地区除部分季节性洪流外，无常年性地表水系，每年的6~8月降水占全年的50%以上，且多以暴雨形式出现。高强度的降水非常容易形成暂时性洪流，汇集在洼地形成

积水，并对地下水产生明显的补给效应[①]（李国敏等，2007c；郭永海等，2008a）。

北山地下水的径流条件受地形地貌、岩性的严格控制。山区基岩裂隙水很难形成统一的自由水面，因此地下水的径流方向与地形一致，总是根据自然的地形坡度，沿着相对隔水层面由高处向低处运动（图2.8）。根据北山地形变化特点（图2.2），地下水总体趋势为自西向东流动，最终进入额济纳盆地。北山大部分地区沟谷切割较深造成山势陡峭，山脊处常常处于“疏干”的状态，而山坡与沟谷内地下水的径流条件相对较好，地下水交替作用积极。北山地下水侧向径流排泄主要去向为河西走廊和额济纳盆地，但受制于含水层渗透性差、水资源量有限等因素，这种排泄形式的排泄量极为有限。此外，北山气候干旱、终年多风，导致蒸发作用成为地下水另外一条重要的排泄途径。

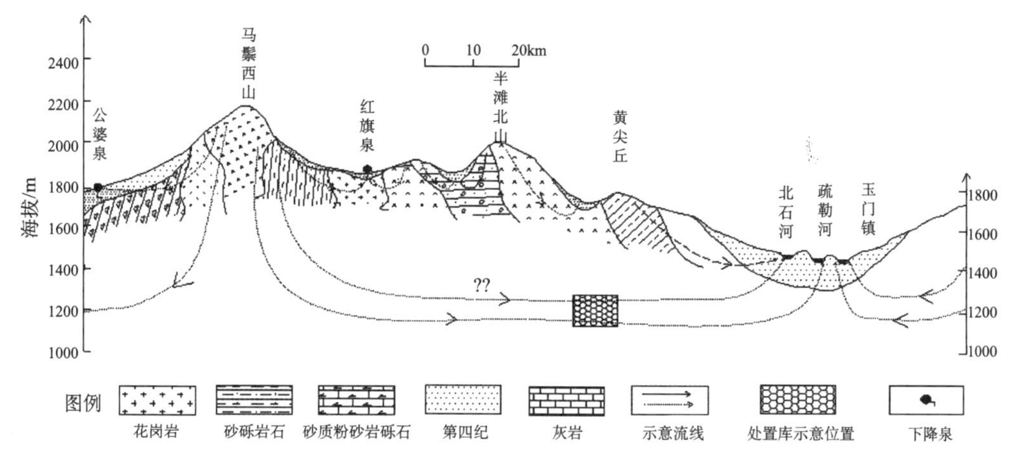

图2.8 马鬃山-河西走廊水文地质剖面简图

2.2.2.3 地下水动态特征

北山地区地广人稀，地下水开发利用程度低，地下水动态基本上保持了天然状态（郭永海等，2010）。这里以核工业北京地质研究院对北山地区进行的地下水长期动态监测数据为基础，阐述地下水动态特征。BS01孔是高放废物地质处置项目在北山地区施工的第一个钻孔，孔深700m，施工在新场山西部旧井岩体上，主要揭露岩性为黑云母二长花岗岩，自2005年7月开始观测，至2007年12月结束。观测期内地下水水位变幅仅0.53m，在5月至7月期间地下水水位出现明显波动，9月趋于稳定，因此认为该孔所观测的地下水动态类型属于渗入-径流型 [图2.9(a)]。

BS04孔施工于新场山北部的野马泉花岗岩岩体上，孔深500m，主要揭露黑云母二长花岗岩，并穿过构造带、挤压破碎带、碎裂岩带等。该孔观测期为2005年12月至2007年12月，期间地下水水位最大变幅为1.45m，整体呈下降趋势，因此认为该孔地下水水位动态类型为弱渗入-弱径流型 [图2.9(b)]。

总体来看，北山地区地下水水位年内、年际波动微弱，基本处于稳定状态。

① 中国人民解放军〇〇九二九部队，1978，中国人民解放军〇〇九二九部队编制的区域水文地质普查报告。

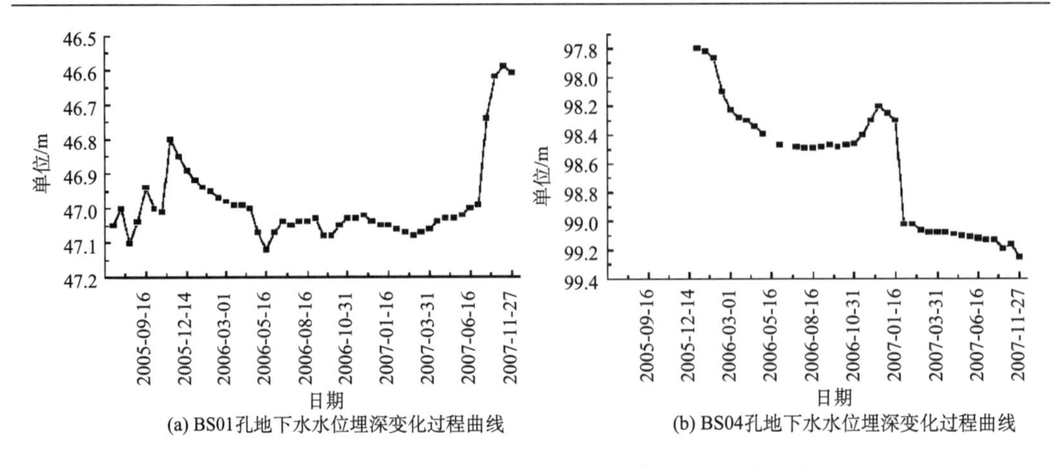

(a) BS01孔地下水水位埋深变化过程曲线　　(b) BS04孔地下水水位埋深变化过程曲线

图 2.9　北山基岩山区地下水水位埋深动态变化曲线（据郭永海等，2010）

2.2.2.4　地下水化学特征

河西走廊地下水化学特征的变化呈现明显规律性，并与地下水的补给、径流与排泄的分带性高度地吻合。这种特点与全球范围内分布的大多数的干旱区的地下水化学演化规律一致（Nativ *et al.*，1997；Herczeg and Leaney，2011）。

祁连山区作为重要的补给区，地下水化学类型以 HCO_3^--Ca^{2+}型为主，并呈现出低矿化度，说明补给区地下水主要来源于大气降水，水岩相互作用微弱，地下水循环交替速度快，这也与当地水文地质条件一致。山前倾斜平原地带属于典型的地下水径流区，地下水矿化度逐渐增加，含水层介质中的物质逐步溶解进入地下水环境中。由于地层富镁，地下水中的控制性阳离子逐渐转化为以 Mg^{2+}为主导，阴离子则由 HCO_3^-变化为 SO_4^{2-}或无控制性阴离子的状态。地下水向北进入平原区后，地下水径流速度变缓，除了受到蒸发作用外，平原区含水层介质中所夹黏土层中的矿物参与到地下水化学演化的过程中，体现在强烈的阳离子交换反应中。地下水化学成分变得更加复杂，控制性阳离子由 Mg^{2+}逐渐过渡为 Na^+或出现无控制性阳离子的现象；而阴离子则以 SO_4^{2-}或 Cl^-为主，体现出排泄区独有的特点。

北山山区地下水补给于大气降水，区内含水层渗透性较差，因此地下水化学演化过程受蒸发浓缩作用影响强烈，呈现出极干旱区地下水的特点。区内的地下水偏碱性，溶解性总固体（Total Dissolved Solids, TDS）分布于 0.7~231g/L，地下水阳离子以 Na^+为主，占阳离子毫克当量总数的 60%~80%，其次为 Ca^{2+}；阴离子则以 Cl^-为主，其次为 SO_4^{2-}，因此地下水化学类型主要为 Cl^--Na^+性或 Cl^--SO_4^{2-} · Na^+型水。

从北山山区区域上看，TDS 无论是在水平方向还是垂向上均呈现一定分带性。垂向上的一般规律为：深层水的 TDS 明显低于浅层，究其原因主要为浅层地下水的 TDS 主要由蒸发强度决定，北山山区蒸发强烈，因此浅层地下水极容易被蒸发浓缩为高矿化度地下水；深部地下水的 TDS 主要受循环交替作用控制，尽管交替周期较长，但与受强烈蒸发浓缩作用的浅部地下水对比仍较低。水平方向上，西部马鬃山地区地下水的矿化度通常低于 1g/L，水化学类型为 SO_4^{2-}-Cl^--Na^+-Mg^{2+}型；向东部地下水矿化度逐渐升高为

1~2g/L，地下水以 Cl^{-}-SO_4^{2-}-Na^{+}型水为主；至额济纳盆地附近排泄时，地下水仍以 Cl^{-}-SO_4^{2-}-Na^{+}型水或转变为 Cl^{-}-Na^{+}型水，矿化度上升至 3g/L 以上。

2.2.3　小结

从区域角度上看，北山地下水与其紧密接触的河西走廊区地下水存在潜在的水力联系，因此从系统角度出发，基于水文地质条件、地形地貌等多种因素，本节从气象、水文、地质、构造、水文地质条件多方面综述了北山及邻区（主要含河西走廊平原区）基本概况，为后续北山区域地下水系统探讨打下基础。

北山地区地下水绝大多数赋存于多期侵入的岩浆岩及后期的变质岩中，以基岩裂隙水为主，碎屑岩类裂隙-孔隙水和松散岩类孔隙水鲜有分布。地下水的补给来源主要是当地的大气降水，受构造条件和地形条件的控制，地下水沿裂隙带或裂隙网自地势较高处向地势低洼处运动，整体来看，以马鬃山为分水岭，地下水自西向东运动；同时低山丘陵与山间盆地相间产出，导致地下水也存在复杂的南北方向的运动。地下水以蒸发排泄为主，部分侧向径流排泄于额济纳盆地、部分进入河西走廊，但水量极为有限。受蒸发浓缩作用控制，地下水化学类型以 Cl^{-}-Na^{+}型为主，凸显出蒸发浓缩作用是地下水化学演化的控制性作用。

河西走廊平原区地下水主要赋存于第四纪地层中，以松散岩类孔隙水为主，基岩裂隙水与碎屑岩类裂隙-孔隙水分布极为有限。地下水主要补给于祁连山区大气丰沛的大气降水与积雪融水，在地形控制下自南向北由祁连山区进入河西走廊平原区，之后以玉门为界向东、向西径流至花海盆地及瓜州盆地，部分以蒸发的形式排泄，部分被人为开采。地下水动态类型属于径流-灌溉型，受农田灌溉影响较大，灌溉期内地下水水位常常上升。由于自补给区至排泄区具备一个完整的地下水循环系统，因此地下水化学特征表现出明显的规律性：即控制性阴离子从 HCO_3^{-}，过渡为 SO_4^{2-}，至排泄区转为 Cl^{-}，这与全球多数干旱区地下水的演化规律一致。

2.3　盆地尺度水文地质特征

2.3.1　自然地理条件概况

研究中确立的盆地尺度所在位置位于河西走廊以北、距玉门约 70km（图 2.10），属甘肃省肃北蒙古自治县和玉门市管辖，总面积约为 $480km^2$。盆地区域内总体地势为南、北高而中部低，西部高而东部低，因而形成南北向次级水系向中部汇流，中部沟谷走向为近东西向。由于区内雨量极少，所以没有常年性河流。沟谷两侧阶地不发育，仅在北部沟谷旁偶见 1～3m 高的阶地。

研究区地貌主要受新构造控制，可分为低山丘陵区和剥蚀准平原区。新场山附近属于切割较弱的构造剥蚀低山丘陵区，海拔在 1700m 左右，沟谷深切约 50～150m，山坡较缓，山顶多被夷成丘陵状。盆地中东部为剥蚀准平原区，海拔高度为 1300～1500m，地表平坦开阔，微有倾斜。沟系较发育，但切割较浅，一般深度 0.5～5m，覆盖薄层的松散堆积物。

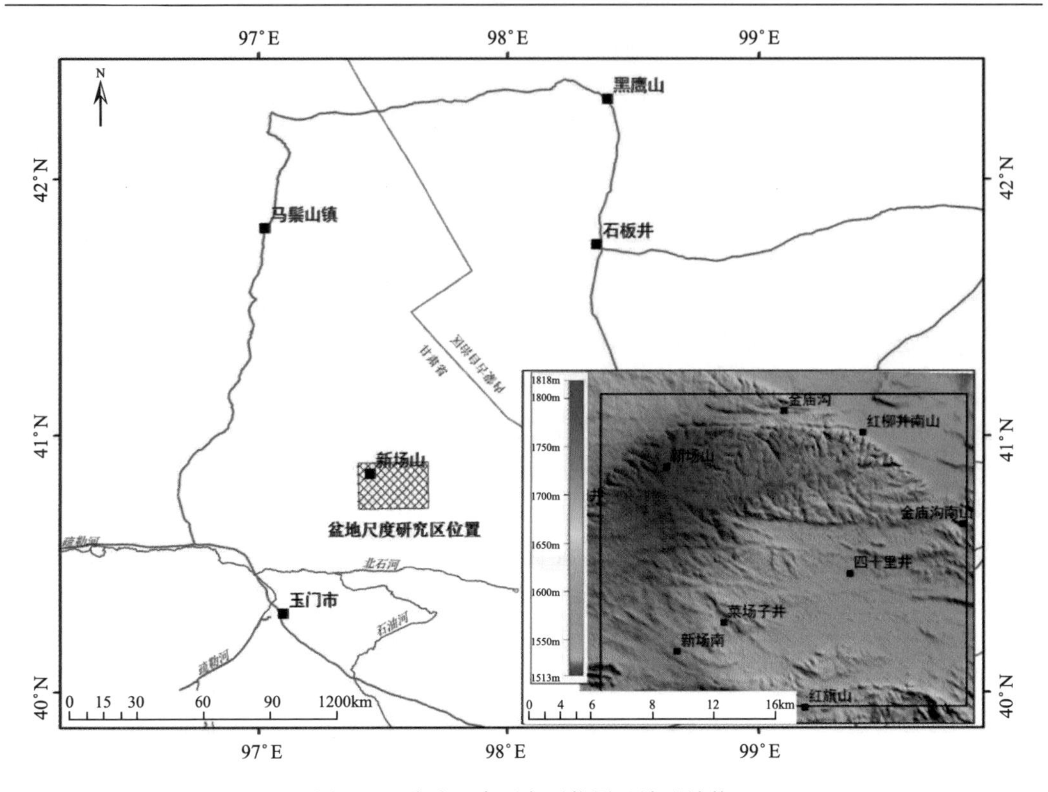

图 2.10　盆地尺度研究区位置及地形地势

2.3.2　地质条件

2.3.2.1　地层岩性

盆地范围内主要出露地层为前长城系敦煌岩群、长城系咸水井岩群侏罗系及第四系地层。其中敦煌群和咸水井群是该盆地内花岗岩的围岩，侏罗系和第四系覆盖于花岗岩之上。敦煌群为一套中级变质岩系，以千枚云母片岩、石英片岩、片麻岩、角闪岩、大理岩及混合岩为主要代表岩性；咸水井群主要岩性为中基性火山岩、变质砂岩、千枚岩等；侏罗系则为砾岩、砂砾岩、砂岩、泥岩等河湖沉积地层；第四系沿四十里井沟分布，为砂砾层、砂、亚黏土等，厚度一般 5~10m（陈伟明等，2007）。

区内出露变质岩类型复杂，主要有板岩类、千枚岩类、云母片岩类、石英片岩类、片麻岩类、绿片岩-角闪岩类、大理岩类、变质火山岩类及混合岩类。此外，由于研究区属于塔里木板块北缘-北山南带构造岩浆带内，岩浆活动极其强烈，持续时间长，从元古代到晚古生代均有活动。因此所形成的花岗岩类地质体多呈大面积岩基形式出露（图 2.11）。

2.3.2.2　构造特征

盆地研究范围处于天山-阴山纬向构造体系北山段的柳园-天仓褶皱带中段，属二道井-西铅炉子-旧寺墩北断褶带。

该区内自元古代以来经历了漫长的地质发展历史，经过多次复杂的构造变动，形成了不同规模、不同方向、不同序次、不同性质的构造行迹。表现出构造运动的多期性、长期性和复杂性。研究区内主干构造线的压性、压扭性断裂带和褶皱轴面，均呈东西向或近东西向展布。除强烈而明显的东西向构造外，还发育与其配套的南北向张性和北西向、北东向扭性断裂构造。断裂构造以北西向、东西向以及北东向为主，其他方向次之，表现出区内断裂构造在空间展布和组合配套上具有明显的规律性。

新场-向阳山地段新构造运动总体强度表现较弱，以差异升降运动为主。其中新场岩体的差异升降运动最为明显，从古近纪始新世到第四纪以来发育了三级夷平面，但未形成相应的沉积地层，说明它经历稳定风化夷平—抬升—稳定风化夷平的三个周期；由于多次升降运动，该岩体形成显著的东西向拱形构造，即新场地段北部的新场-红柳井南山一带的东西向隆起带，其长达 20km，南北宽 4~7km，高出南北两侧 100~150m。

根据力学特性，新场盆地内的断裂可分为压性和压扭性断裂、扭性和张扭性断裂两大类。压性和压扭性断裂走向多为东西走向，属于研究区具有控制意义的断裂，切割了

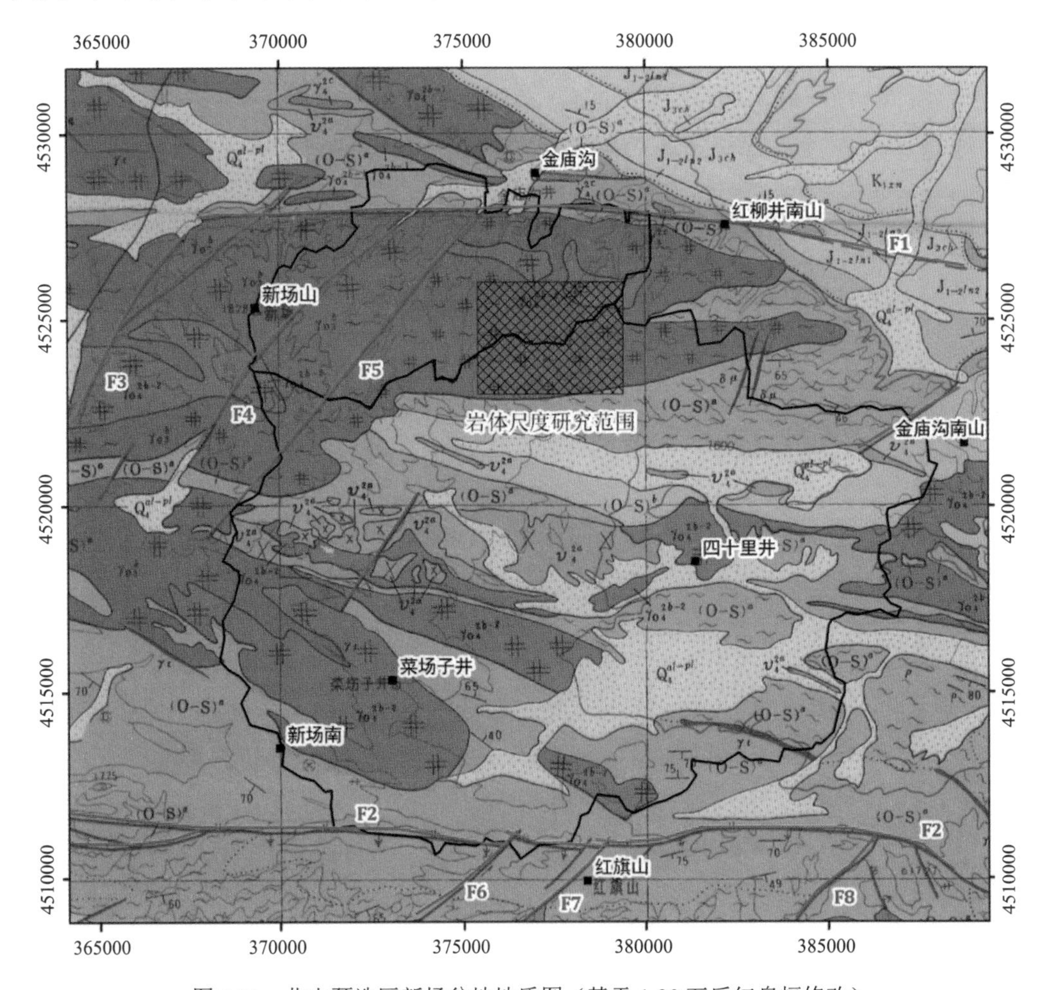

图 2.11　北山预选区新场盆地地质图（基于 1:20 万后红泉幅修改）

中生代及以前地层和岩，延伸长度约为 10~20km，地貌上多呈沟谷。代表性断裂为新场盆地北部的金庙沟-红柳井南山断裂（F1）和南部的新场南-红旗山断裂（F2），这两条规模相对较大的断裂构成新场盆地南北边界。扭性和张扭性断裂规模相对较小，一般延伸长度为 2~5km，走向多为北北东或北东，以左旋扭性为主，这一组断裂将花岗岩体切割成大小不一的岩体（图 2.11）。

2.3.3　水文地质条件

2.3.3.1　地下水赋存与补径排条件

根据地形、地貌、岩性及地质构造条件，盆地内地下水可划分为山地基岩裂隙水和沟谷洼地孔隙水（图 2.12）。区内基岩大面积出露，在风化、构造作用下形成密集、相互交织的裂隙网络，因此裂隙空间是新场盆地地下水赋存的主要场所。岩层浅部以风化裂隙为主，分布密集、相互贯通。部分风化裂隙发育深度在 50m 左右。裂隙发育程度随深度递减，构成浅部风化裂隙含水层，由于其分布面积广、深度大，构成盆地内主要含水层；在断裂破碎带附近地下水则主要赋存于构造裂隙中，呈脉状或带状分布。

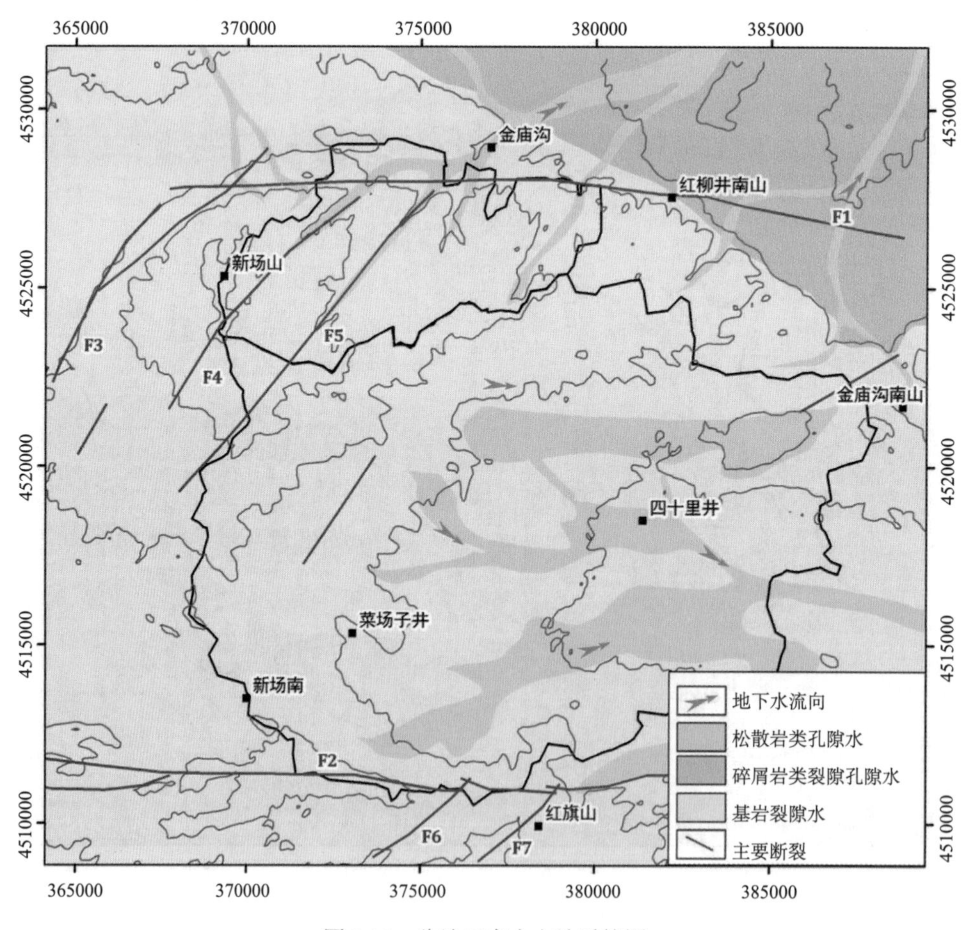

图 2.12　盆地尺度水文地质简图

其次，在盆地沟谷内分布有厚度较小的第四系砂砾石层和砂层，是孔隙水的赋存介质。松散岩层的孔隙较大，对地下水在其中的流动阻隔作用弱，因此含水层透水能力较强，民井主要取水目的层。但由于第四系松散沉积物厚度薄、分布面积小，其属于盆地内次要含水层。

含水介质决定了盆地内地下水的循环交替与富集规律。从总体上看，盆地内地下水部分来自大气降水补给，部分来自北部、西部山区基岩裂隙水侧向径流补给。对于降水入渗补给而言，其强度随含水介质不同而异，但就接受补给的面积而言，基岩裂隙水（含水介质主要是风化构造裂隙）最大，其次是沟谷、洼地及盆地地下水（含水介质主要为松散沉积物），各种类型地下水可直接获得大气降水的入渗补给，顺地势径流，向东部、南部等地排泄或蒸发。

总之，盆地内地下水接受侧向径流补给、大气降水垂直入渗补给，部分消耗于蒸发，部分通过沟谷或构造破碎带向下游径流排泄，最终流向盆地或区域排泄点，构成完整的地下水循环交替系统。

2.3.3.2　地下水形成机制

作为地下水重要的补给来源，大气降水入渗补给能力直接决定了地下水的形成机制和富集规律。为了了解盆地内包气带入渗性能，本研究对盆地内开展数组渗水试验。渗水试验是野外测定包气带松散岩石渗透系数的简易方法，包括单环法、双环法、试坑法等。本次研究采用双环法，即分别向内、外环中注水，通过内环数据测算渗透系数。由于内环中的水只产生垂向入渗，排除了侧向渗入产生的误差，因此，双环法比试坑法和单环法精度要高（中国地质调查局，2012）。具体试验步骤与过程不再赘述，这里仅对试验结果进行讨论。

尽管山区坡地上表层存在一定厚度的风化层，但仍无法进行渗水试验。一方面试验设备与条件不允许，另一方面存在风化层的岩体渗透性与贮水空间仍十分微弱，渗水试验所涉及的尺度内无法进行测量。因此本研究中所进行的渗水试验点选择在山区沟谷冲积物、盆地中部第四系沉积物中开展。试验中主要涉及的岩性包括了粉土、细砂、粗砂夹角砾石等。

对比统计分析十组渗水试验结果，新场盆地内包气带渗透系数分布在 7.57×10^{-6}~4.21×10^{-5}m/s。部分渗透性较好的地段主要出现在冲沟内的干涸河床上，这也表明了一次降水过程，大部分山区降水在坡度陡峭处形成产汇流进入沟谷成为地下水的重要补给来源。尽管全区属干旱–极干旱地区，降水可能很难直接补给地下水，但其形成的洪流能够在沟谷处有效地补给地下水，使得降水成为研究区重要的补给来源。此外渗透性较差之处主要出现在盆地中部第四系大面积出露地区，主要沉积物为粉土、粉质黏土等，造成包气带渗透性较弱。总体来看，盆地内包气带渗透性能一般，但并不阻碍大气降水成为地下水的主要补给来源。

根据对新场盆地内部分钻孔、民井进行实测获取的地下水水位分布情况看，地下水水位与地形起伏较为一致，分布在 1585.20~1677.21m，总体趋势为自西向东径流。因此除了大气降水补给，来自西部、北部的侧向径流补给也是盆地内地下水的重要补给来源。

这一结论也被水化学与同位素等证据所支持（郭永海等，2013）。

2.3.3.3　断裂带水文地质特性

从力学性质上看，盆地内断裂构造主要为压性、压扭性断裂，压性断裂主要呈东西或近东西向展布，规模较大，长度一般数公里至几十公里不等；压扭性断裂主要呈北东向，长度一般数公里至十几公里不等，而北西向压扭性断裂和南北向张性断裂发育程度较差。

断裂带的水文地质特性一般取决于断裂的力学性质及断裂两盘的岩性。F1、F2 断裂（图 2.11）两盘岩性主要为变质岩，由于经历多期次活动，多次碾磨压碎，破碎带多由断层泥、糜棱岩或片状岩石组成，结构紧密、透水性和含水性很差，基本上不含水或少含水，并构成阻水屏障。

F3~F5 断裂则基本属于压扭性断裂则属于不含水但错断了脆性花岗岩的情况，尽管断裂本身不含水，但却促成断裂带两侧裂隙发育，构成富水带。

2.4　岩体尺度条件概述

2.4.1　岩体地质条件概况

新场盆地内北部、南部均出露有大面积岩体，北部称为新场岩体，南部称为芨芨草岩体，二者均是北山预选区的重要备选场址。本研究中选择新场岩体作为岩体尺度研究重点。

新场岩体目标靶区面积约为 12km^2，位于新场盆地北侧（图 2.11）。地表高程分布在 1700m 左右，地表以丘陵为主，起伏不大。出露岩性以加里东期中粒、细粒黑云母花岗岩及粗粒花岗岩为主，以岩基形式大面积展布（图 2.13）。

岩体尺度范围内地下水赋存于基岩裂隙中，受地形、岩性及地质构造条件制约，自西向东或自西北向东南方向运动，地下水多以水平方向运动为主。地下水赋存空间有限，总体上富水性极差，补给有限而蒸发强烈导致地下水矿化度相对较高。浅层由于基岩风化形成密集型裂隙，造成浅层地下水之间水力联系紧密，形成统一潜水面。

根据岩体范围内施工的深钻孔获取的地下水样品分析结果发现，深部地下水 pH 约为 7.5，水化学类型均为 Cl^-–SO_4^{2-}–Na^+，TDS 约为 2g/L，并有随深度增加而增大的趋势。深钻孔内长期水位动态监测结果表明，地下水水位变幅在 0.5~0.8m。

2.4.2　岩体裂隙结构面信息获取

岩体尺度内地下水的赋存与运动均在基岩裂隙中，因此其构成了地下水的主要渗流通道。由于基岩裂隙的发育受到地质活动反复作用，其复杂性与多变性成为定量描述的难点之一。地下水在裂隙中的渗透具有明显的各向异性和不均一性，因此为了描述地下水在裂隙介质中的渗流规律，首先要了解裂隙介质的特性与描述方法（Bear *et al.*，1993）。

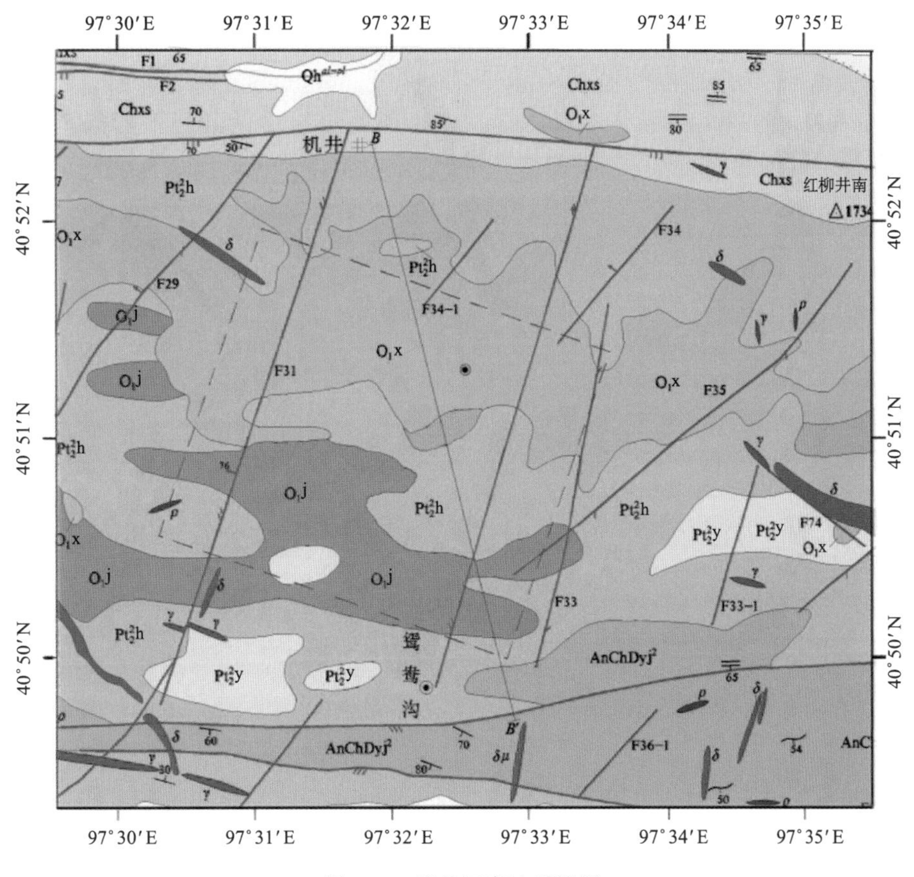

图 2.13　岩体尺度地质简图

描述裂隙在岩体中的空间分布特征主要采用结构面的概念，即岩体与岩体之间接触的类平面。结构面的几何特征包括方位、形态、规模、间距或密度、隙宽、粗糙度、连通性和充填性（黄润秋，2004；周志芳，2007）。裂隙结构面的信息都是通过裂隙现场调查获取，常用的方法有测线法、测窗法和钻孔法。

本次研究对研究区岩体裂隙结构面的信息采集使用测线法进行，每条测线长度约为 37~51m。主要选择 8 处研究区内代表性强、基岩露头清晰的岩块进行结构面测量，共计统计了裂隙 1178 条。结构面特征参数的分析采用 Rocscience 公司的“赤平投影结构数据分析软件包（DIPS）”进行分析统计，它是一款专门用于交互式分析地质定位数据的软件，能方便地实现地质数据的赤平投影分析，可以做玫瑰花图、极点图、等密图等（Hoek，2000）。用 DIPS 软件对 1178 条裂隙的统计数据进行分析，作出裂隙走向的玫瑰花图（图 2.14），并据此进行走向优势组的相似归并划分。

在图 2.14 中，圆周的方位代表裂隙的走向，采用每格 5°对圆周进行划分，共分为 72 个子方向。半径的长度代表该子方向上裂隙条数的多少，越靠近圆周外围代表条数越多，由此可以将新场岩体优势裂隙分为三组：①裂隙组 1：走向 15°~20°；②裂隙组 2：走向 335°~340°；③裂隙组 3：320°~325°。

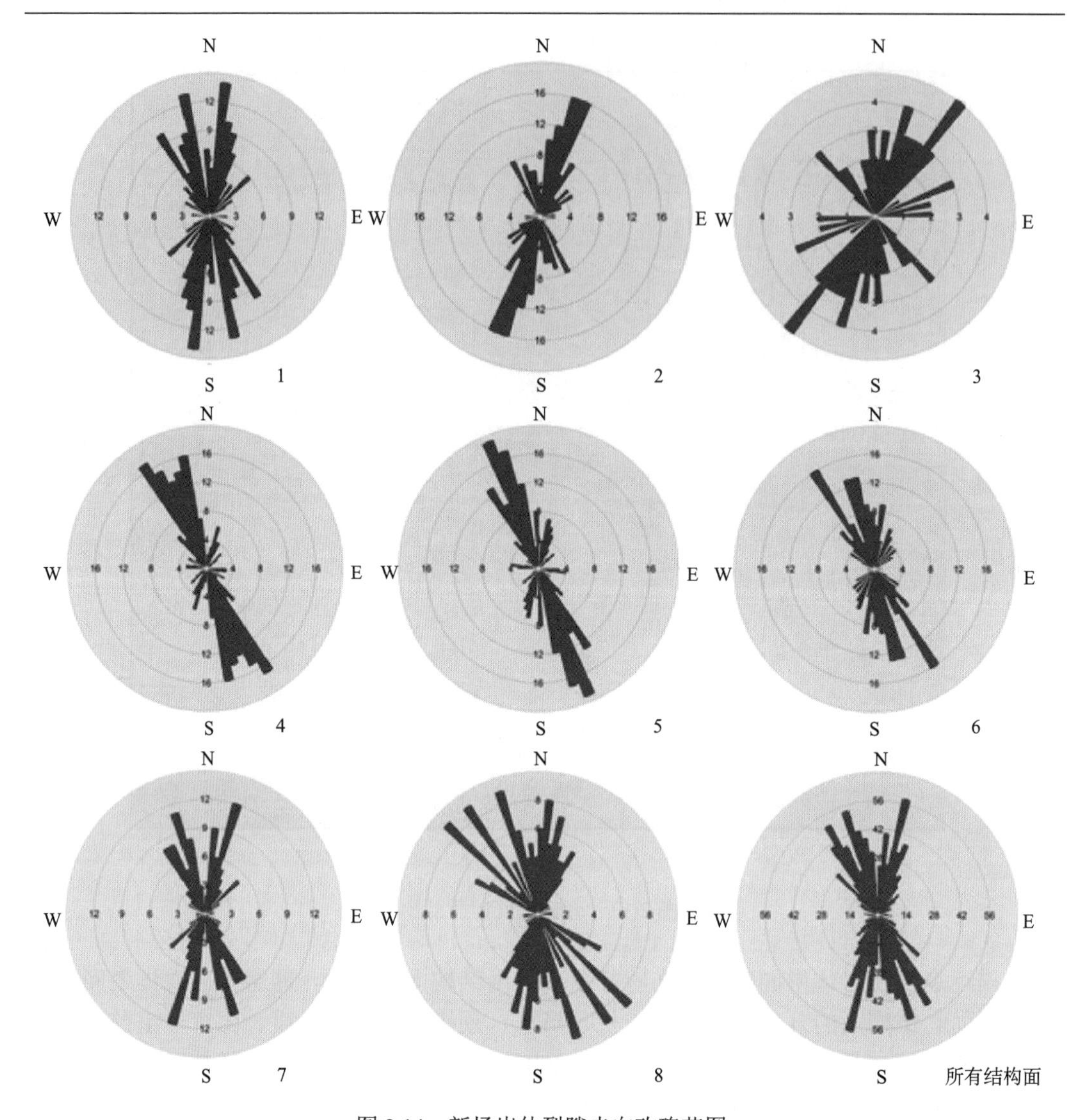

图 2.14　新场岩体裂隙走向玫瑰花图

通过在新场岩体现场采集裂隙结构面的信息，综合统计其几何特征，能够直观理解和认识地下水在裂隙网络中的运动，为后续构建数值模型做基础数据支撑。

2.4.3　岩体渗透性能分析

钻孔法是认识、查明岩体中裂隙的最直接手段。依据核工业北京地质研究院（郭永海等，2012）在新场山以东地区进行深部钻探及相关水文地质试验，综合分析岩体渗透性能。

新场花岗岩体施工深孔共 4 处，孔深分布在 600~683m，4 孔中共进行了 237 段压水试验，获取的渗透系数多分布在 10^{-11}~10^{-9}m /s 附近，最大处达到 2.23×10^{-7} m/s。统计结果显示，钻探深度范围内，渗透系数值并未出现明显的变化趋势（图 2.15，仅展示两处有代表性钻孔点）。

裂隙网络的渗透性能是控制地下水流动和溶质迁移的重要水文地质参数，影响其渗透性的因素包括构造活跃程度、结构面几何特征、相互贯通程度、围岩岩性、自重应力、胶结程度和溶蚀等。根据国内外的研究成果，一般而言含水介质的渗透性具有随深度增大而衰减的规律，导致这种现象的根本原因是岩体和地层的自重应力随埋深的增大而增大，即应力增加使含水介质受到的压力增大，导致裂隙率或孔隙率减小、渗透性变弱；但新场岩体钻探水文地质试验成果表明，渗透系数值与深度的关系并不明显（图 2.15）。前已叙及，地质构造、围岩岩性、自重应力、胶结程度等多种因素都会影响介质渗透性，因此，对于不同地区，因所处地质条件的不同，每种因素的影响程度也会存在明显差异。从目前已有数据推测，新场岩体附近控制介质渗透性能的主导因素并非自重应力，而应该是地质构造。

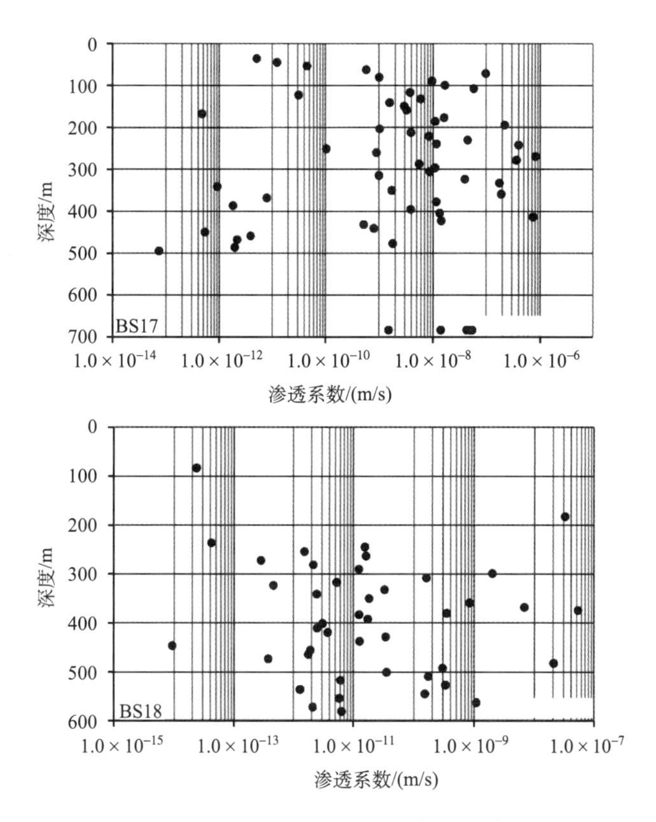

图 2.15　深钻孔压水试验成果（据郭永海等，2012）

2.5 本 章 小 结

本章依据高放废物地质处置安全性评估的多尺度特征，从区域、盆地及岩体三个不同尺度论述了地下水系统的特征，包括自然地理、地质构造及水文地质条件等，总体特征列入表 2.2。

表 2.2　不同尺度水文地质条件概要

	研究范围	地层岩性	地下水类型	补径排条件
区域尺度	包含整个北山地下水流动系统；约 10.5 万 km^2	花岗岩、变质岩为主；砂岩；第四系松散堆积物	基岩裂隙水、碎屑岩类裂隙孔隙水、松散岩类孔隙水	大气降水补给；顺地势运动，蒸发或侧向排泄于额济纳、河西走廊
盆地尺度	新场盆地，受控于南北阻水断裂；约 480km^2	花岗岩、变质岩为主；少量第四系松散堆积物	基岩裂隙水、松散岩类孔隙水	大气降水补给；顺地势运动；蒸发、侧向径流排泄
岩体尺度	新场盆地北完整岩体；约 12km^2	花岗岩	基岩裂隙水	大气降水补给；顺地势运动；蒸发、侧向径流排泄

第3章　祁连山-河西走廊-北山流动模式研究

探讨北山地区地下水流动系统，不可回避的关键问题之一：是否存在从祁连山穿越走廊地区径流至北山地区进行排泄的区域尺度循环途径。本章从地下水流动系统理论基础出发，探索地下水流动系统理论指导下的地形起伏多变的基岩山区，分析可能影响地下水流动系统发育模式的因素，选择祁连山-河西走廊-北山典型剖面，利用大地电磁测深法重构该剖面地质结构，结合地下水流动数值模拟方法，讨论了祁连山-河西走廊-北山典型剖面的地下水流动模式，进一步确立了北山地下水流动系统的南部边界，为后续构建水文地质概念模型提供基础条件。

3.1　地下水流动系统理论概述

“地下水系统”这一术语的出现，一方面是系统思想与方法渗入水文地质领域的结果，另一方面是水文地质学发展的必然产物（张人权，1987）。随着人们认识地下水的视角范围不断扩大，从单井附近小范围扩大至整个含水层，之后扩展到地下含水系统与地下水流动系统，水文地质中系统的概念在不断地形成和完善。

地下水系统的概念可以认为是地下水含水系统，或地下水流动系统，或二者皆有。地下水含水系统是指由隔水或相对隔水岩层圈闭的、具有统一水力联系的含水岩系，因此一个含水系统往往由若干含水层和相对隔水层（弱透水层）组成，其中的相对隔水层（弱透水层）并不影响含水系统中的地下水呈现统一的水力联系。地下水流动系统则是由源到汇的流面群构成，具有统一的时空演变过程的地下水体（王大纯等，1995）。地下水含水系统和地下水流动系统可以从不同的角度揭示地下水赋存与运动的系统性、整体性。

3.1.1　含水系统与流动系统的对比

地下水含水系统不再以含水层作为基本的功能单元，而是将若干个含水层与若干个相对隔水层作为一个整体来研究，其内部表现出统一的水力联系性。在概念上更加侧重于介质的透水性和不同介质的空间组合形态，这对于阐明地下水分布埋藏特征、补给、径流及排泄的宏观规律十分有帮助。存在于同一含水系统中的地下水被视作一个整体，对外界的激励作出响应。因此，含水系统是一个独立而统一的水均衡单元，可用于研究水量乃至盐量、热量的均衡。含水系统的圈定，主要着眼于包含水的容器，通常以隔水或相对隔水的岩层作为系统边界，它的边界属性常常为地质零通量，长时间尺度下边界是固定不变的。

地下水流动系统摆脱了传统的地质边界的制约，而将地下水流作为研究实体。它是以地下水的运动形式、水量与水质的时空分布格局及不同子系统间水量水质的交换为基础的。地下水自补给区向排泄区运动，由连接源和汇的流面反映出来。流面有方向、且长度不一、疏密有别，这些特点可以帮助人们判定地下水质点的运移方向、径流途径和强度。其整体性表现在沿地下水流动方向，盐量、热量及水量发生有规律的演变，呈现统一的时空有序结构。因此流动系统是研究水质时空演变的理想框架和工具，是解决目前常见且棘手的地下水污染问题的利器。流动系统以流面为边界，属于水力零通量面边界，边界是可变的。

图 3.1（a）展示了一个由隔水基底所限制的沉积盆地所构成一个含水系统。由于其中存在一个比较连续的相对隔水层，因此，该含水系统可划分为两个子含水系统（Ⅰ、Ⅱ）。该沉积盆地中发育了两个流动系统（A、B）。其中一个为简单的流动系统 A，另一个是复杂的多级次流动系统 B。流动系统 B 可进一步划分为区域流动系统 B_R、中间流动系统 B_I、局部流动系统 B_L。可以看出，同一空间内，含水系统和流动系统的边界相互交叠，流动系统可穿过不同的子含水系统，但仅出现在区域流动系统中，而局部流动系统 B_L 或中间流动系统 B_I 则被限制在子流动系统Ⅰ中。

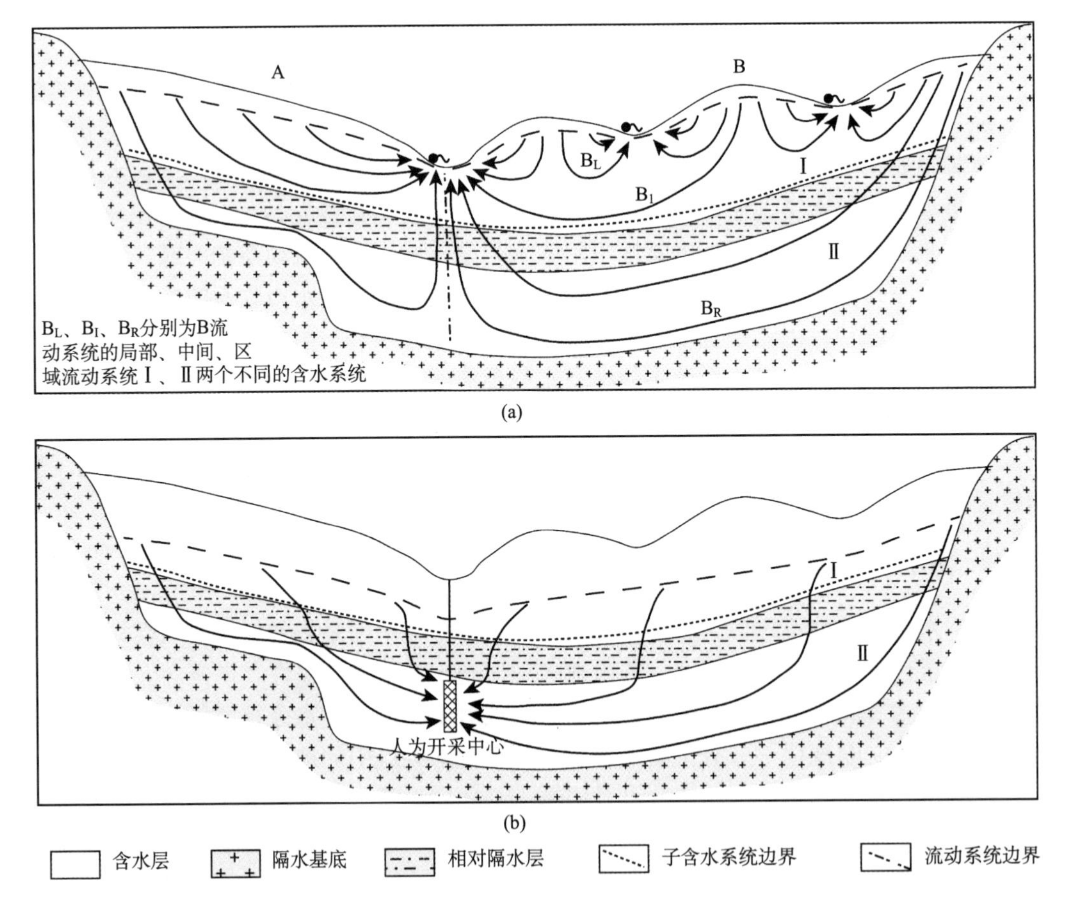

图 3.1　天然条件与人为影响条件下地下水含水系统与流动系统的关系（据王大纯等，1995）

由于流动系统是势场的表现，因此势场发生变化时[如强烈的人工开采，图 3.1(b)]，流动系统开始发生明显变化。大量人工开采使得盆地中部出现势汇，地下水流线均指向该处，原来复杂的多级次流动系统消失，仅发育简单流动系统，地下水流动系统在人为因素的影响下发生了重大变化。

因此，控制含水系统发育的主要是地质结构（沉积、构造、地质发展史），而控制地下水流动系统发育的主要是水势场。综上，地下含水系统是以介质场为基础，以地质零通量面为边界的一个具备统一水力联系的静态系统，能够用于从整体上研究水量、盐量及热量的均衡。地下水流动系统则以渗流场为基础，以水力零通量面为边界的具备统一的补给、径流、排泄条件的动态系统，其有助于研究水量、水质及水温的时空演变规律。事实上，含水系统是含水层在概念上的扩大，本章重点探讨地下水流动系统。

3.1.2　地下水流动系统的主要特征

最初人们认为地下水仅仅在平面二维内运动，而忽略垂向运动。Hubbert（1940）通过河间地块流网图指出，补给区的地下水离开地下水面，呈下降水流，至排泄区指向地下水面，为上升水流，在中间径流带内流线接近水平。之后 Tóth（1963）在严格的假定条件下利用解析解绘制了均质各向同性潜水盆地中理论的地下水流动系统，得出了在均质各向同性潜水盆地中出现局部、中间和区域三个不同级次的流动系统。1980 年，Tóth 提出“重力穿层流动”（cross-formational gravity-flow）的概念，将流动系统的理论推广至非均质介质场中。同时，Engelen、Jones（1986）进一步分析了形成地下水流动系统的物理机制，建立了一套着重于解决水质问题的地下水流动系统的概念和方法。

由于地下水流动系统是将水动力场、化学场及温度场统一于一个整体框架之下，因此借助流动系统能够综合分析地下水运动规律、水质分布特征及温度变化趋势（图 3.2）。地下水在运动过程中消耗机械能以克服黏滞性摩擦，驱动地下水运动的主要能量来源于重力势能，而重力势能则主要来自于大气降水的补给。在地势低洼处，地下水接受补给后水位升高，同时也加剧了排泄程度（蒸发或向地表水排泄），阻止了地下水位持续抬升，形成势汇；在地形较高处，地下水水位持续抬升，重力势能不断累积，构成势源。正因如此，地形影响了地下水的势能分布，一定程度上决定了水位的起伏形态。

地下水流动系统的不同部位，由于流速与流程对水质的控制作用，地下水化学特征显示出分带性。在复杂流动系统中，同时出现局部、中间和区域流动系统时，分带性在垂向上表现明显；在简单流动系统中，仅出现区域流动系统时，主要呈现水平分带性。地下水化学成分主要来自于流动过程中对流经岩土的溶滤。其他条件相同时，地下水在岩层中滞留时间越长，从周围岩土溶滤所获得的组分便越多。局部流动系统中的水流程短、流速快，地下水化学成分相对比较简单，矿化度偏低；区域流动系统中的水流程长、流速慢、接触的岩层多、成分复杂，排泄区地下水的矿化度往往比较高。

此外，地下水流动系统还会影响地下水温度场的分布。补给区下降水流受入渗水的影响，地温偏低；排泄区则因上升水流带来深部热影响，地温偏高。这使得原本水平分布的等温线发生变化，补给区的下降，且间距变大；排泄区上抬，且间隔变小。

因此，地下水流动系统是一个十分有用的水文地质分析框架，将水动力场、化学场及温度场等统一于地下水的空间与时间连续演变的有序结构中，根据多场内部之间的联系，相互证明，综合判断，提升对地下水环境的客观认识。

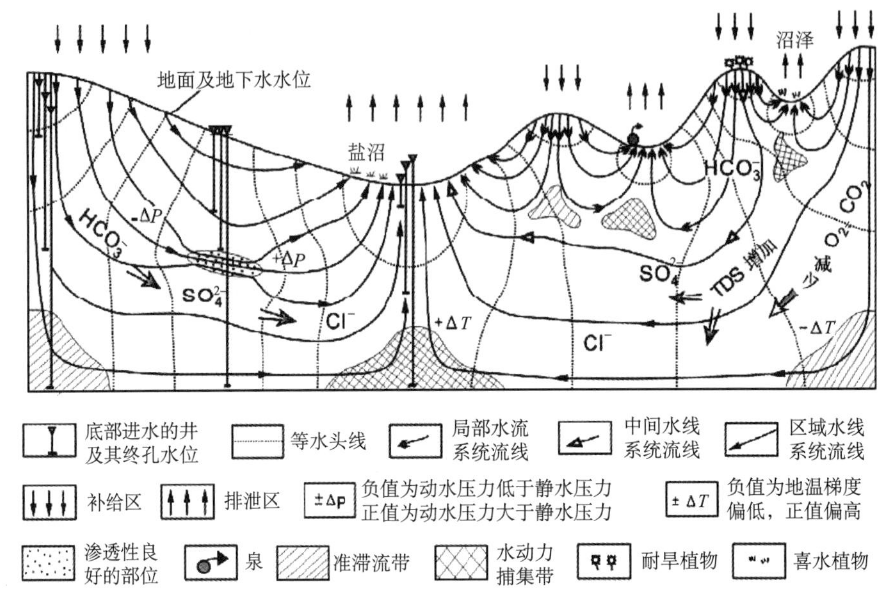

图 3.2　盆地地下水流动系统及其伴生标志（据 Tóth，1980 修改，转引自张人权等，2011）

3.1.3　影响地下水流动模式的因素

通常来讲，水流系统的特征受边界条件和含水层结构两个方面因素共同影响。根据概念模型的差异，边界条件可分为定水头上边界和通量上边界：定水头上边界主要依赖于地形地势的分布特点，通量上边界则依赖于降水强度；含水层结构的差异表现在含水层厚度与含水层非均质性：含水层厚度决定了水流运动的空间并在一定程度上决定流动系统的级次性，而含水层非均质性则针对含水层渗透性是否随深度衰减等。因此，在分析地下水流动系统发育特征与地下水径流路径时，地形起伏形态、降水入渗强度、含水层厚度、含水层渗透结构等因素均需纳入考虑范围。

地下水运动规律研究过程中，引入实验室物理模拟，大大提高了地下水运动的直观性，它能够清晰观地再现地下水径流路径与径流特征。利用地下水流系统演示仪，刘彦等（2010）将入渗强度逐渐增大而其余条件保持不变，水流模式从单一区域流动系统逐步过渡为复杂三级流动系统，之后变为相对简单的二级流动系统，说明地下水流动系统级次性的发育是一个复杂的过程。入渗强度较小时，地势低洼处并不能构成势汇，仅发育单一区域流动系统；入渗强度增大时，潜在的势汇处（地势低洼处）成为排泄点，为发育多级次流动系统提供了必要条件。因此只有当潜在的势汇真正构成排泄点时，才有可能发育多级次的流动系统。采用通量上边界的方式研究流动系统的发育情况，势汇的出现与消失成为动态变化的情况下，更加贴合实际地模拟了控制流动系统变化的因素，能够更好地揭示盆地地下水流系统发育模式与变化机理。

数值模拟方法是研究水流系统的发育特征与分析发育形态影响因素的有效方式之一，它能够方便、快捷地调整模型相关参数，分析结果变化，获取各类参数与水流模式之间的关系，因此是分析地下水运动规律与流动机理的常用工具。Freeze 等（1967）最初基于地下水流动数值模拟工具，采用了定水头上边界条件研究了地形不规则起伏、岩性差异、断层及各向异性等地质因素对地下水流动系统的影响，指出非均质盆地仍旧可以发育多级次水流系统。Liang 等（2013）则采用通量上边界，模拟分析了控制区域地下水流规律的物理机制。通过改变入渗补给强度、渗透系数以及盆地深度等条件，模拟发现在特定的条件下都可以发育局部、中间和区域三个不同级次的水流系统。只要入渗强度与渗透系数的比值相同，其他条件相同的条件下，地下水流系统的分布完全相同。

3.2　祁连山-河西走廊-北山剖面选取

祁连山山区降水丰沛，且常年积雪也源源不断地形成地表水进而转换为地下水，较高的海拔使得该地区地下水携带着巨大的势能向北径流补给走廊一带地下水，进而可能影响到北山地区的地下水形成与分布。根据盆地地下水流动系统理论，祁连山山区地下水直接径流补给北山地区的可能性是存在的。目前部分学者基于少量地下水样品点的同位素特征也提出了这样的假说，为了进一步认识地形地势对地下水流动系统发育模式的影响，明确祁连山与北山之间的水力联系，选定一条穿越祁连山-河西走廊-北山地区的剖面开展地下水流动模式研究是非常必要的。

通过综合对比，考虑到地形条件与地理特征，选定的剖面始于祁连山区的玉门市采油基地老君庙附近（N39°45.7′，E97°31.6′）沿北偏东 14°方向穿过宽滩山、花海盆地，止于北山山前地带（N40°32.0′，E97°46.3′），总长 88km（图 3.3）。剖面起始位置海拔 2500m 处，向北逐渐降低至赤金盆地约为 1730m，越过宽滩山进入地表高程分布在 1230~1250m 的花海盆地。

祁连山山区地层岩性以板岩、片岩等一套变质岩为主，地下水仅能赋存于基岩裂隙中，且以表层风化裂隙为主要赋存空间，因此富水性较差；赤金盆地为倾斜平原区，地层岩性以第四系松散堆积物包括卵砾石、砂土、黏土透镜体等为主，含水层南向北由单一潜水含水层过渡为潜水-承压多层含水层，地下水受地形与地层控制在宽滩山南部一带溢出成泉；花海盆地第四系沉积地层以湖积相、河流相等沉积相为主，呈现出多层含水层结构，在盆地中部形成承压水；北山山区以火成岩为主，地下水赋存于风化裂隙、构造裂隙中，赋存空间十分有限，因此水量贫乏[①]（图 3.4）。

祁连山-河西走廊（花海盆地）-北山典型剖面几乎完全与地下水流向重合，并且在地形地势上表现出显著差异，因此探讨该剖面上地下水运动模式能够用于确定北山地下水流动系统与河西走廊地下水系统的边界。

要开展祁连山-河西走廊（花海盆地）-北山地下水流动模式研究，含水层渗透结构的建立是基础。根据该地区已开展的工作，浅表地层结构基本已经明确：祁连山山前是

① 中国人民解放军〇〇九二九部队，1978，中国人民解放军〇〇九二九部队编制的区域水文地质普查报告。

由卵砾石为主的堆积物组成的冲洪积扇，宽滩山山前及花海盆地为砂、砂土、黏土等组成的多层结构。但第四系堆积物堆积厚度却仍不明确，鉴于含水层厚度对流动模式的影

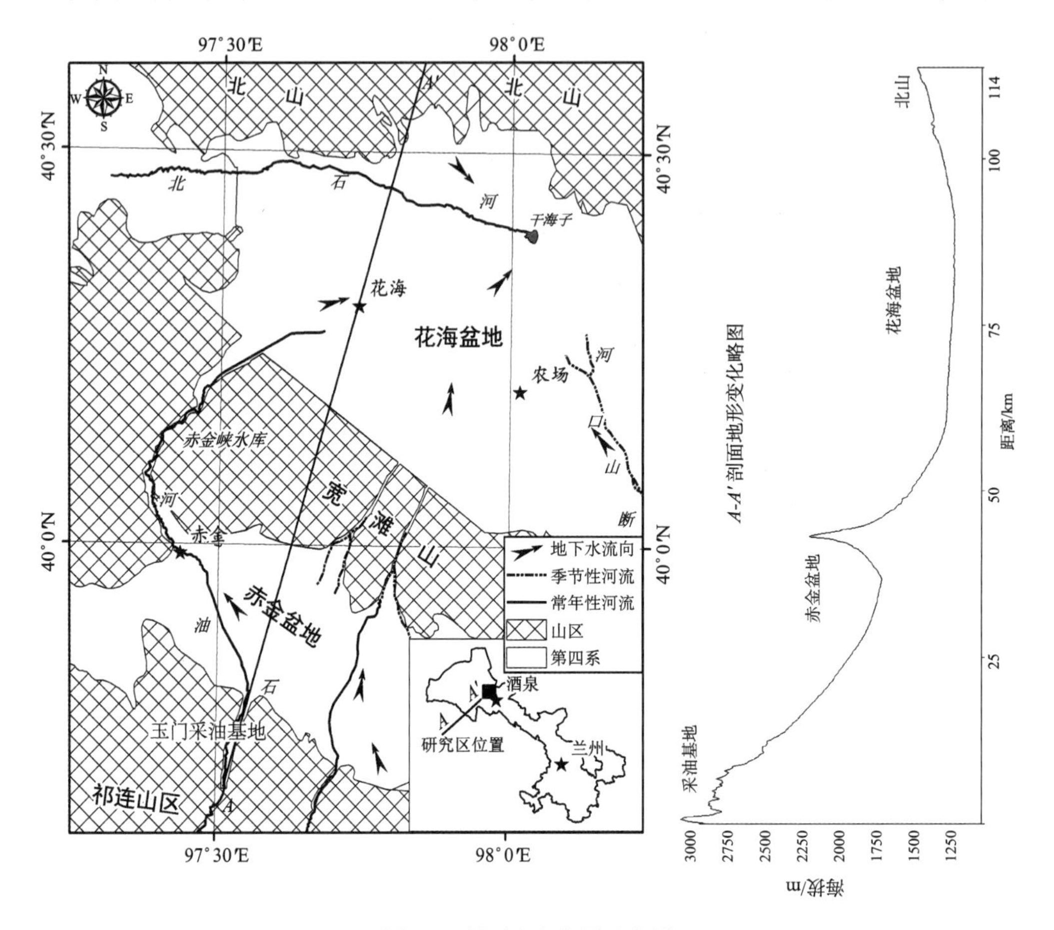

图 3.3　剖面选取位置示意图

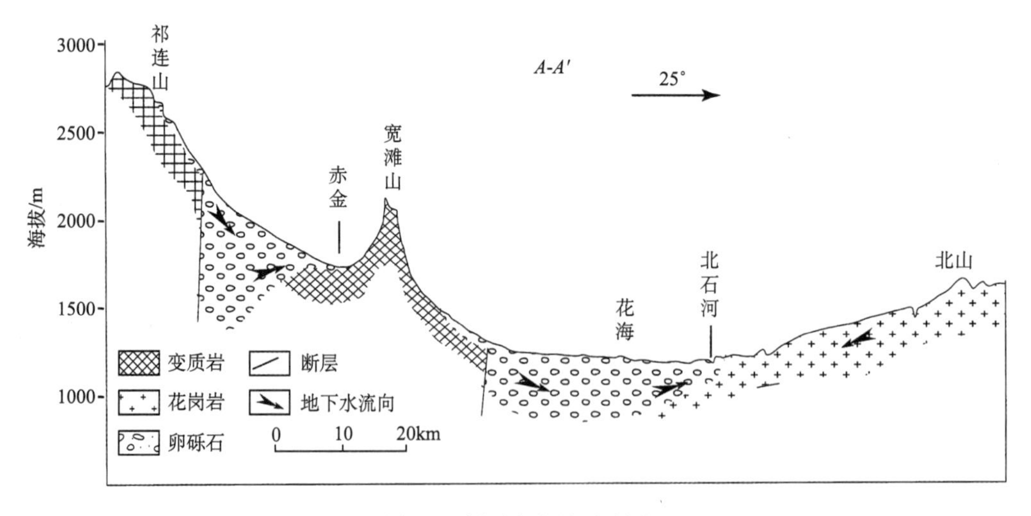

图 3.4　剖面水文地质略图

响（张俊等，2012），需对该剖面第四系松散堆积物的厚度进一步明确。因此考虑首先利用大地电磁测深方法探明含水层厚度，进而采用地下水流动数值模拟的方式探讨流动模式发育特征。

3.3　基于大地电磁测深法重构典型剖面地质结构

3.3.1　地球物理方法选取

地球物理勘探是运用地面或地下的物理手段测量地下介质的物理性质，从而找到并推断出矿产、油气、地热、地下水资源及地质构造的空间位置与形态。地球物理勘探包括多种物理手段，常规概括为重力、电法、磁法、电磁法及地震法。其中，大地电磁测深（magnetotelluric sounding）是由苏联的 Caginiard 及法国的 Tikhonov 在 20 世纪 50 年代提出的。最初，由于技术难度较大，研究进程相当缓慢。但由于大地电磁测深法具有勘探深度大、分辨率强（尤其是对导体）、免受高阻屏蔽、成本较低等特点，一直被人们所关注，也是近年来电磁法勘探的一个比较活跃的领域。后来因为张量阻抗分析法的提出，使得大地电磁测深法在方法上有了突破性的进展。与此同时，随着科技的发展，尤其是计算机技术、电子信号处理技术等，大地电磁测深法在数据采集处理、反演解释、仪器研发、软件开发等方面都取得了长足的进步。

各种电磁勘探方法均存在一定的局限性，不同的电磁方法有不同的适用条件，若采用人工场源与天然场源，便能继承有源电探法的稳定性，又具有无源电磁法的节能和轻便性。具有以上特点的仪器有 EH4 连续电导率剖面仪，它基于大地电磁测深法的原理，使用人工电磁场和天然电磁场两种场源，能同时接收和分析 x、y 两个方向的电场和磁场，反演 x-y 电导率张量剖面，对判断二维构造特别有利；同时仪器设备轻，观测时间短，完成一个近 1000m 深度的测深点，大约只需 15~20min，这使它可以轻而易举实现密点连续测量（首尾相连），进行 EMAP 连续观察；此外，在 EH4 的采集控制主机中插入两块附加的地震采集板，就可使一台 EH4 兼作地震仪和电导率测量，为一机实现综合勘探首创先例；最后，EH4 具有实时数据处理和显示，资料解释简捷，图像直观特点。

因此，为了获得祁连山-河西走廊-北山山区典型剖面地质结构，选择采用 EH4 方法开展重构工作。

3.3.2　大地电磁测深的理论基础

3.3.2.1　基本原理

无论是可控源音频大地电磁法、音频大地电磁测深法还是 EH4 电磁测深法，它们的理论基础都是建立在麦克斯韦（Maxwell）方程组为核心的平面电磁波理论基础之上，假定电磁波从空气中垂直入射到均匀的水平大地介质中，得到地表电磁场分量与地下介质阻抗张量与地下介质阻抗张量要素、电阻率之间的关系，令 z 轴垂直于地面向下，x、y 相互垂直且位于地表水平面上，则谐变场中的 Maxwell 方程组为

$$\begin{cases}\nabla\times\boldsymbol{E}=-\dfrac{\partial\boldsymbol{B}}{\partial t}\\ \nabla\times\boldsymbol{H}=J+\dfrac{\partial\boldsymbol{D}}{\partial t}\\ \nabla\times\boldsymbol{E}=0\\ \nabla\times\boldsymbol{B}=0\end{cases}\tag{3.1}$$

$$\begin{cases}\boldsymbol{B}=\mu\boldsymbol{H}\\ \boldsymbol{D}=\varepsilon\boldsymbol{E}\\ \boldsymbol{J}=\sigma\boldsymbol{E}\end{cases}\tag{3.2}$$

式中，$\boldsymbol{E}$ 是电场强度矢量，v/m；$\boldsymbol{H}$ 为磁场强度矢量，A/m；$\boldsymbol{D}$ 为电位移矢量；$\boldsymbol{J}$ 为传导电流；$\boldsymbol{B}$ 为磁感应强度矢量；μ 为磁导率，H/m；ε 为介电常数，F/m；σ 为电导率。通常情况下，真空中的介电常数和磁导率的值为

$$\begin{cases}\varepsilon=\varepsilon_0=8.85\times10^{-9}\\ \mu=\mu_0=4\pi\times10^{-7}\end{cases}\tag{3.3}$$

令：

$$\mathrm{e}^{-\mathrm{i}\omega t}=\cos(\omega t)-\mathrm{i}\sin(\omega t)\tag{3.4}$$

式中，ω 为圆频率；i 为虚数单位。当频率较低时，忽略位移电流的影响，谐变场中麦克斯韦方程组的旋度方程组表达为

$$\begin{cases}\nabla\times\boldsymbol{E}=\mathrm{i}\omega\mu\boldsymbol{H}\\ \nabla\times\boldsymbol{H}=\sigma\boldsymbol{E}\end{cases}\tag{3.5}$$

将上式展开成分量形式，则各个电磁场分量的表达式分别为

$$\begin{cases}\dfrac{\partial\boldsymbol{E}_y}{\partial z}=-\mathrm{i}\omega\mu\boldsymbol{H}_x\\ \dfrac{\partial\boldsymbol{E}_x}{\partial z}=-\mathrm{i}\omega\mu\boldsymbol{H}_y\\ \dfrac{\partial\boldsymbol{H}_y}{\partial z}=\sigma\boldsymbol{E}_x\\ \dfrac{\partial\boldsymbol{H}_x}{\partial z}=\sigma\boldsymbol{E}_y\end{cases}\tag{3.6}$$

从上式可以看出，电场分量（$\boldsymbol{E}_x$、$\boldsymbol{E}_y$）和磁场分量（$\boldsymbol{H}_x$、$\boldsymbol{H}_y$）均沿着 z 轴传播，在物理学中将其称为线性极化波（也称线性偏振波）。如果在电磁波传播的方向上有电场分量，而且磁场的方向与电磁波的传播方向垂直，那么就把这种线性极化波称为 TM 波（又称 H 波）；如果在电磁波传播的方向上有磁场分量，而电场的方向与电磁波的传播方向垂直，那么就把这种线性极化波称为 TE 波（又称 E 波）。野外的测量工作理论上在波区进行，在这个范围内同时存在者两种波：TE 波和 TM 波，根据矢量分析，可以得到以下两个矢量波动方程组

$$\begin{cases}\nabla^2 \boldsymbol{H} + k^2 \boldsymbol{H} = 0 \\ \nabla^2 \boldsymbol{E} + k^2 \boldsymbol{E} = 0\end{cases} \tag{3.7}$$

上述两式为谐变场的波动方程，也就是亥姆霍兹方程（Helmholtz equation），其中，

$$k = \sqrt{\omega^2 \varepsilon\mu + \mathrm{i}\sigma\omega\mu} \tag{3.8}$$

为波数，在通常情况下，空气中的电流主要为位移电流，其传导电流的值非常小，几乎可以忽略不计；但是在均匀地下介质中，电流主要为传导电流，而位移电流则可以忽略不计。由上式可知，k 为复数，令：

$$k^2 = (a + b\mathrm{i})^2 = \omega^2 \mu\varepsilon + \mathrm{i}\omega\mu\sigma \tag{3.9}$$

可知

$$\begin{cases} a = \omega\left(\dfrac{\mu\varepsilon}{2}\right)^{1/2}\left[\left(1+\dfrac{\sigma^2}{\omega\varepsilon}\right)^{1/2}+1\right]^{1/2} \\ b = -\omega\left(\dfrac{\mu\varepsilon}{2}\right)^{1/2}\left[\left(1+\dfrac{\sigma^2}{\omega\varepsilon}\right)^{1/2}+1\right]^{1/2}\end{cases} \tag{3.10}$$

在无限均匀的传导介质中，μ、ε、σ 均为常数，以电场为例，其波动方程可以转变为如下形式：

$$\frac{\partial^2 \boldsymbol{E}}{\partial z^2} + k^2 \boldsymbol{E} = 0 \tag{3.11}$$

该方程的解为

$$\boldsymbol{E} = \boldsymbol{E}_0 \mathrm{e}^{-\mathrm{i}(\omega t - kz)} \tag{3.12}$$

将 a、b 的值带入上式，则上式变为

$$\boldsymbol{E} = \boldsymbol{E}_0 e^{-bz} \mathrm{e}^{-\mathrm{i}(\omega t - az)} \tag{3.13}$$

式中，$\boldsymbol{E}_0$ 为电场强度的幅值，$\boldsymbol{E}$ 的模为 $\boldsymbol{E}_0 e^{-bz}$，所以当电磁波在介质中传播时，其幅值按指数规律衰减，即它的能量也随着传播距离 z 的增加而被吸收，当 $z=b^{-1}$ 时，电磁波的能量衰减到原来的 37%（e^{-1}），令 $\delta = 1/b$，它所代表的物理意义可以理解为当电磁波从地表传播到地表以下 δ 深度时，其大部分能量（约占 63%）已经被吸收，振幅衰减为地表振幅的 e^{-1} 倍。习惯上称 δ 为电磁波的趋肤深度，b 为电磁波的衰减系数。在准静态条件下，趋肤深度与波长分别为

$$\begin{cases}\delta = \sqrt{\dfrac{2}{\omega\mu\sigma}} \\ \lambda = 2\pi\delta\end{cases} \tag{3.14}$$

一般情况下 μ 在大地介质中的值为 1.256×10^{-6}H/m，此时

$$\delta = 503\sqrt{\frac{\rho}{f}} = \sqrt{\frac{10\rho T}{2\pi}} \tag{3.15}$$

通过上式可知，随着频率的增高或者地下介质电阻率的减小，其勘探的深度也将变浅；相反地，随着频率的下降或者地下介质电阻率的增高，勘探的深度也相应增加。所以在大地电阻率不变的前提下，可以通过改变测量信号的频率，可以获取由浅到深一系列深度下电阻率随频率变化的关系，这就是大地电磁测深法的基本原理（石应俊等，1985；刘国兴，2005）。

3.3.2.2 阻抗与阻抗估计

在地面以上均匀的空气介质中，假定有这样一个电磁场：它是由向+z 方向传播的电磁波和–z 方向传播的反射波。在电场中，可由如下公式表示：

$$\boldsymbol{E}_x^0 = \boldsymbol{E}_0^+ \mathrm{e}^{-\mathrm{i}k_0 z} + \boldsymbol{E}_0^- \mathrm{e}^{-\mathrm{i}k_0 z} \tag{3.16}$$

当“0”位于下方意味着上述公式能够用于 0 地层（空气），而当“0”位于上标则表示电磁波的传播方向。在均匀地下介质中，可认为反射不存在，因此有：

$$\boldsymbol{E}_x^1 = \boldsymbol{E}_1^+ \mathrm{e}^{-ik_1 z} \tag{3.17}$$

在上述公式中，传播常量可以表示为

$$\begin{cases} k_0 = w\sqrt{\mu_0 \varepsilon_0} \\ k_1 = \mathrm{e}^{\mathrm{i}\pi/4}\sqrt{\dfrac{\omega\mu}{\rho}} \end{cases} \tag{3.18}$$

我们可以通过测量 $\boldsymbol{E}_x$，$\boldsymbol{H}_y$ 在地下和空气分界面上连续的条件，求解式(3.16)与式(3.17)。将法拉第定律带入式（3.16）与式（3.17）可得：

$$\begin{cases} H_y^0 = \dfrac{\boldsymbol{E}_0^+}{\eta_0}\mathrm{e}^{-\mathrm{i}k_0 z} + \dfrac{\boldsymbol{E}_0^-}{\eta_0}\mathrm{e}^{-\mathrm{i}k_0 z} \\ H_y^1 = \dfrac{\boldsymbol{E}_1^+}{\eta_1}\mathrm{e}^{-\mathrm{i}k_1 z} \end{cases} \tag{3.19}$$

用 η_0 和 η_1 表示地下介质和空气的真实阻抗，则它们可写为

$$\begin{cases} \eta_0 = \dfrac{\mathrm{i}\omega\mu_0}{\mathrm{i}k_0} = \sqrt{\dfrac{\mu_0}{\varepsilon_0}} \\ \eta_1 = \dfrac{\mathrm{i}\omega\mu_0}{\mathrm{i}k_1} = \sqrt{\omega\mu_0\rho\mathrm{e}^{\mathrm{i}\pi/4}} \end{cases} \tag{3.20}$$

在 z=0 时，假定电场 $\boldsymbol{E}$ 和磁场 $\boldsymbol{H}$ 处相等，则有：

$$\begin{cases} \boldsymbol{E}_1^+ = \boldsymbol{E}_0^+ + \boldsymbol{E}_0^- \\ \dfrac{\boldsymbol{E}_1^+}{\eta_1} = \dfrac{\boldsymbol{E}_0^+}{\eta_0} - \dfrac{\boldsymbol{E}_0^-}{\eta_0} \end{cases} \tag{3.21}$$

解上述方程，可得到反射波和他们的振幅值：

$$
\begin{cases}
\boldsymbol{E}_1^+ = \dfrac{2\eta_1}{\eta_0+\eta_1}\boldsymbol{E}_0^+ \\
\boldsymbol{E}_1^- = \dfrac{\eta_1-\eta_0}{\eta_0+\eta_1}\boldsymbol{E}_0^+
\end{cases}
\tag{3.22}
$$

在空气中的电场 $\boldsymbol{E}$ 和磁场 $\boldsymbol{H}$ 分别为

$$
\begin{cases}
\boldsymbol{E}_x^0 = \boldsymbol{E}_0^+\left[\mathrm{e}^{-\mathrm{i}k_0z} + \dfrac{\eta_1-\eta_0}{\eta_1+\eta_0}\mathrm{e}^{-\mathrm{i}k_0z}\right] \\
\boldsymbol{H}_y^0 = \dfrac{\boldsymbol{E}_0^+}{\eta_0}\left[\mathrm{e}^{-\mathrm{i}k_0z} - \dfrac{\eta_1-\eta_0}{\eta_0+\eta_1}\mathrm{e}^{-\mathrm{i}k_0z}\right]
\end{cases}
\tag{3.23}
$$

相应在地下介质中，可以得到

$$
\begin{cases}
\boldsymbol{E}_y^1 = \boldsymbol{E}_0^+\dfrac{2\eta_1}{\eta_0+\eta_1}\mathrm{e}^{-\mathrm{i}k_1z} \\
\boldsymbol{H}_y^1 = \boldsymbol{E}_0^+\dfrac{2}{\eta_0+\eta_1}\mathrm{e}^{-\mathrm{i}k_1z}
\end{cases}
\tag{3.24}
$$

在空气与地下介质的分界面上，上述的电场部分和磁场部分是相等的（即连续），其中我们将 $\boldsymbol{E}_x/\boldsymbol{H}_y$ 称为表面阻抗 $\boldsymbol{Z}$。当地质体均匀时，$\boldsymbol{Z}=\eta$。假设视电阻率为地下介质为均质时的电阻率，且其与非均匀地下介质里特定位置和特定频率下得到的表面阻抗值相等。那么由

$$
\eta_1 = \frac{\boldsymbol{E}_x}{\boldsymbol{H}_y} = \mathrm{e}^{\mathrm{i}\pi/4}\sqrt{\omega\mu_0\rho}
\tag{3.25}
$$

可以得到

$$
\rho_\alpha = -\frac{\mathrm{i}}{\omega\mu_0}\left[\frac{\boldsymbol{E}_x}{\boldsymbol{H}_y}\right]^2
\tag{3.26}
$$

大地电磁测深法在野外数据采集中，采集的是垂直方向上两个电场，$\boldsymbol{E}_x$ 和 $\boldsymbol{E}_y$，以及磁场 $\boldsymbol{H}_x$ 和 $\boldsymbol{H}_y$ 的值，通过上节所涉及的公式计算测点位置的阻抗。通过公式推导，我们知道表面阻抗 $\boldsymbol{Z}$ 是一个复数，是与频率有关的函数，并且由于噪音和地下介质分布，我们也可以认为它是张量：

$$
\bar{\boldsymbol{E}}_\omega = \bar{\boldsymbol{Z}}_\omega \cdot \bar{\boldsymbol{H}}_\omega
\tag{3.27}
$$

或

$$
\begin{cases}
\boldsymbol{E}_x = \boldsymbol{Z}_{xx}\boldsymbol{H}_x + \boldsymbol{Z}_{xy}\boldsymbol{H}_y \\
\boldsymbol{E}_y = \boldsymbol{Z}_{yx}\boldsymbol{H}_x + \boldsymbol{Z}_{yy}\boldsymbol{H}_y
\end{cases}
\tag{3.28}
$$

将上述张量方程看作是由两个输入值和输出值的线性系统是非常必要的，上述方程组中，输入为电场，得到的是磁场。假定电磁场为平面波，表面阻抗可以用标量形式表示，将阻抗分量 $\boldsymbol{Z}_{ij}$ 看作标量，可定义为

$$
\boldsymbol{Z}_{ij} = \frac{\boldsymbol{E}_i}{\boldsymbol{H}_j}
\tag{3.29}
$$

尽管上述值是非常易于计算，但当场源传播方向变化时该值亦会变化。因此当实测电场值与估计电场值间的差为最小时获得解最优，故考虑使用最小二乘法计算电阻抗。仅考虑 $\boldsymbol{E}_x$，$\boldsymbol{H}_x$ 和 $\boldsymbol{H}_y$ 时：

$$\Psi=\sum_{i=1}^{N}(\boldsymbol{E}_{xi}-\boldsymbol{Z}_{xx}\boldsymbol{H}_{xi}-\boldsymbol{Z}_{xy}\boldsymbol{H}_{yi})(\boldsymbol{E}_{xi}^{*}-\boldsymbol{Z}_{xi}^{*}\boldsymbol{H}_{xi}^{*}-\boldsymbol{Z}_{xy}^{*}\boldsymbol{H}_{yi}^{*}) \tag{3.30}$$

考虑到 $\boldsymbol{Z}_{xx}$ 和 $\boldsymbol{Z}_{xy}$ 的值需要为最小，令：

$$\begin{cases}\dfrac{\partial\Psi}{\partial(\mathrm{Re}\boldsymbol{Z}_{xx})}=\dfrac{\partial\Psi}{\partial(Im\boldsymbol{Z}_{xx})}\\[2ex]\dfrac{\partial\Psi}{\partial(\mathrm{Re}\boldsymbol{Z}_{xy})}=\dfrac{\partial\Psi}{\partial(Im\boldsymbol{Z}_{xy})}\end{cases} \tag{3.31}$$

从而有

$$\begin{cases}<\boldsymbol{E}_x\boldsymbol{H}_x^{*}>=<\boldsymbol{H}_x\boldsymbol{H}_x^{*}>\boldsymbol{Z}_{xx}+<\boldsymbol{H}_y\boldsymbol{H}_x^{*}>\boldsymbol{Z}_{xy}\\<\boldsymbol{E}_x\boldsymbol{H}_y^{*}>=<\boldsymbol{H}_x\boldsymbol{H}_y^{*}>\boldsymbol{Z}_{xx}+<\boldsymbol{H}_y\boldsymbol{H}_y^{*}>\boldsymbol{Z}_{xy}\end{cases} \tag{3.32}$$

假设：

$$<\boldsymbol{E}_x\boldsymbol{H}_x^{*}>=\frac{1}{N}\sum_{i=1}^{N}\boldsymbol{E}_{xi}\boldsymbol{H}_{xi}^{*} \tag{3.33}$$

将其称之为平均互功率密度谱，$\boldsymbol{E}_x$ 是通过我们所测得的 ξ_x 的离散傅里叶变换所得到的。（*）表示复数共轭。将上述两个表达式合并，则有

$$\begin{cases}\boldsymbol{Z}_{xx}=\dfrac{<\boldsymbol{E}_x\boldsymbol{H}_y^{*}><\boldsymbol{H}_y\boldsymbol{H}_x^{*}>-<\boldsymbol{E}_x\boldsymbol{H}_x^{*}><\boldsymbol{H}_y\boldsymbol{H}_y^{*}>}{<\boldsymbol{H}_x\boldsymbol{H}_y^{*}><\boldsymbol{H}_y\boldsymbol{H}_x^{*}>-<\boldsymbol{H}_x\boldsymbol{H}_x^{*}><\boldsymbol{H}_y\boldsymbol{H}_y^{*}>}\\[2ex]\boldsymbol{Z}_{xy}=\dfrac{<\boldsymbol{E}_x\boldsymbol{H}_y^{*}><\boldsymbol{H}_x\boldsymbol{H}_x^{*}>-<\boldsymbol{E}_x\boldsymbol{H}_x^{*}><\boldsymbol{H}_x\boldsymbol{H}_y^{*}>}{<\boldsymbol{H}_y\boldsymbol{H}_y^{*}><\boldsymbol{H}_x\boldsymbol{H}_x^{*}>-<\boldsymbol{H}_y\boldsymbol{H}_x^{*}><\boldsymbol{H}_x\boldsymbol{H}_y^{*}>}\end{cases} \tag{3.34}$$

$\boldsymbol{Z}_{yx}$ 和 $\boldsymbol{Z}_{yy}$ 可以通过同样的方法得到。视电阻率和电阻抗的相位通常采用表面阻抗来表示，其公式如下所示：

$$\begin{cases}\rho_{ij}=\dfrac{1}{\omega\mu_0}\left|Z_{ij}\right|^2=\dfrac{2}{f}\left|Z_{ij}\right|^2\\[2ex]\varphi_{ij}==\tan^{-1}\left[\dfrac{Im(Z_{ij})}{Re(Z_{ij})}\right]\end{cases} \tag{3.35}$$

它们是以标量或张量计算为基础的。

3.3.3 EH4 的工作原理和仪器介绍

3.3.3.1 工作原理

作为一种大地电测勘探方法，EH4 最终目的是获得地下目标地质体的电阻率。常规的直流电法是利用欧姆定律 $R=U/I$ 得到地下介质的点醒特征，而 EH4 大地电测法是直接记录天然场源的电磁信号，通过傅里叶变换，将时间域信号转换为频率域信号，从而得

到 x、y 方向上的电场强度 $\boldsymbol{E}_x$、$\boldsymbol{E}_y$ 和磁场强度 $\boldsymbol{H}_x$、$\boldsymbol{H}_y$，通过下述公式计算卡尼亚电阻率从而反映地下物质的电性结构。

$$\rho_{\alpha} = -\frac{\mathrm{i}}{\omega\mu_0}\frac{\left|\boldsymbol{E}_x\right|^2}{\left|\boldsymbol{H}_y\right|^2} \tag{3.36}$$

3.3.3.2　仪器介绍

基于卡尼亚电阻率的电磁方法研究分为两个方向，一种是功率较大的可控音频大地电磁法，它的设备较重，为了提升信噪比，发射功率一般从几千瓦到几十千瓦，主要代表是美国的 GDP 系列和加拿大的 V 系列；另一种是小功率并且设备轻便的电法仪器。EH4 就是这种代表，EH4 为了使设备简化，舍弃了 Hz 的测量，将大地电磁法中的张量测量简化为矢量测量，为了使仪器进一步变轻，舍弃了笨重的电偶极源，从而换成了轻便的磁偶极源。EH4 仪器相比于其他电法仪器比较特殊，它既能接受来自天然场源的大地电磁信号，也可以接受人工场源的电磁信号，而且它接受的频率高于大地电磁仪器所采集的频率。

Stratagem EH4 电磁测深系统是由美国 EMI 与 Geometrics 公司于 20 世纪 90 年代联合生产的一种便携式、高分辨率的混合源电磁法仪器。在频率为 1Hz~10kHz 范围内，该套仪器可以采集天然源信号，在频率为 750Hz ~100kHz 范围内，由于天然源信号比较微弱，它可以使用人工源作为辅助手段，其配备的高频磁探头，可以观测到 10Hz ~100kHz 范围内的电磁信号，用来探测地表以下几米至几百米（可逼近 1000m）范围内的地电结构信息。如果配备了低频磁探头，则可以探测更深部的地质构造。

EH4 电磁成像系统主要包括发射装置和接收装置两个部分，其基本探深原理与大地电磁测深法的原理一样，通过地表观测相互正交的两个磁场分量（$\boldsymbol{H}_x$、$\boldsymbol{H}_y$）和两个电场分量（$\boldsymbol{E}_x$、$\boldsymbol{E}_y$），通过这四个参数就可以获取不同方向上的阻抗张量要素，最后可获取视电阻率和相位的信息。

发射装置由发射天线、发射机和 12V 的直流电源组成（图 3.5），发射天线为两个相互正交的半圆形天线，发射机本身的发射频率为 500Hz~100kHz，当采用标准配置天线时，发射装置发出的频率为 1Hz~64kHz；使用低频率配置的发射天线时，发射装置发出的频率为 500Hz~32kHz。发射装置可以用来弥补大地电磁场的寂静区和几百赫兹附近的电磁干扰，用以提高数据采集的质量，使得在噪声环境中也能采集到有效的数据。

接收装置主要包括了主机、磁探、前置放大器（AFE）、接地电缆、不锈钢电极、传输电缆和 12V 电源（图 3.6）。主机是 EH4 电磁成像系统的中心，主要用于文件处理，数据采集和资料处理。磁探头主要用于采集磁场信号，其中标准配置（BF-1M 型）可采集 10Hz~100kHz 范围内的信号，低频配置（BF-2M 型）采集 0.1Hz~1kHz 范围内的信号。前置放大器主要是对采集的电磁场信号进行放大和滤波，然后经过传输电缆传导主机。电极主要用于采集两个方向的电场信号，标准配置为 BE-16 型缓冲器电传感器，低频配置为 BE-50 型缓冲器电传感器。

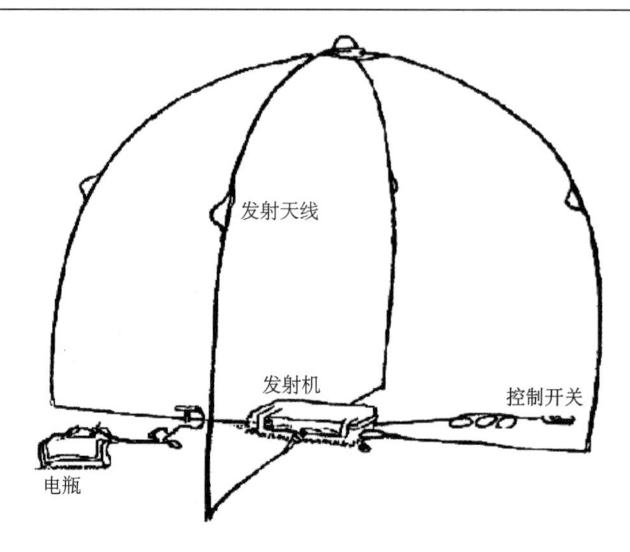

图 3.5　EH4 系统发射装置

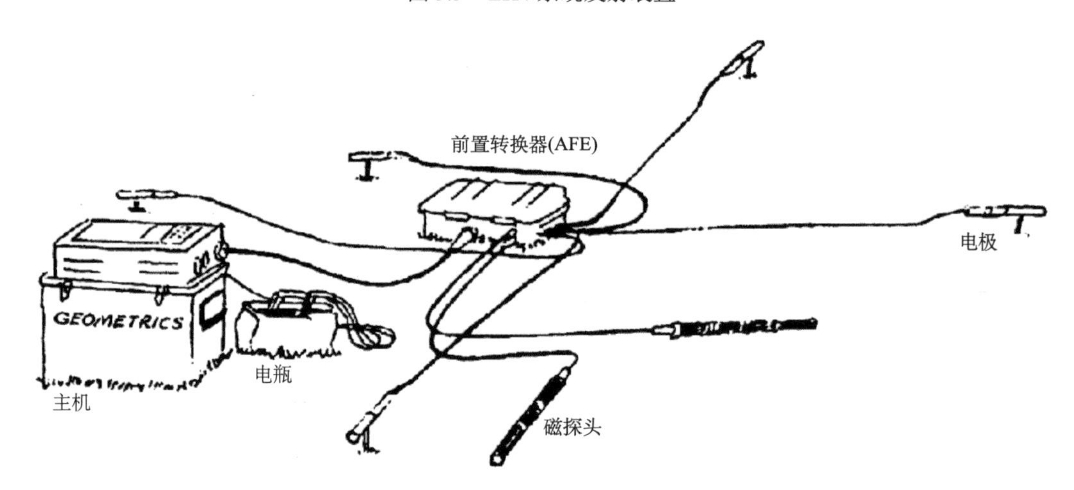

图 3.6　EH4 系统接收装置

3.3.3.3　数据处理

目前，EH4 电磁成像系统的数据处理主要依赖于系统自带的 IMGAEM 软件，其主要分为两个过程，实时数据处理和后期数据处理。实时数据处理主要集中在在数据采集过程中进行，即使用一维分析和数据分析的方法，对每个测点的各个参数进行实时分析，以保证采集数据的质量。后期处理主要是野外工作结束后在室内完成的一项重要工作，主要包括两个方面：一是在主机上对野外采集的数据进行相关系数、滤波系数的调整，对时间序列文件数据（*y* 文件）的每一个点进行挑选与剔除等工作；二是将数据处理的最终结果（*z* 文件）拷贝到电脑上，对其进行进一步的反演处理以及给出定性、定量的解释，最后得出结论。

3.3.4 研究区地球物理特征

该剖面选定在祁连山至北山山前地带，地貌上属于山前冲洪积平原，地势总体上看由两个山脉向腹地倾斜，中部的宽滩山为正地形。勘探目的主要为界定第四系松散堆积物的空间结构。测区内的第四系松散堆积物沉积厚度较大，岩性主要有卵砾石、砂砾石等构成，腹地部分为多层结构的细土平原区，岩性为亚砂土、粉细砂、砂卵砾石、砂等。

岩（矿）石的地球物理性质包括：密度、压力、重力、地磁、地电、放射性、地热和弹性等。就电性特征而言，可分为电阻率、极化率、介电常数等。由于地下水矿化度对含水岩层电阻率影响较大，且不同颗粒的砂泥层间电阻率有明显差异，结合本次物探勘测的主要目的，选择岩层的视电阻率为观测参数。

多数岩（矿）石可视为由均匀相连的胶结物与不同形状的矿物颗粒组成。岩（矿）石的电阻率决定于这些胶结物和颗粒的电阻率、形状及相对含量。影响地层水（胶结物）电阻率的因素包括地下水矿化度、温度、压力等，由于本次勘探深度有限，温度、压力因素可不予考虑。

收集、总结河西走廊一带地下水勘查成果，第四系主要岩性及其平均孔隙度见表 3.1。在勘探深度小于 200m 范围内，设定地下水平均温度约为 13℃，可推知区内不同颗粒地层之电阻率随地下水矿化度变化特征（表 3.2）。

表 3.1　第四系主要岩性及其平均孔隙度　（%）

岩性	卵、砾石	砂砾石	中粗砂	粉细砂
孔隙度	15	25	35	42

表 3.2　地层不同岩性电阻率与地下水矿化度变化关系（13℃）

矿化度电阻率/(g/L)	0.5	0.7	1	1.4	2	2.5	3	4	5	7	10
地下水电阻率/(Ω · m)	13.3	9.4	6.6	4.8	3.4	2.8	2.4	1.8	1.45	1.06	0.72
砂砾石电阻率/(Ω · m)	74.2	51.7	36.3	26.4	18.7	15.4	13.2	9.9	8	5.8	4
中粗砂电阻率/(Ω · m)	50.3	35.5	25	18.2	12.8	10.6	9.1	6.8	5.5	4	2.7
粉细砂电阻率/(Ω · m)	40.8	28.8	20.2	14.7	10.4	8.6	7.3	5.5	4.4	3.2	2.2

3.3.5 数据采集与结果反演

3.3.5.1 数据采集与处理

根据剖面上已有的地质资料，确定重点勘测深度 600m 以内的地质结构，因此可采用 EH4 中高频测量装置（频率范围 10Hz~100kHz）、TM 测量方式开展工作。实际开展工作过程中可通过增加叠加次数，特定工作时段，采集过程中对实时曲线进行实时监测、重复测量等多种手段保障数据采集的可靠性。

野外数据采集结束后，需要利用数据处理模块开展室内数据预处理，主要进行“飞点剔除”。“飞点剔除”处理实际上是针对“频率-视电阻率”曲线进行的噪声去除处理，因此可以有效地压制“频率-视电阻率”拟断面图的纵向噪声。

“飞点剔除”处理后的视电阻率拟断面图虽然纵向数据质量得到很大的提高，但横向的数据质量没有明显的改观。横向数据在一定的区域并不十分连续，在局部地区，由于地表典型不均匀体（或高阻或低阻），导致“频率-视电阻率”曲线整体上升或下降，导致视电阻率拟断面图在局部连续性较差。因此，有必要对“飞点剔除”后的“频率-视电阻率”数据进行“静态校正”。“静态校正”采用的方法与“飞点剔除”类似，只不过改成了横向滤波，“静态校正”后的数据质量得到了进一步的提高，并且保留了原始数据的信息量。

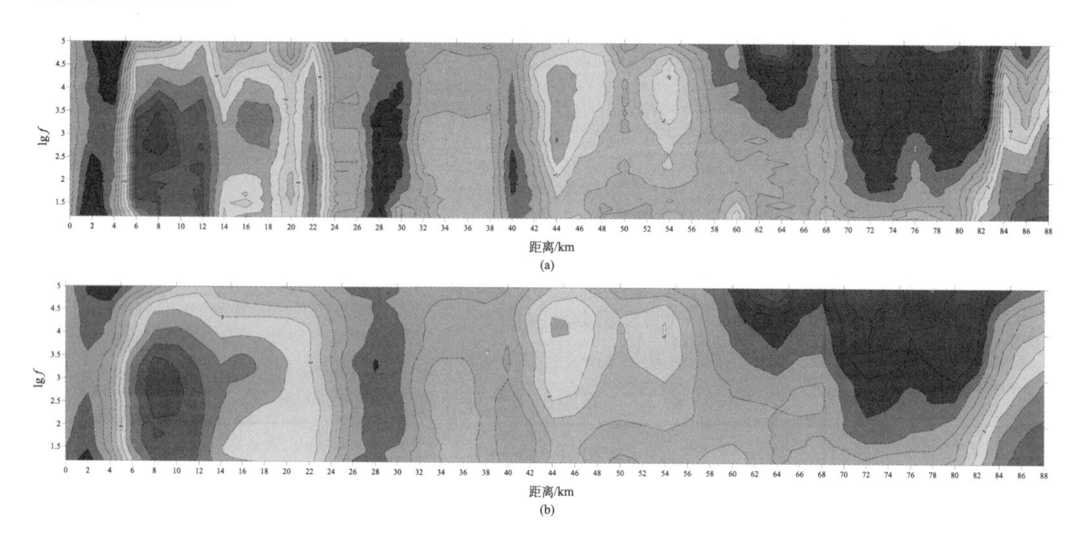

图 3.7　EH4 视电阻率预处理（飞点剔除和静态校正）前后对比图

（a）原始数据；（b）飞点剔除和静态校正后的数据

3.3.5.2　定性分析

资料的定性分析是针对频率域的资料进行的，依据不同地质构造、电性分布特征的电磁波响应规律，分析提取原始资料中的地质信息，定性地把握地下电性层分布特征、地层起伏变化情况、局部构造、构造单元划分等，为进一步的定量解释提供依据，同时评价、检验、落实定量解释成果的可靠性。

频率-视电阻率拟断面图是 EH4 资料分析解释中最基本的一种图件，横坐标为测线方向，标出了测点位置及点号，纵坐标为频率，以对数坐标表示，由上而下频率变低，利用各测点相应频率上的视电阻率值勾绘等值线，则得到频率-视电阻率拟断面图。

分析视频率-视电阻率拟断面图，可以定性地了解测线上的电性分布、基底的起伏、断层的分布、电性层的划分等断面特征。一般而言，在深部（低频）高视电阻率等值线的起伏形态与基底起伏相对应，而视电阻率等值线密集、扭曲和畸变的地方又往往与断层有关，断层越浅，这种特征越明显。在剖面中，岩层电阻率差别越大，视电阻率断面图的效果也越明显。

需要说明的是，地表实测的视电阻率数据是地下介质总体的电性反映，是一种体积效应，因此在进行断层判别时，浅部的断层位置划分相对准确，深部断层的位置误差较大；由于频率-视电阻率拟断面图没有准确的深度定义，只是一个大概的高频对应浅部，低频对应深部，并且测线上不同位置的综合电阻率不同，相同频率在不同位置所代表的深度也有较大差异。因此断层的产状（深度、倾向等）信息需要进行反演后才能确定。

根据上述的断层划分原则和基底表现特征，结合地质资料，我们对长剖面的频率-视电阻率拟断面图进行了断层划分，划分结果如图 3.8 所示。由于频率-视电阻率拟断面图的断层划分结果比较粗略，还要经过电阻率反演和其他数据处理手段证实才能确定，所以就不标注断层的产状信息。

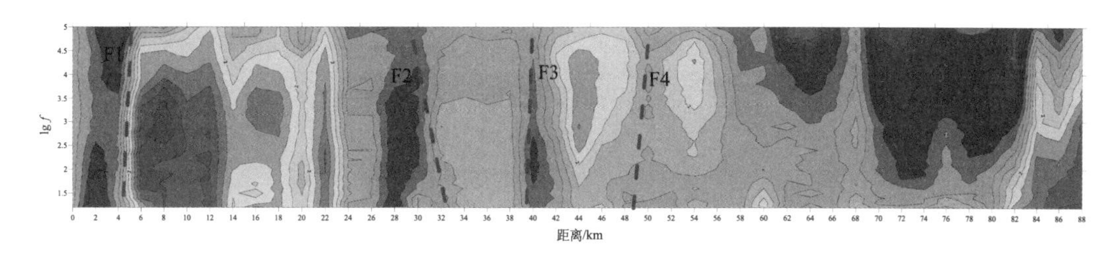

图 3.8　EH4 视电阻率拟断面图

从图 3.8 可见，长剖面由南向北的电阻率变化很大，存在多个视剧烈电阻率变化，按照上述的原理，将这些地方推断解释为断层，分布在 4.5km、29km、40km、50km，标示为 F1、F2、F3、F4。

3.3.5.3　资料反演

电磁法勘探资料反演的任务是将沿地表实测的视电阻率随深度变化的资料通过一定的数值模拟计算方法，获得地下各测点不同深度介质的电阻率值，这一过程也称之为定量解释，它给出勘探剖面地下的电性分布断面。

地表实测的视电阻率，是地下不同电性介质及构造的综合反映，通过对这些资料的分析认识，根据测区地质、地球物理特征规律及一些前期的解释成果，首先假设一个初始的地电模型，并通过一定的数学物理方法，计算出该模型在地表的视电阻率理论值，通过比较实测值与理论值的差异，来反复修改地电模型，直至修改后的地电模型的理论值与实测值的最小二乘偏差达到最小，这一最终的地电模型就是我们所求的反演成果，它定量给出了不同电性介质在地下的分布规律。反演过程可以由计算机自动实现，也可通过人机联作的方法实现。

由于初始模型的给定方式不同以及数据模拟过程中所采用的数学方法不同，可派生出多种反演方法，各种反演方法可以在一定意义下求得多个地电模型，但并不是说这些模型都有确切的地球物理和地质意义，所以在解释过程中必须根据已有的资料和认识，舍弃那些不合理的模型。通过多种方法相互佐证，选择在地质上和地球物理上可接受的模型，作为进一步地质解释的依据。

一维反演是假设大地电性结构为一维的，即地下介质的电性仅随深度发生变化，沿水平方向不变的一种反演方法。一维反演可分为层状介质反演和连续介质反演，层状介质反演初始建立时需要处理人员掌握一定的先验资料，所以多应用在井旁大地电磁测深资料的反演过程中，而在二维的剖面勘探中，一维反演仅仅作为一个中间环节，在对最终解释成果的定性评价及质量控制中发挥作用，其成果为下一步的反演提供初始模型，所以一维反演应尽量地避免人为因素的影响，客观地尊重原始资料，因此我们采用一维连续介质反演方法，它是假定地下介质沿深度（纵向）是连续变化的。为适应反演方法的要求，在纵向上需离散化，即用一系列薄层来描述介质的电性分布。

一维连续介质反演就是通过最佳拟合大地电磁响应函数，求各个薄层的电阻率值。一维连续介质反演只是假设纵向的电性介质是连续的，可重点突出横向的电性不均匀，因此在划分断层系统时具有较大的优势。因此，本次工作是基于一维连续介质反演进行断层系统分析的。

3.3.5.4　反演电阻率断面图推断解释

图 3.9 为长剖面电阻率反演图。图中纵坐标轴代表不同的海拔（单位为 m），横坐标轴代表沿测线方向的长度（单位为 m），剖面图中不同颜色代表不同的视电阻率，不同的颜色的分界线代表不同的等值线(以下皆同),图中均采用以 10 为底的对数电阻率。点距 2km，测线长 88km，方位 NE13.5°。

反演断面图显示长剖面的电阻率变化剧烈，但有明显的规律。

（1）0~4km：浅层显示为低阻，由浅至深的电阻率变化为低阻—中阻—低阻—中阻—低阻—中阻—低阻—中阻，具有很多变化的层次；

（2）4~29km：该段的电阻率相对于 0~4 km 段明显偏高，由浅至深的变化规律为低阻—高阻—低阻—高阻—低阻—高阻—低阻—高阻，也具有很多变化层次，推断该段为祁连山山前多期洪/冲积，而每期的水量大小不等，水量大时堆积物的粒径较大，水量小时堆积物的粒径较小，高阻对应粒径大的堆积物，低阻对应粒径小的堆积物；

（3）29~36km：浅部为中等电阻率，往下为低阻显示，500 m 以深为中等电阻率显示，推断地表的中等电阻率由基岩风化所致，低阻推断为古近系、新近系含水所致（该地区古近系、新近系的盐碱含量高，电阻率极低），500m 以深的中等电阻率推断为 O—S 地层；

（4）36~50km：浅部显示为低阻，往下为低阻，500m 以深为中等电阻率显示，低阻区域内存在一个中等电阻率的异常体，低阻推断为古近系、新近系所致，低阻中的中等电阻率显示推断为祁连山山前冲积物在宽滩山流过后，在宽滩山北坡地势低处汇流的扰动所致，而 600m 以深的中等电阻率推断为 O—S 地层的显示；

（5）50~77km：浅部为低阻，深部为中等电阻率显示，浅部的低阻推断为第四系和古近系、新近系含水层，深部的中等电阻率推断为北山的山根所致；

（6）77~88km：浅部的低阻深度在减小，越往北山走，趋势越明显，深部的高阻推断为北山山根。

纵观整个剖面，以 32km 处的宽滩山为界，可以分为两个水文地质单元，宽滩山以南为祁连山的山前冲洪积扇影响范围；宽滩山以北基本上是北山的山前冲积扇影响范围。

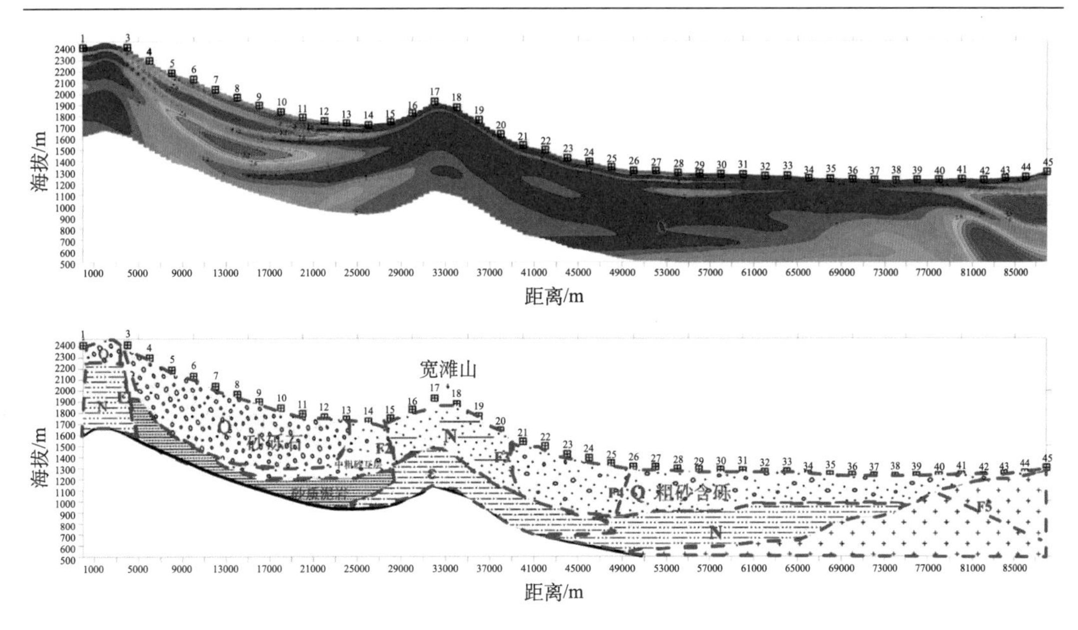

图 3.9　反演电阻率断面

3.4　典型剖面地下水流动系统模式分析

前述叙及，影响地下水流动模式的关键因素之一为地形地势起伏。北山南部为地势较低的河西走廊与地势陡峻的祁连山区，祁连山区丰沛水资源是否会顺势穿过河西走廊从而影响北山地区地下水的循环仍然存疑。部分学者指出由于祁连山区地势及地质构造因素，北山地区地下水均来自祁连山区补给（陈建生、赵霞，2007），但也有学者认为北山地区地下水来自当地大气降水补给（郭永海等，2013）。

本节以地下水流动系统理论为基础，选取祁连山-花海-北山为典型剖面，采用数值模拟方法分析地下水流动系统发育的特征与地下水循环规律，为北山地下水来源、北山地下水与走廊地下水系统间边界的划定提供科学依据。

3.4.1　剖面位置与水文地质条件

尽管北山预选区作为高放废物地质处置重要备选场址已投入多年研究工作，但由于地广人稀，地下水资源开发、利用程度低，导致该地区水文地质研究程度仍较低，区域地下水的径流特征分析仍处在探索阶段。为了明确地形地势、地质结构与含水层非均质性等因素对北山及邻区地下水流动模式的影响，这里选择具有典型性的剖面祁连山-花海-北山为重点研究对象建立剖面二维地下水运动概念模型，以流动系统理论为指导，采用数值方法分析地下水流动模式，为北山地下水系统边界划定提供依据。

3.4.2　流动模式概念模型

从理论上看，按照 Tóth 最初提出的多级次地下水流动系统理论，地形起伏形态对地下水的径流特征起到了决定性作用。河西走廊与南北相接的祁连山和北山山区构成了地势上的明显起伏，最南部的祁连山山区海拔分布在3500m以上，向北至河西走廊降低至1500m，再向北至北山山区，缓慢上升到2000m左右。因此，根据地势的变化推断该地区地下水的运动特征受地形因素影响明显，即南北高海拔山区为补给区，中部走廊带为排泄区。

在野外水文地质实地调查中，选择祁连山-花海-北山一线为重点研究对象，考察地下水流动系统野外伴生现象。研究区内典型气候特征是降水量与海拔的正相关性，因此南北山区降水量大于走廊区，也恰好构成了区内地下水的补给区。祁连山区属于典型的地下水补给区，地下水位埋深大，包气带土壤干燥，无论是山区还是在向走廊区的过渡带内几乎都无植被分布；北山山区也处于相对走廊区的稍高地带，降水量略大于走廊区，但由于含水介质多属于富水性弱、渗透性差的基岩，尽管其也为补给区但补给量非常有限。

对于走廊区的花海盆地，其潜水埋深非常浅，约为5m，大面积生长红柳、芨芨草等耐盐植物（图3.10）。除此之外在花海盆地东部分布有一处封闭盐湖，名为干海子。由于盐湖的形成必须有充足的水源，包括地表和地下径流，保证足够的溶质带入且

祁连山区植被稀少(时间2012年8月)

花海盆地干海子(时间2012年8月)

花海盆地耐旱植被红柳(时间2012年8月)

北山南缘泉点(时间2012年8月)

图3.10　典型剖面上地下水补给区、排泄区特征

在封闭地形保障下湖水不外泄，在持续的蒸发作用下逐步演化为盐湖。干海子则具备了这些所有条件，形成名副其实的盐湖，在其附近产出大量芒硝矿，目前已进行一定规模的开采。因此可以推断花海盆地属于典型的地下水的排泄区。

根据以上分析，确立如下水文地质概念模型：祁连山山区与北山山区属于该剖面上的主要补给区，花海盆地属于主要排泄区；地下水的补给形式主要是大气降水补给，排泄以泉、蒸发等排泄形式为主；富水性较强的含水层为盆地内第四系松散沉积物，富水性较弱的含水层为山区变质岩、火成岩等，含水层渗透性差异较大。

3.4.3 基于 MODFLOW 的模拟结果分析与讨论

基于达西定律与水均衡方程建立地下水运动的定解问题，给定初边值条件即可对地下水水头分布进行求解（薛禹群、谢春红，2007）。本次地下水流动数值模拟的目的是关注地下水在剖面二维上的运动规律，因此需要对描述该定解问题的表达式进行调整，即将定解问题由三维降至二维。除此之外，由于所要分析的地下水流动模式是目前地下水长期状态，因此不考虑其短期内的动态变化，采用稳定流模拟方式进行概化。

3.4.3.1 建立模型

本次模拟分析采用由 USGS 在 20 世纪 80 年代推出的一套用于孔隙介质中地下水流动的模块化三维有限差分地下水流动模拟程序（MODFLOW；McDonald and Harbaugh，1988）。它是目前应用十分广泛的地下水流数值模拟程序，采用模块化结构编写程序，利用主程序自由调用互相不干涉的子程序包，以拓展各类功能，后续章节将进行详细介绍。

针对 MODFLOW 程序人机交互能力差、无法可视化等问题，加拿大 Waterloo 水文地质公司（Waterloo Hydrogeologic，Inc.）对其进行了可视化封装，并将粒子追踪模拟程序（MODPATH）、均衡计算（ZoneBudget）、溶质运移模拟（MT3D）、参数反演（WinPEST）等多种计算程序进行无缝化集成，简化了地下水流动模型的建立过程，大大提升了计算结果的可视化程度，方便了水文地质工作者的使用。Visual MODFLOW 2011 软件被用于建立剖面二维地下水流动数值模拟，采用粒子追踪模拟获得剖面内流线的空间分布形态。

根据概念模型分析，本次模拟所需建立的剖面长度为 88km，剖分为 500 个单元格，每个单元格 176m；由于模型设定的深度范围对流动模式可能造成影响，因此初步确定模型底部的海拔为 0 而顶部为地表自然起伏，之后根据模型模拟结果对垂向分布范围进行适当调整，为了充分掌握地下水在垂向上的运动形态，垂向剖分设定为 50 层（图 3.11）。

为了分析该剖面地下水流动模式特征，排除过多干扰因素，选择定水头上边界条件作为分析基础，两侧及模型底部均为隔水边界。定水头边界初步设定为与地形起伏一致。一般来说，为了建模方便人们常常将层状非均质介质处理为等效均质各向异性介质，等效垂直方向渗透系数 K_v 可由调和平均计算得到，等效水平方向渗透性系数 K_h 由算数平均计算得到。因此从数学上看 K_h 恒大于垂向渗透系数 K_v，尤其在沉积盆地中，层状地层可以使宏观各向异性比 K_h/K_v 高达 2~3 个数量级（Bear，2013；Nield and Bejan，2013）。为了综合考虑渗透结构对流动模式的影响，在本次模拟中将适当调整 K_h 与 K_v 比值。

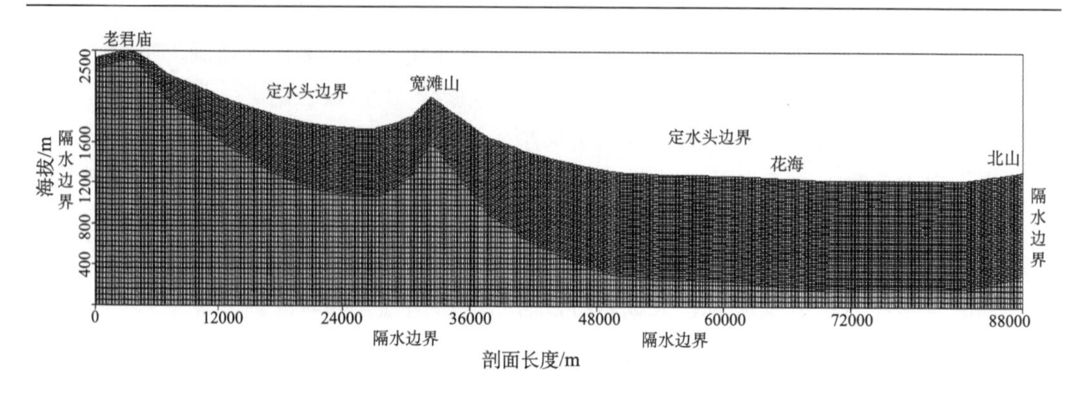

图 3.11　祁连山-花海-北山剖面二维数值模型概化示意图

3.4.3.2　均质各向异性条件下地下水流动模式的变化特征

根据以上条件分析建立的数值模型分析发现，不断降低模型底部高程，流动模式特征将发生变化，当底部高程设定为–500m 或者更深时，地下水的流动模式将不再发生变化，将–500m 高程称为在该种概化条件下的“最大模拟深度”。初步设定模型深度为该深度，模拟结果如图 3.12 所示。

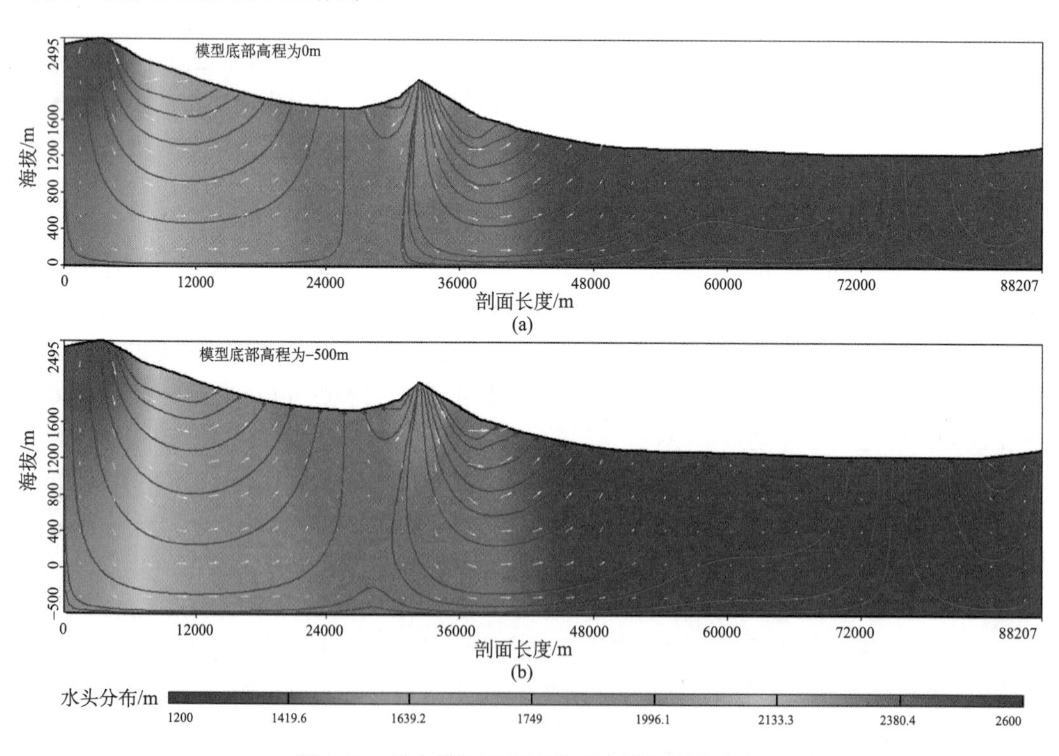

图 3.12　最大模拟深度下地下水流动系统分布

根据模拟结果，模型深度相对较小时，仅发育局部流动系统，如祁连山至赤金盆地的局部流动系统、宽滩山两侧的局部流动系统及北山山前局部流动系统；模型底部高程设定为最大模拟深度时，开始出现祁连山至花海这样略大的区域流动系统；模型底部高程继续降低则流动模式不再发生变化。更大的模拟深度为地下水的运动提供了更大的运动空间，垂向上，地下水逐步向更深处运动，水平方向上则逐步形成较大尺度的流动系统（如区域流动系统）。当含水层的厚度足够大，至水势差可以忽略时，地下水流动系统就达到了极限循环深度。

进一步考虑各向异性对流动系统发育的影响，假定模型底部高程为 0 的情况下，通过模拟计算获得不同的水平渗透系数 K_h 与垂向渗透系数 K_v 比值下地下水流动系统发育的结果（图 3.13）。

K_h/K_v 的变化主要抑制或弱化地下水的垂向运动，随着 K_h/K_v 的增大，垂向流动受到明显抑制，水平流动占据优势。这也导致由垂向主导控制的补给区地下地下水水流发生显著变化，该处垂向流快速转化为水平流，正因如此，K_h/K_v 对各级次水流系统的循环深度产生明显的影响，随着该比值越大，循环深度越小，进而影响整个水流系统的循环深度。

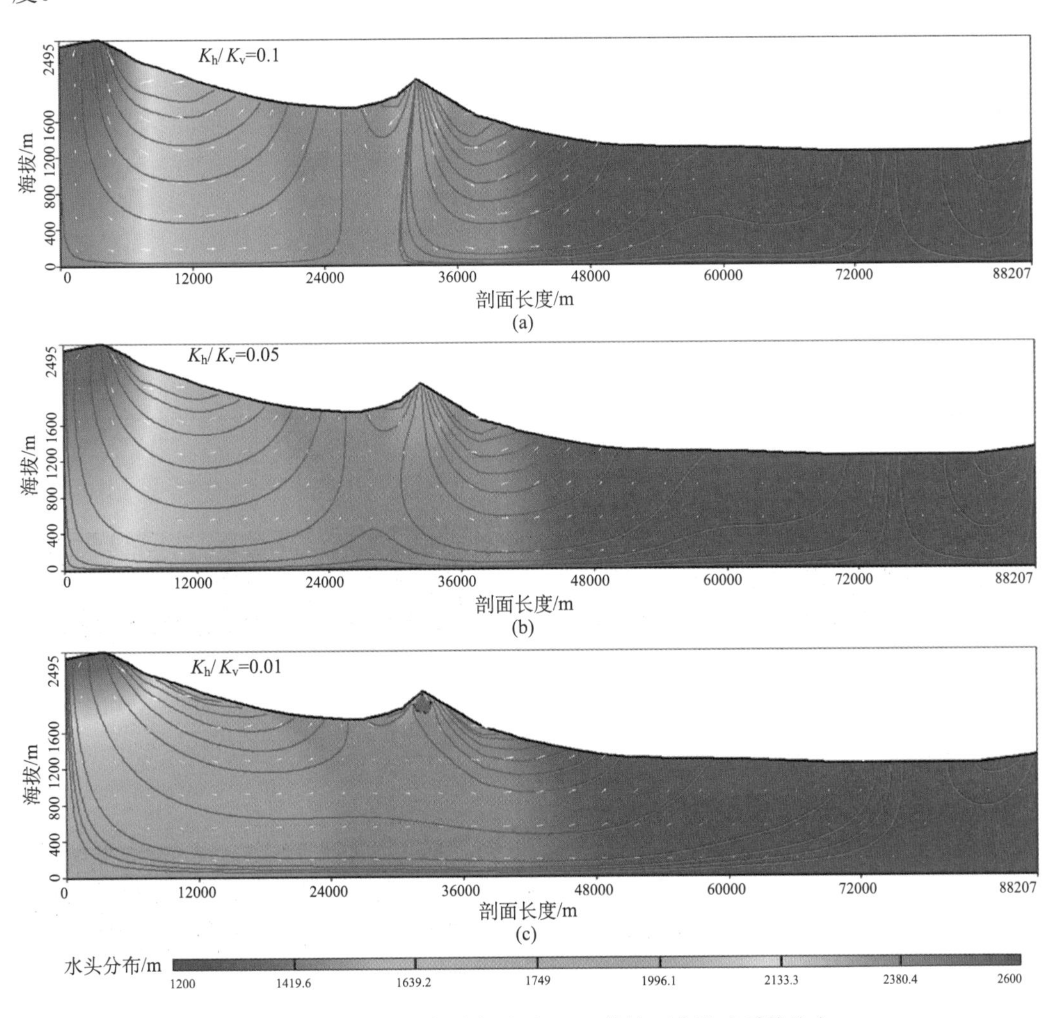

图 3.13　各向异性介质中不同 K_h/K_v 的地下水流动系统分布

另外，随着 K_h/K_v 的值减小，北山局部地下水流动系统所控制的空间范围逐渐缩小，而祁连山-花海构成的区域流动系统所控制的空间范围逐渐增大，表明其对地下水流动系统的结构产生了一定的影响，但并未改变花海盆地是集中排泄区这一特点。

3.4.3.3 非均质各向异性条件下地下水流动模式的变化特征

在均质各向同性介质中，含水层的渗透系数整体变化对水流系统结构无影响。地下水流动系统的结构受到边界条件控制，地下水自分水岭获得补给向势汇处排泄。而含水层非均质性是其天然属性，为了更加贴合实际，需要考虑非均质对水流系统的影响（Fleckenstein and Fogg，2008）。

这里提供三种建立渗透结构的方式，并考究其对水流系统的影响。首先根据前人研究认为渗透系数存在随深度衰减的现象（Louis，1969；Ingebritsen and Manning，2010），按照数值模型中的层变化确定自地表至模拟深度内使得渗透系数逐步衰减，建立渗透结构[图 3.14（a）]；其次按照传统的参数分区的方式，依据 EH4 所获取的地质结构，确立渗透系数分区建立渗透结构[图 3.14（b）]；最后，鉴于渗透系数空间不确定性，根据地层岩性变化情况采用随机模拟方式重建渗透系数空间分布[董艳辉、李国敏，2010；Refsgaard *et al.*，2012；图 3.14（c）]。

对比模拟结果（图 3.15），渗透结构的非均质性对地下水流动系统结构的分布起到了决定性作用。垂直方向上，渗透系数自地表向深部逐渐衰减导致地下水很难再向深部运动，使得大多数地下水以水平方向运动为主；地下水流动系统仅发育有局部流动系统，祁连山区的地下水受宽滩山限制，在赤金盆地一带溢出或蒸发排泄，构成该处局部流动系统；花海盆地地下水则多数来自于宽滩山以北的补给，仅有局部流动系统发育；北山山区地下水向花海盆地排泄，但排泄区所占范围相对较小，同时也说明了北山山区的补

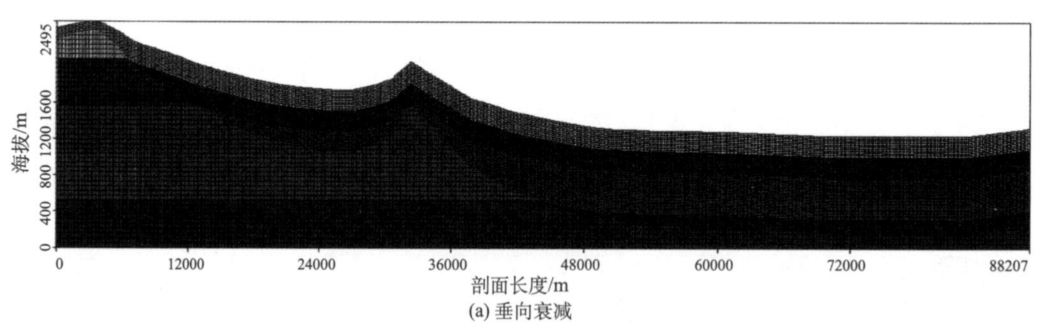

(a) 垂向衰减

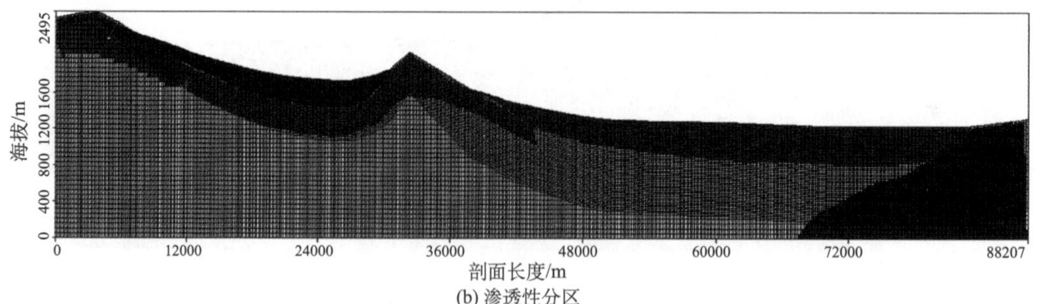

(b) 渗透性分区

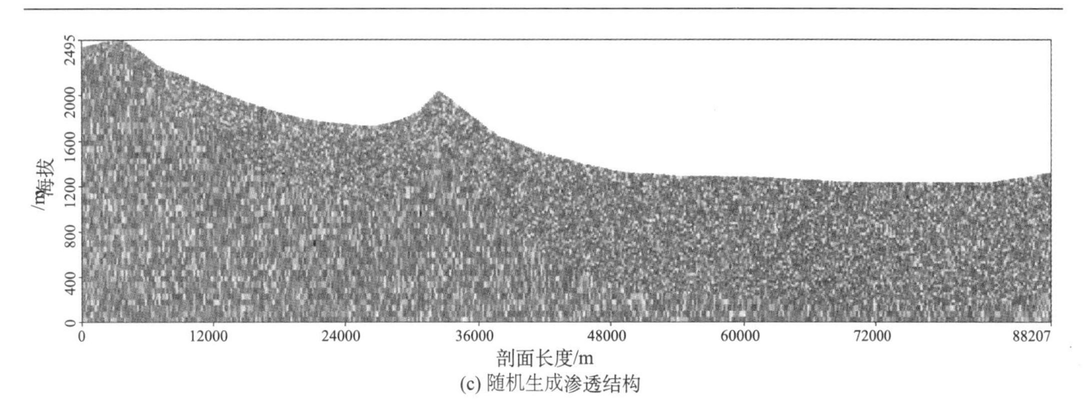

(c) 随机生成渗透结构

图 3.14　不同方式所构建的渗透结构

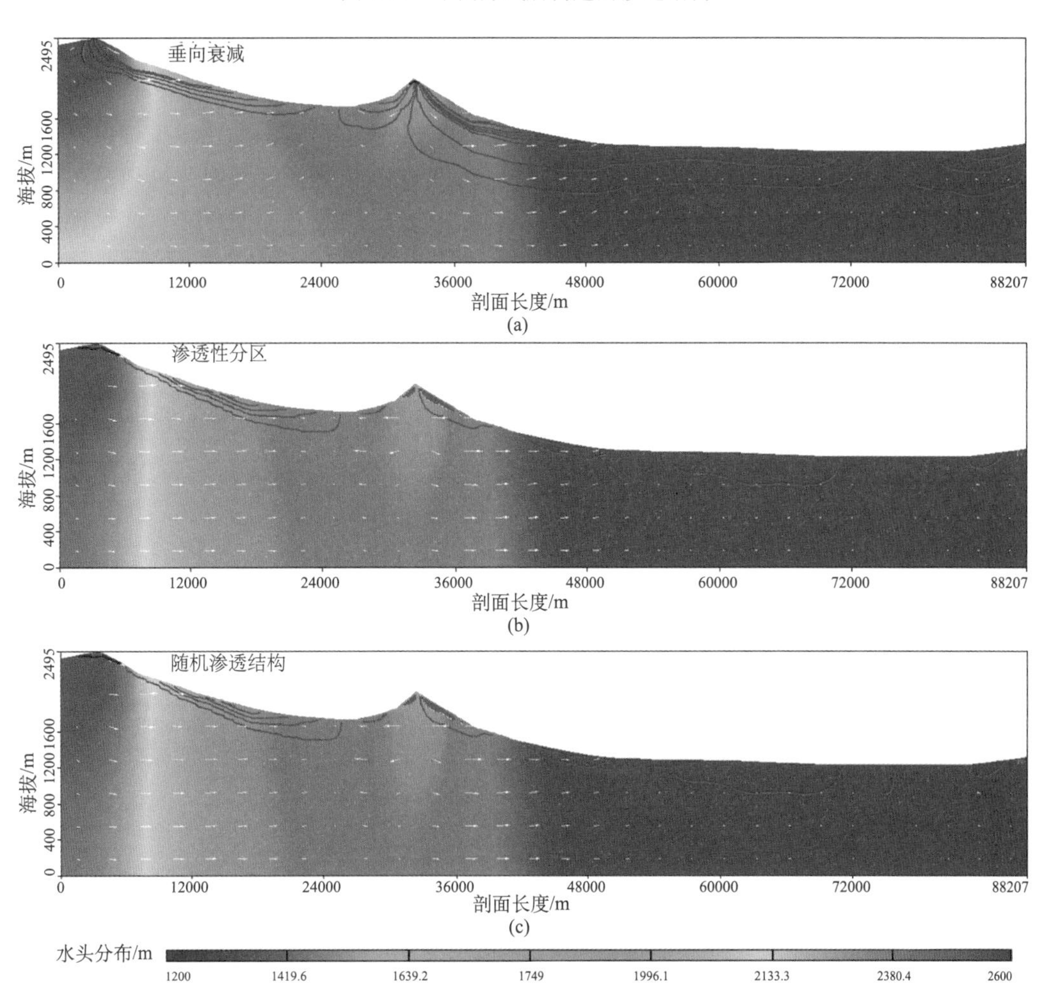

图 3.15　不同渗透结构条件下地下水流动系统分布

给量有限这一特点。从整体上来看，渗透系数的非均质性阻断了区域流动系统的发育，造成全区仅有局部流动系统，改变了循环系统的发育范围和规模。

此外，对比参数分区和随机模拟所构建的渗透结构模拟计算得出的流网结构相差不大，补给区、排泄区的分布位置基本一致，在局部地段受到非均质的影响，出现流线折射的现象。

3.4.4　基于 Feflow 的模拟结果分析与讨论

3.4.4.1　Feflow 简介

Feflow（finite element subsurface flow & transport simulation system）是德国 WASY 水资源规划和系统研究所开发的基于有限元方法的地下水流动与溶质运移模拟软件，它具备相对齐全的各类地下水模拟软件包。能够友好地进行图形人机对话、具备地理信息系统数据接口、可自动生成空间有限单元网格、能进行参数区域化、快速求解的高精度数值方法等是其显著的特点。

自其问世以来，Feflow 在理论研究和实际问题处理上都在不断地完善，目前已能够成功的解决一系列的与地下水有关的实质性问题。在水量模拟方面，已用于模拟水源地开采或油田注水对区域地下水流场的影响、模拟水库放水或河流断流时，河道沿线地下水流场的变化；水质方面能够模拟污染物随地下水的迁移过程及时空分布规律、模拟沿海地区抽汲地下水造成的海水入侵等；此外还能够进行饱和-非饱和带模拟、地热资源开发模拟等。

3.4.4.2　伽辽金有限单元法

假设有一渗流区 D，将其进行三角形网格剖分，边界记作 B，剖分时遵循的原则是：①其中三角形的任一角均不大于 90°，三条边长尽量接近；②三角形顶点不能落在其他三角形的边上；③充分考虑实际水文地质条件情况下的灵活剖分（图 3.16）。

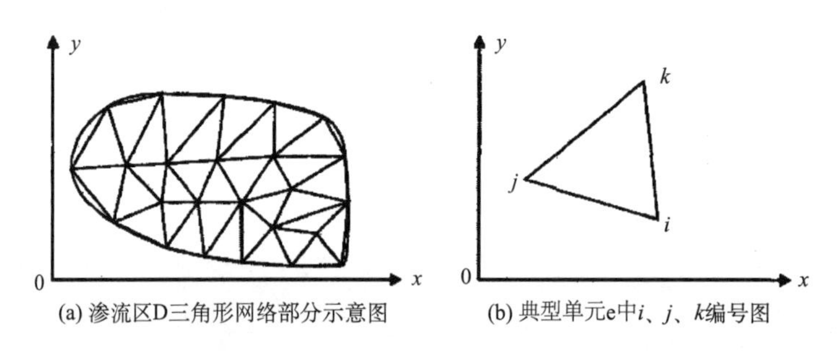

(a) 渗流区D三角形网络部分示意图　　(b) 典型单元e中i、j、k编号图

图 3.16　渗流区三角形网格剖分示意图

从渗流区 D 中任取单元 e，三个节点分别标记为 i，j，k，其水头函数分别为 H_i，H_j，H_k。单元 e 内水头值通常是由三个节点的水头值（H_i，H_j，H_k）插值结果近似来替代，于是有

$$h^{\mathrm{e}}(x,y,t)=\beta_1^{\mathrm{e}}+\beta_2^{\mathrm{e}}x+\beta_3^{\mathrm{e}}y \tag{3.37}$$

式中，β_1^e、β_2^e、β_3^e 是待定系数，节点 i，j，k 处的水头值分别是 $H_i(t)$，$H_j(t)$，$H_k(t)$，故有

$$\begin{cases} \beta_1^e + \beta_2^e x_i + \beta_3^e y_i = H_i \\ \beta_1^e + \beta_2^e x_j + \beta_3^e y_j = H_j \\ \beta_1^e + \beta_2^e x_k + \beta_3^e y_k = H_k \end{cases} \tag{3.38}$$

解上述线性方程组并将所得行列式展开，求解得到

$$h^e(x,y,t) = H_i(t)N_i^e(x,y) + H_j(t)N_j^e(x,y) + H_k(t)N_k^e(x,y) \tag{3.39}$$

式中，$N_i^e(x,y)$、$N_j^e(x,y)$、$N_k^e(x,y)$为单元 e 上的基函数，并有

$$N_i^e(x,y) + N_j^e(x,y) + N_k^e(x,y) = 1 \tag{3.40}$$

渗流区 D 共有 n 个节点，建立相应的 n 个方程组，节点内基函数在该结点所属子区域内取非零值，外部为零。渗流区 D 内任一单元，所有节点基函数只有在三个节点处非零，其余全部取零。根据方程组，通过求解矩阵的方式求解水头值。

3.4.4.3　网格剖分与渗透结构

依据已经选定的剖面，利用三角网格剖分方法（图 3.17），基于饱和-非饱和模拟方法（Richards 方程）针对祁连山-河西走廊-北山二维剖面地下水数值模拟。

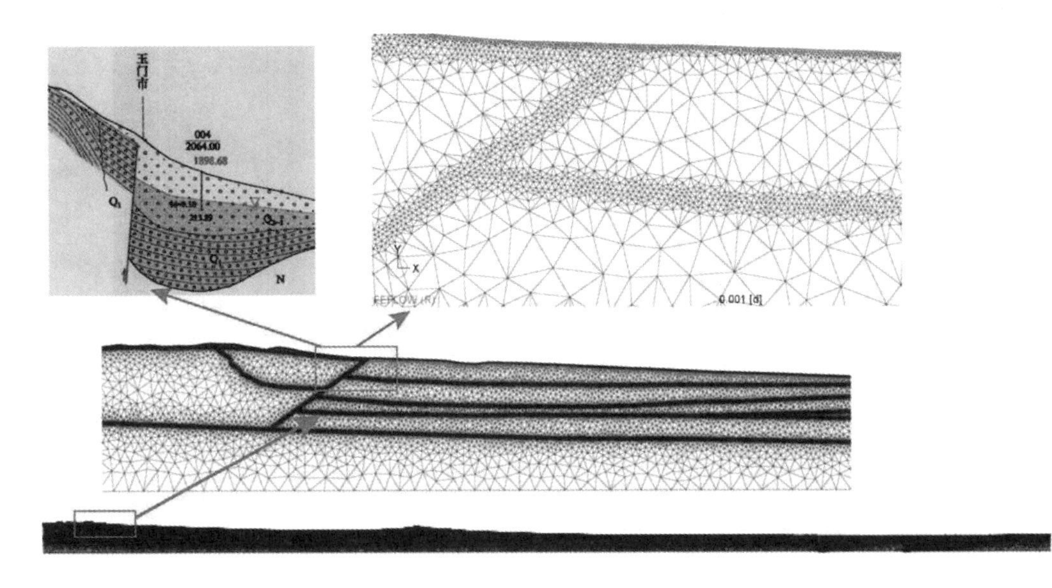

图 3.17　三角网格剖分示意图

渗透结构建立过程基于地质资料与 EH4 勘探结果，参照不同岩性在研究区或邻区的经验值获取相应参数。

3.4.4.4　Feflow 模拟结果补充

1. 网格剖分与渗透结构

依据已经选定的剖面，利用三角网格剖分方法（图 3.18），基于饱和-非饱和模拟方

法（Richards 方程）针对祁连山-花海盆地-北山二维剖面地下水数值模拟。三角网格剖分方法能够很好应对起伏多变的地表与错综复杂的断层，同时能够对地质界线处自由加密，具有很大的灵活度。

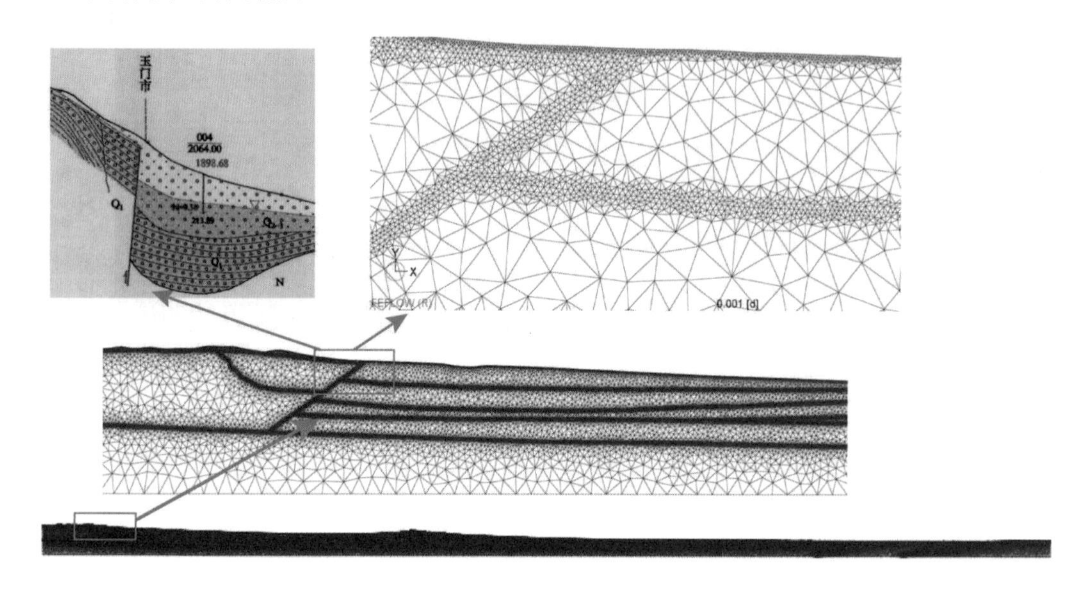

图 3.18　三角网格剖分示意图

基于地质资料与 EH4 勘探结果，参照不同岩性在研究区或邻区的经验值获取相应参数，利用参数分区的方式建立渗透结构。

2. 模拟结果

模拟过程中，仍采用定水头上边界处理，结合粒子追踪模拟结果，在考虑真实渗透结构的强烈非均质情况下，地下水的循环深度相对较浅且多为局部流动系统。祁连山区地下水具有较大势能，穿透深度相对较大，受地质结构影响至赤金盆地一带时以水平运动为主并在宽滩山南部排泄，与实际水文地质条件相符。花海盆地至北山一带地下水多以水平运动为主，总体趋势与地形起伏一致，花海盆地最低处为集中排泄区，宽滩山与北山均为汇水区（图 3.19）。

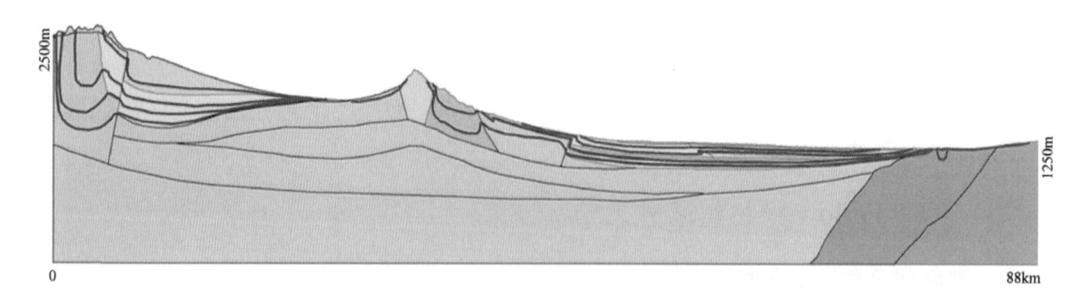

图 3.19　Feflow 模拟地下水流动系统分布

总体来看，地质结构的非均质性强烈影响地下水流动系统的发育。宽滩山一带渗透性较差，祁连山区地下水在较大势能下仍不能穿透，无法发育区域地下水流动系统；北山地区地势相对较低，发育的局部流动系统控制区也相对较小；花海盆地所在的局部地下水流动系统多受宽滩山及其北部地区地形地势控制。

3.5　地下水流动模式分析小结

通过模拟分析发现，均质各向同性条件下，渗透系数的整体变化不会对流动系统的结构产生影响；均质各向异性条件下，各向异性比 K_h/K_v 的大小与地下水循环深度关系显著，该比值越大，循环深度越小；非均质各向异性条件下，随着深部渗透性逐渐减弱，地下水很难自地表向下径流，地下水的运动集中以水平方向运动为主，同时造成流动系统仅以局部流动系统为主，不会发育更大范围的流动系统。此外，无论模型中渗透结构如何变化，可以肯定的是位于河西走廊地势低洼处的花海盆地处是集中势汇区，地下水在此排泄而成为南北流动系统的边界。

第 4 章　甘肃北山及邻区地下水化学及同位素特征

本章从地下水流动系统理论基础出发，探索将地下水流动系统论理论应用于地形起伏多变的基岩山区，围绕可能影响地下水流动系统发育模式的因素，基于典型剖面构建地下水流动数值模拟，讨论北山地下水流动系统的南部边界；从北山及邻区地下水化学与同位素特征入手，明确不同流动系统中地下水的补给、径流与排泄规律；试图结合地下水渗流场与化学场，构建地下水流动概念模型。

4.1　研究方法与样品采集

地下水流动系统是一个水文地质框架，不仅包括了地下水动力场，而且地下水化学场的分布也有序的体现于这个系统当中。从补给区至排泄区，地下水化学场往往呈现出规律性变化（图 3.2），因此地下水化学场也能够协助分析地下水流动系统，为建立水文地质概念模型提供证据。

4.1.1　研究方法及应用原理

地下水并非纯水，而是一种非常复杂的溶液（王大纯等，1995）。其广泛赋存于岩石圈中并不断地与含水层介质发生化学反应，它与大气圈、水圈和生物圈进行水量交换的同时也进行着化学成分的交换。由于地下水是一种活跃的地质营力，其参与多圈层之间的交换也是非常积极的。地下水的化学成分是地下水与环境（包括自然地理，地质背景及人类活动等）长期相互作用的产物，它能够反映区域地下水历史演变过程。因此，研究地下水的化学成分组成特征，可以帮助人们回溯一个地区的水文地质历史，阐明地下水的起源与形成。

除了地下水化学组成外，环境同位素作为水分子的组成部分或水中溶解成分也广泛存在于水循环的各个环节，且大部分环境同位素的化学性质比较稳定，是研究地下水补给、径流、排泄及不同水体之间相互作用的良好示踪剂（Peter and Andrew，2000；Herczeg and Leaney，2011）。

地下水循环是发生在水圈与岩石圈之间的物质、能量转移的过程。在水分的运移转化过程中，水中的氢氧稳定同位素（^{2}H 或 D，^{18}O）受多种因素影响在每一转化阶段都具有不同的特征，这为追踪地下水的起源与演化提供了可靠的信息。因此，不仅在不同的地下水流动系统中的地下水氢氧稳定同位素具有明显差异，而且在同一流动系统中，地下水处在系统不同的位置时，氢氧稳定同位素也有明显的差异。这为地下水的补给来源、补给过程、径流过程及排泄条件等提供了“指纹（Fingerprints）”（Kendall and McDonnell，1999）。为了利用氢氧稳定同位素示踪地下水的形成、演化历史，需要深入了解水文循环过程中不同水体的氢氧同位素基本特征。

4.1.1.1 大气降水中的氢氧稳定同位素

作为地下水的重要补给来源，降水中的同位素组成往往对地下水中同位素组成具有决定性作用。因此深入研究大气降水中的同位素组成特征对于地下水溯源、反演演化历史具有重要意义。Craig（1961）在研究北美大陆大气降水时发现，大气降水中的氢氧同位素组成呈现明显的线性相关变化（图4.1），并建立方程预测二者之间的关系：

$$\delta \mathrm{D}=8\times\delta^{18}\mathrm{O}+10 \tag{4.1}$$

为了能够更加系统地研究大气降水的氢氧同位素组成特征，国际原子能机构（International Atomic Energy Agency, IAEA）与世界气象组织（World Meteorological Organizarion, WMO）共同建立了全球降雨同位素观测网（Global Network of Isotopes in Precipitation, GNIP）。根据这些数据（IAEA and WMO，2004），人们获得了相似的方程，故将式（4.1）称为全球降水线（Global Meteoric Water Line，GMWL）方程。全球降水线（GMWL）为对比降水与地下水同位素组成、利用同位素推断地下水补给、蒸发程度及混合提供了依据。

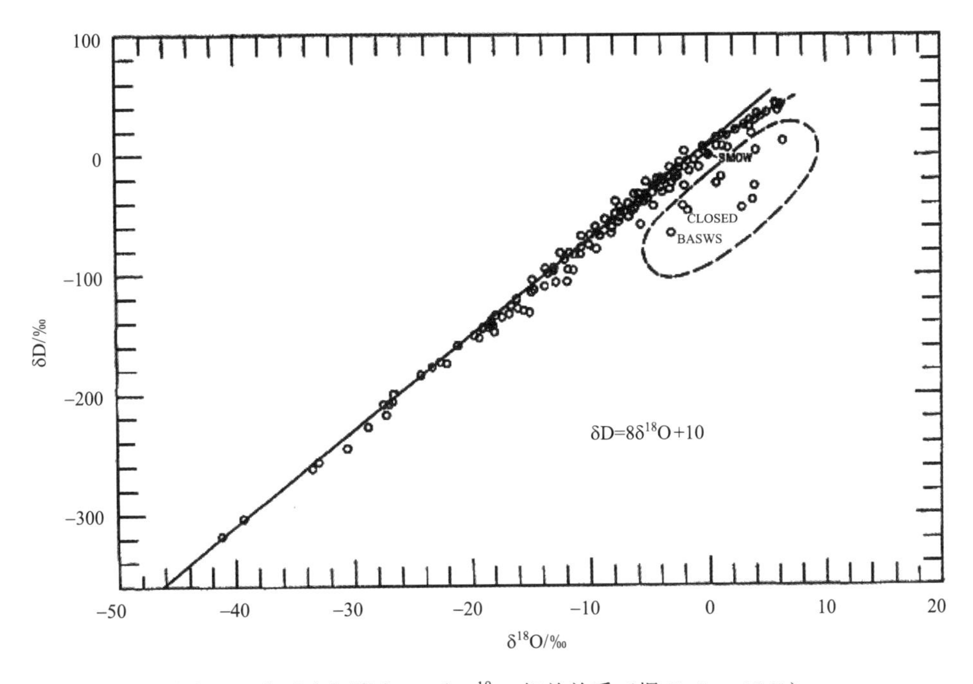

图4.1 全球大气降水 δD 和 δ^{18}O 相关关系（据 Craig，1961）

全球降水线方程说明了氢氧同位素在水汽运移过程中具有相似的行为：由于D的分馏因子比 ^{18}O 大8倍，因此在逐次凝结降水中，D的贫化比 ^{18}O 大8倍。由于氢氧同位素分馏过程受到多种因素影响，在不同的地区往往得到的降水线的斜率并不一定是8，这称为地区降水线（Local Meteoric Water Line，LMWL）或蒸发线（evaporation line）。

基于同位素分馏原理，根据 δD−δ^{18}O 图可以获得如下规律（王恒纯，1991）：温度低、高海拔、高纬度、远离蒸汽源的内陆地区的大气降水的 δD 和 δ^{18}O 一般落在降水线的左下方，反之落在降水线的右上方；地区降水线的斜率越小，偏离全球降水线越远，反映蒸发作用越强烈；蒸发线与降水线的交点可以近似反映出蒸汽源的原始平均同位素组成。

4.1.1.2　地下水中的氢氧同位素组成特征

一般来说，开启型含水岩组中的地下水多受大气降水的影响，多属渗入成因。因此大气降水渗入补给的地下水，其同位素组成明显地接近补给区大气降水的平均同位素组成。但是，需要注意两种情况：一是在干旱区，由于强烈的蒸发作用，地下水相对富集重同位素，并以其组成落在“蒸发线”上为特征；二是季节性选择补给，若地下水的补给选择夏季的降水，则可出现高于当地降水平均同位素组成的情况，但它的特点是水的同位素组成只落在当地大气降水线上而不是蒸发线上。如果地下水的补给选择冬季降水或夏季高山冰雪融水，其结果则是地下水与降水的平均同位素组成相比相对含轻同位素。

当补给区的环境因素相当稳定时，地下水的同位素组成的平均值也是稳定的。在这种情况下，大气降水成因的浅层地下水的平均同位素组成和大气降水的平均同位素组成存在某种关系，并可借此确定地下水补给源的位置和高度，甚至可以反映出不同气候类型降水补给特征。

多数含水层中的古渗入水的 δD 和 $\delta^{18}O$ 都低于当地的现代大气降水，例如我国西北地区河西走廊一带便具有这样一个明显的特征（Edmunds *et al.*，2006；He *et al.*，2012）。这样的同位素组成特征常归因于第四纪冰期和间冰期寒冷气候条件下的大气降水入渗补给地下水所造成的。需要注意的是与近代水混合补给、不同高程降水入渗混合等，造成某些含水层中古渗入水的这一同位素组成特征并不明显。

影响地下水稳定同位素组成的主要因素有：补给水的同位素组成、地下水径流过程中的蒸发作用、水岩相互作用、地热等（Clark and Fritz，1997）。因此，对比大气降水中氢氧同位素组成特征与地下水中的氢氧同位素组成特征，可以有效地追踪地下水的补给来源与演化历史。

4.1.1.3　地下水化学组成演化规律

地下水水化学特征与所在地的气候、地形地貌、地质、水文地质、各类环境因素密切相关，演化过程与地质地貌、构造、地下水的赋存、径流息息相关。天然地下水化学场形成与稳定的漫长过程中，地壳中多种化合物溶于水，随着水文循环一起迁移，经历不同环境导致其数量、组成及存在形态不断变化。这个过程受到了两个方面因素的制约：一是地层岩石、土壤中元素和化合物的物理化学性质；二是各种环境因素，如天然水的酸碱性质、氧化还原状况、气候条件等。一般来说，地下水盐分化学来源主要有两种：一是通过沉降海相气溶胶及内陆沙尘的大气输入；二是风化过程与饱和及不饱和含水层的水岩相互作用。此外，一些物理过程，如蒸散发、混合作用等也会导致地下水组分浓度发生变化。对于干旱区地下水化学场来说，溶滤作用、蒸发作用、阳离子交换吸附作用通常为控制性作用，其次还包括如混合作用、氧化还原作用等。

地下水主要起源于大气降水，其次包括各类地表水（河流、湖泊等），这些水在进入含水层前已溶解有某些物质，在进入含水层后，地下水不断地与周围介质发生相互作用，其成分也不断地变化。目前认为，地下水化学成分的主要形成作用包括：溶滤作用、阳离子交替吸附作用（离子交换反应）、还原作用、混合作用、浓缩作用及脱碳酸作用等。

1. 溶滤作用

在水与岩土相互作用下，岩土中的一部分物质进入地下水中，这就是溶滤作用。通常组成岩土的矿物盐的溶解度越大，越容易进入地下水中。此外，岩土的空隙特征、水的溶解能力、水中气体成分、水的流动状况均会影响溶滤作用的强弱。地下水循环过程中的溶滤作用具有时间上的阶段性和空间上的差异性：开始阶段，岩层中的氯化物极易进入地下水中成为地下水中的主要化学成分，随着时间延续岩层中的氯化物贫化，相对易溶的硫酸盐成为主要成分，长期持续的溶滤作用造成岩层中仅剩难溶的碳酸盐和硅酸盐，此时地下水的化学成分则以碳酸盐和硅酸盐为主了；在气候潮湿多雨、地质构造开启性良好的地段，地下水径流交替迅速，岩层经受的溶滤越充分，保留的易溶盐类越贫乏，地下水矿化度越低，难溶离子的相对含量越高。

2. 阳离子交替吸附作用

岩土颗粒表面带有负电荷，能够吸附阳离子。一定条件下，颗粒将吸附地下水中某些阳离子，而将原来吸附的部分阳离子转化为地下水中的组分，这就是阳离子交替吸附作用，常常简称离子交换反应。通常离子价越高、离子半径越大、水化离子半径越小，则吸附于岩土表面的能力越大。阳离子交替吸附作用的规模取决于岩土的吸附能力，而后者决定于岩土的表面积。颗粒越细，比表面积越大，交替吸附作用的规模也就越大。因此，黏土及黏土岩类最容易发生交替吸附作用，而在致密的结晶岩中，实际上不会发生这种作用。

3. 浓缩作用

溶滤作用将岩土中的成分溶解后，携带至排泄区，在干旱-半干旱地区的平原与盆地的低洼处，地下水水位埋藏不深，蒸发成为地下水的主要排泄去路。由于蒸发只带走了水分，盐分保留在余下的地下水中，随时间延续，地下水溶液逐渐浓缩，矿化度不断增大。与此同时，随着地下水矿化度的上升，溶解度较小的岩类在水中相继达到饱和而沉淀析出，易溶盐类（如 NaCl）的离子逐渐成为水中主要成分。产生浓缩作用的必备条件是：干旱半干旱气候，低平地势控制下较浅的地下水位埋深，有利于毛细作用的颗粒细小的松散岩土；处在地下水流动系统的势汇-排泄处。干旱气候条件下浓缩作用的规模取决于地下水流动系统的空间尺度及其持续的时间尺度。此外还有还原作用、混合作用、脱碳酸作用等不再一一赘述。

总之，地下水化学组成特征受多重作用影响，化学演化过程是一个长期的、动态的、复杂的过程。它集中地体现了地下水与含水介质、不同水体系统的物质交换关系、对区域气象气候、地形地貌、地理环境等因素直接的响应（王大纯等，1995）。研究地下水化学分布和地下水演化过程是认识、分析地下水环境成因、解释地下水溶解物质组成结构、深入追寻地下水补给演化历史的基础。

4.1.2　数据收集与样品采集

4.1.2.1　已有相关数据的收集

本书涉及研究区面积达数十万平方公里，目前大多数研究集中在河西走廊一带。为了全面、深入了解研究区内水循环过程所涉及的水体之间相互转化及演化过程，研究过程中尽可能收集了已有的相关数据与资料。

为了研究黑河流域、疏勒河流域及北山山区降水中的氢氧稳定同位素特征，追踪来源于降水的地下水循环模式，收集 GNIP 中与研究区相关的气象站，包括银川、兰州、张掖、乌鲁木齐、乌兰巴托（蒙古国）1985 年至 2001 年的气象资料。此外还包括中国科学院寒区旱区环境与工程研究所设置在祁连山区野牛沟的气象观测站 2008 年 9 月至 2009 年 9 月的数据（赵良菊等，2011），各站点空间分布与研究区关系如图 4.2 所示。

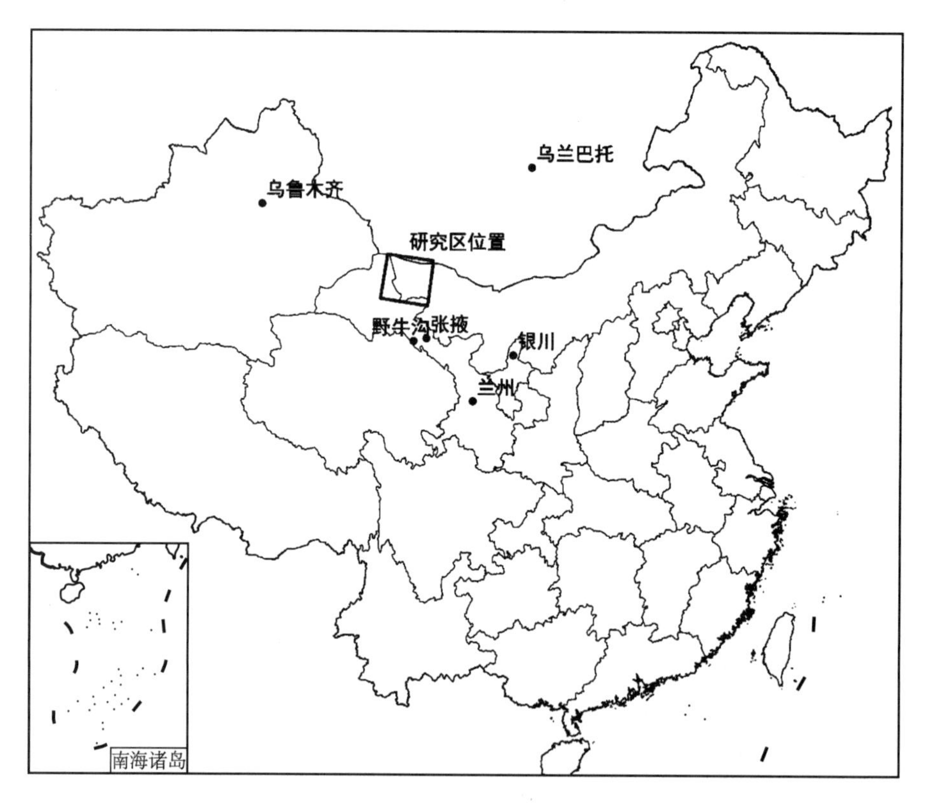

图 4.2　研究区周边氢氧同位素气象观测站分布

除了对研究区周边降水氢氧同位素数据收集外，还通过文献、报告等多种手段收集了北山山区地下水氢氧同位素及水化学数据。自 1999 年以来，郭永海等（2003，2008b）针对北山山区进行了全面、系统的地下水调查、取样，获取了一批数据；Zhu 等（2010）、

Qin 等（2012）在与北山相邻的黑河流域对地表水、地下水展开了全面的同位素组成特征、水化学演化、不同水体间相互转化的研究。

4.1.2.2　样品采集与测试

水样的采集是分析地下水稳定同位素特征与化学特征的重要环节。采样的基本原则是保证所获取的地下水样品能够具有代表性且在水样保存和运输过程中不会受到污染或由于环境要素的变化导致的某些组成的变化。因此对于采样方法、所采用的容器、保存、运输过程都有严格的要求。

本研究自 2011 年起，对研究区进行了六次全面的水文地质调查和取样工作。至 2014 年，共获得了降水、降雪样品 5 个，地表水样品 3 个，地下水样品 90 个。样品空间分布点如图 4.3 所示。

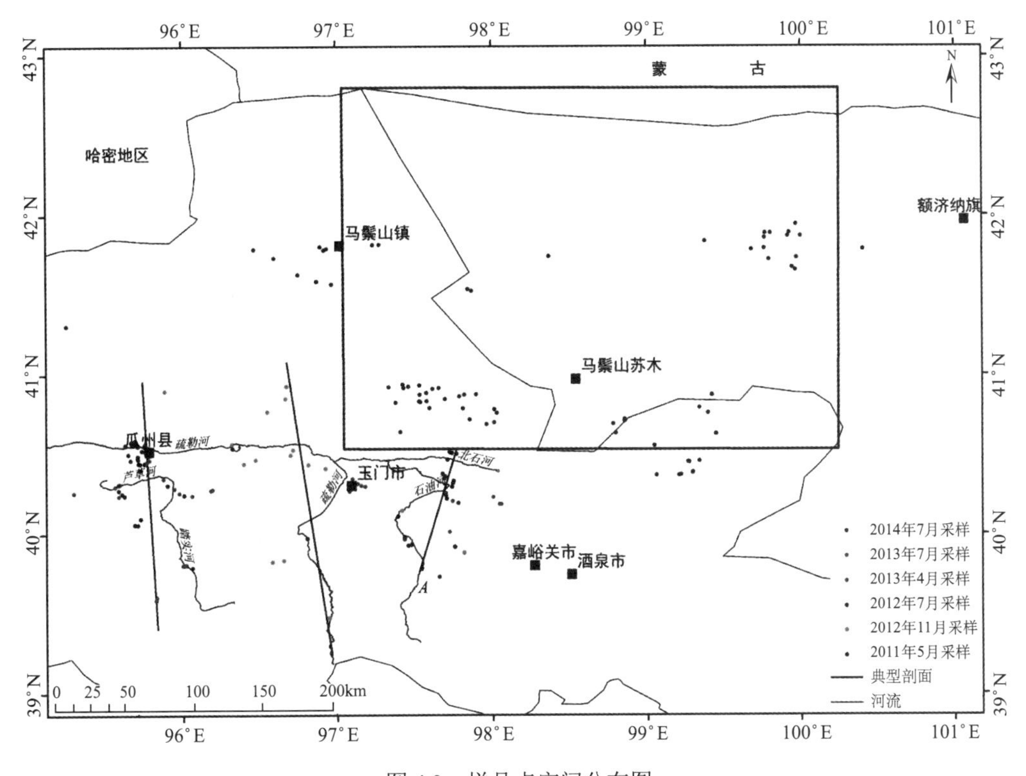

图 4.3　样品点空间分布图

样品采集程序如下：降雨事件时，置预先用高纯水冲洗过的大口漏斗和 PET 瓶（聚对苯二甲酸乙二醇酯，polyethylene terephthalate）进行接收和储存样品；若降水是固态的，则先装入塑料袋，待其自然融化后再装入 PET 瓶中；地表水样品点沿石油河、疏勒河、踏实河等主要水系从上游到下游布置；地下水样品包括了河西走廊一带的灌溉井、北山山区的民井和矿井、泉点等，地下水采样时保证水井已抽水 2 小时以上，泉点采样则尽可能于泉口取得具有典型代表性的样品点。每个采样点的相同条件下，取平行水样，并且在现场立即密封瓶口、贴注标签、标明样品编号。采样同时记录采样点的经纬度坐标、高程等基本信息。矿化度（total dissolved solid，TDS）、温度、pH 等参数用多参数仪（品牌：HACH ，型号：Sension156）现场测定。

所有样品均采用 PET 瓶，选取不同规格应用于不同类型测试项目。采样前先用硝酸溶液将样品瓶浸泡一昼夜，然后再用蒸馏水冲洗干净。用洗净的 PET 瓶在现场取样时，先用待取水样水将容器洗涤 3～4 次，再装入样品。

每个样品用 0.45μm 过滤后制平行样用于阴阳离子、微量元素及氢氧同位素测试，其中测定阳离子和微量元素的样品利用硝酸酸化至 pH≤1.5，所有样品在测试前保存在 4℃冷环境中。阴阳离子、微量元素在中国科学院地质与地球物理研究所利用电感耦合等离子体质谱仪等进行测试，化学分析的准确性采用八大离子的电荷平衡进行检验，保证电荷平衡误差在 5%以中；氢氧同位素测试在中国科学院地理资源与环境研究所及核工业北京地质研究院进行，采用相对于维也纳平均海水的千分差表示。

4.2　研究区及周边大气降水线

研究区内并没有长期大气降水同位素监测数据，相关的研究成果稀缺。因此考虑采用临近地区由 IAEA 所设立的全球大气降水同位素监测站数据进行分析，包括了：乌兰巴托（蒙古国）、银川、兰州、张掖、乌鲁木齐等（图 4.2），各站点的降水同位素统计特征列入表 4.1。IAEA 对其涉及气象站点进行了全面的气象要素的记录，包括了日降水量、气温、稳定同位素比值等。这为研究区域水汽来源、气团运动、降水同位素分馏效应影响因素等提供了充足的数据。

表 4.1　研究区周边 GNIP 观测站点降水氢氧同位素组成特征（1985～2003 年）

站点	位置		海拔	$\delta^{18}O$/‰			δD/‰		
	纬度 N	经度 E	/m	MIN	MAX	MEAN	MIN	MAX	MEAN
乌兰巴托	47° 56'	106° 59'	1338	−30.48	−1.64	−14.10	−236.5	−16.6	−108.82
银川	38° 29'	106° 13'	1112	−19.97	5.10	−8.53	−147.7	24.2	−56.10
兰州	36° 03'	103° 52.8'	1517	−23.70	−0.98	−7.20	−157.2	−2.3	−50.91
张掖	38° 55.8'	100° 25.8'	1483	−28.50	0.87	−9.26	−191.4	−4.3	−67.12
乌鲁木齐	43° 46.8'	087° 37.2'	918	−27.97	1.8	−12.42	−204.5	−8.9	−86.25

数据来源： IAEA/WMO，2015，Global Network of Isotopes in Precipitation，见: http://www.iaea.org/water。

表 4.1 列举了研究区周边深居内陆的气象站点的基本地理要素与所监测的大气降水氢氧同位素组成，它们代表了典型的干旱大陆气候条件下降水的氢氧同位素组成特征。整体来看，$\delta^{18}O$ 在−30.48‰至 5.10‰之间变化，δD 在−236.5‰至 24.2‰之间变化，分布范围相对较宽。其中乌兰巴托（蒙古国）的降水氢氧同位素最为贫化重同位素（$\delta^{18}O$ 和 δD 的平均值分别为−14.10‰，−108.82‰），其次为乌鲁木齐站点（$\delta^{18}O$ 和 δD 的平均值

分别为–12.42‰，–86.25‰）。一方面，这两个观测站点的纬度相对较高，体现出同位素分馏过程中明显的纬度效应；另一方面，局地水循环和大气环流模式为同位素组成差异做出了明显的贡献。

对于银川、兰州与张掖三地而言，氢氧同位素加权平均值均非常接近，其中 $\delta^{18}O$ 为–9.26‰~ –7.2‰，δD 为–67.12‰~ –50.91‰。这说明三个站点的形成降水的水汽来源非常相似，所经历的分馏过程与程度基本相同。这对于追踪地下水系统的补给而言是非常有意义的，这是因为三个监测站点所获取的氢氧同位素数据代表了该地区现代气候条件下降水同位素特征值。如果现代降水对于地下水系统的补给具有显著的作用，那么地下水体稳定同位素比率将会非常接近当地降水中的氢氧同位素。因此分析研究区地下水的补给来源时，可利用银川、兰州及张掖这三个气象站点所监测的降水氢氧同位素数据与地下水中氢氧同位素特征作比较进行分析。

研究区地理条件较为独特：南部为高海拔的青藏高原北缘-祁连山一带，中部为狭长、低海拔的走廊平原，北部为地势相对起伏不大的低山丘陵区。作为潜在的地下水补给源区，研究祁连山区的大气降水氢氧同位素组成特征具有重要的意义。Zhao 等（2011）在祁连山山区设立两处站点（野牛沟与大野口）进行连续一年的气象观测。野牛沟站点位于青海省祁连县境内，地理坐标为99°38'E，38°42'N，高程为3320m，年均降水量401.4mm，年均气温–3.1℃；大野口同样位于祁连县境内，地理坐标为 100° 17' E，38° 34'，高程为2720m，年均降水量 369.2mm，年均气温 0.7℃。

野牛沟监测站监测数据时序较长，大野口相对较短。结果表明，野牛沟站点降水中的 $\delta^{18}O$ 为–24.5‰ ~ 3.3‰，δD 为–172.6‰ ~ 40.2‰ ，平均值为分别为–6.81‰和–39.34‰；大野口站点降水中的 $\delta^{18}O$ 为–16.8‰ ~ 3.2‰，δD 为–119.6‰ ~ 21.5‰，平均值为分别为–8.08‰和–52.13‰。

通过分析研究区及周边气象站大气降水氢氧同位素特征可追踪降水的水汽来源，分布及运输规律。季风环流通过影响和制约大尺度水汽输送场的分布和水汽收支状况对降水产生影响，直接控制着降水特征的空间分布格局和季节分配特征。河西走廊地处欧亚大陆腹地，远离海洋，海面蒸发很难直接达到，因此不可忽略局地蒸发所形成的水汽混入降水水汽中。此外，降水出现富集重同位素，也表明了除了水汽输送过程受到蒸发作用外，雨滴下落的过程中二次蒸发效应对同位素的分馏作用做出了较大的贡献（庞洪喜等，2005）。

为了能够根据同位素资料确定地下水的起源，常采用的方法是将地下水的 $\delta^{18}O$ 和 δD 的值绘制在以 $\delta^{18}O$ 为横坐标，以 δD 为纵坐标的图中。同时附以全球大气降水线或地区降水线作为参考，在图上比较二者之间的关系，当地下水的同位素组成十分接近地区大气降水线时，说明地下水起源于大气降水，由大气降水所补给。因此需要建立研究区及邻区大气降水线，以便于分析研究区内地下水的来源。

根据 IAEA 提供的数据，将银川、兰州、张掖三站点概化为可代表研究区及周边平原区的气象监测点，并综合三站点数据建立 LMWL 方程：

$$\delta D = 7.08\delta^{18}O + 0.11 \qquad (R^2 = 0.95) \tag{4.2}$$

与 Craig（1961）所建立的 GMWL 方程[式(4.1)]相比，研究区附近的当地大气降水线方程的斜率和截距都明显偏小。这说明研究区附近的水汽在形成降水之前可能已经经历了蒸发，这也与研究区远离海岸线、具备干旱气候等条件一致。

另外，由于地理条件的特殊性，以野牛沟气象监测站数据为基础，建立代表研究区内的高海拔地区的降水线方程：

$$\delta D = 7.65\delta^{18}O + 12.40 \qquad (R^2 = 0.99) \tag{4.3}$$

野牛沟降水线方程斜率仍小于全球大气降水线方程的斜率，但明显大于平原区当地大气降水线的斜率，此外该方程截距明显大于全球大气降水线方程。这说明野牛沟特殊的地理位置，其深居内陆，势必造成水汽运移过程中经历蒸发作用；同时该站点海拔较高、年平均气温较低、空气湿度较大造成其截距明显偏高。

根据前人研究成果及相关数据收集，建立代表研究区内平原区的当地大气降水线及代表高海拔地区的当地大气降水线，这为追踪研究区内地下水的来源提供了支撑。

4.3 北山地区地下水来源与演化

4.3.1 样品空间分布与测试结果

受构造条件、地层岩性、地形地貌等因素影响，北山山区地下水系统较为复杂，目前并没有成熟的方法能够准确划分不同系统之间的界限。为了全面了解北山山区地下水来源与化学组成特征，对其进行了全面的样品采集，样品分布如图 4.4 所示。

根据样品点的空间分布特征，将样品大致归为公婆泉流域、额济纳西、新场流域（表 4.2）。公婆泉流域内取样主要集中在甘肃省肃北县马鬃山镇及其以西的范围，属于该流域内地下水补给区，其中包括 3 个泉水样品，8 个井水样品；额济纳西共有 10 个样品，全部为浅层井水样品，主要分布在北山山区与额济纳盆地的接触带上；新场流域内共有 28 个样品，除 1 个泉水样品外其余均为浅层井水样品（表 4.2）。

公婆泉流域地下水样品略显贫化重同位素，$\delta^{18}O$ 和 δD 的平均值分别为−8.33‰、−67.3‰，TDS 相对较低，分布在 0.92~2.99g/L，平均 2.0g/L；额济纳西部地下水 $\delta^{18}O$ 和 δD 的平均值分别为−7.83‰、−60.5‰，TDS 平均 2.18g/L；新场流域内地下水氢氧同位素分布值域较为宽泛，$\delta^{18}O$ 分布在−9.35‰~−4.66‰，平均−7.42‰，δD 分布在−75.9‰~−33.9‰，平均−60.5‰，地下水 TDS 分布在 0.79~9.09g/L，平均 3.92g/L。尽管这些样品点空间分布有所差异，但三个地区地下水的总体化学特征非常相似：控制性阳离子均为 Na^+，所占比例多数大于 70%，控制性阴离子为 Cl^- 和 SO_4^{2-}，二者在阴离子中所占比例达 85%以上，因此北山山区地下水总体上属于 $Na^+-Cl^--SO_4^{2-}$ 型（图 4.5），这也反映出干旱、少雨、炎热条件下形成的地下水的典型特征。

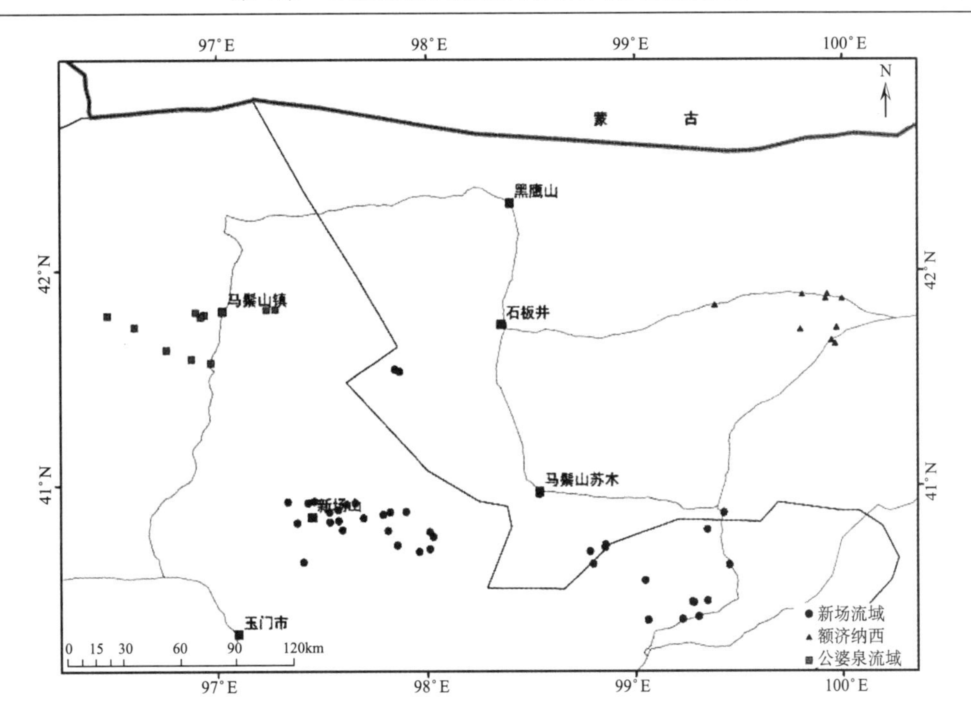

图 4.4 北山山区地下水样品点空间分布

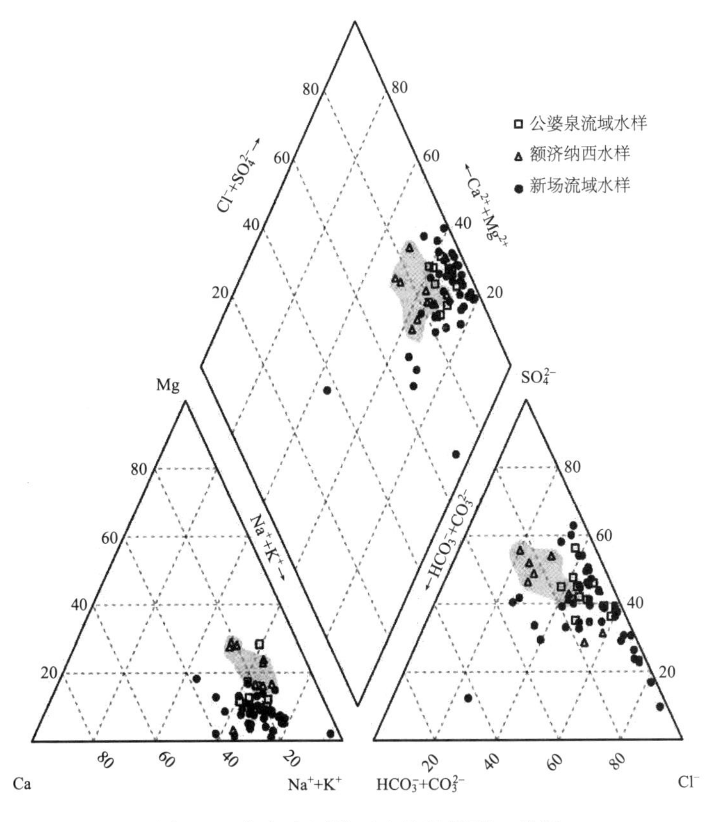

图 4.5 北山山区地下水化学类型三线图

表 4.2　北山山区水样基本物理性质及水化学测试结果

样品编号	井深/m	δD ‰	$\delta^{18}O$ /‰	温度/°C	pH	TDS /(g/L)	Na^+ /(mg/L)	K^+ /(mg/L)	Mg^{2+} /(mg/L)	Ca^{2+} /(mg/L)	Cl^- /(mg/L)	HCO_3^- /(mg/L)	SO_4^{2-} /(mg/L)	NO_3-N /(mg/L)	总硬度 /(mg/L)	Br /(μg/L)
GP01		−75	−10.3	15.50	7.68	2.31	445.00	4.39	113.00	83.00	523.62	256.28	828.70	2.25	678.33	156.00
GP02		−64	−9.2	18.80	7.46	1.26	291.00	4.99	22.10	69.70	305.80	140.35	427.65	1.54	266.33	58.60
GP03	6.00	−68	−8.9		7.50	2.35	472.00	7.21	47.30	184.00	487.12	146.45	995.62	6.25	657.08	78.90
GP04		−70	−8.9	14.70	7.11	2.36	487.00	5.57	37.50	161.00	623.26	128.14	800.24	2.58	558.75	102.00
GP05		−76	−9.7	15.90	7.68	1.53	311.00	4.52	32.70	102.00	365.83	170.86	456.01	0.80	391.25	166.00
GP06		−57	−6.4	15.40	7.47	1.92	361.00	12.30	55.40	115.00	508.02	187.98	584.74	<0.03	518.33	249.00
GP07		−61	−7.5	17.30	7.61	1.44	342.00	5.73	31.80	77.10	354.44	213.57	454.25	1.07	325.25	77.90
GP08		−66	−8.3		7.56	1.96	402.00	3.49	53.40	106.00	489.12	299.00	484.83	0.42	487.50	162.00
GP09		−66	−8.4	19.70	7.33	0.92	221.00	3.80	16.60	60.20	205.11	152.55	324.35	2.60	219.67	50.70
GP10		−68	−7.0		7.42	2.99	607.00	7.59	46.20	184.00	983.71	158.65	898.48	6.61	902.50	114.00
GP11		−68	−7.0	17.50	7.47	2.98	645.00	6.20	39.90	166.00	818.03	183.06	983.54	4.64	831.25	136.00
EJ01	1.60	−70	−8.8		7.17	3.46	682.00	26.90	102.00	209.00	796.42	524.77	1048.41	<0.03	947.50	142.00
EJ02	60.00	−61	−7.3		7.70	0.91	161.00	7.85	50.70	61.30	96.00	201.37	362.19	0.70	364.50	53.50
EJ03	2.30	−63	−7.5		7.21	3.03	736.00	34.50	96.40	138.00	1098.17	329.51	792.81	0.50	746.67	168.00
EJ04		−60	−8.1		7.66	1.13	216.00	8.59	64.30	86.20	201.39	170.86	477.60	1.12	483.42	85.50
EJ05		−59	−8.4		7.63	1.21	233.00	9.38	45.40	46.60	160.83	231.88	381.24	0.91	305.67	55.20
EJ06	2.50	−59	−8.4		7.20	3.12	658.00	25.10	85.70	155.00	715.35	451.55	989.44	<0.03	744.58	148.00
EJ07		−43	−5.6		7.40	2.24	478.00	11.00	12.80	224.00	660.01	109.84	765.95	5.26	613.33	146.00
EJ08		−68	−7.6		7.32	4.59	937.00	36.50	131.00	259.00	1421.75	789.71	1017.30	<0.03	1193.33	394.00
EJ09		−55	−7.7		7.92	1.05	208.00	7.92	42.60	39.70	142.10	237.98	328.34	3.56	276.75	49.10
EJ10		−67	−9.0		7.85	1.06	175.00	8.23	51.20	59.50	131.74	213.57	374.99	0.88	362.08	250.00

续表

样品编号	井深/m	δD ‰	$\delta^{18}O$ /‰	温度/°C	pH	TDS /(g/L)	Na^+ /(mg/L)	K^+ /(mg/L)	Mg^{2+} /(mg/L)	Ca^{2+} /(mg/L)	Cl^- /(mg/L)	HCO_3^- /(mg/L)	SO_4^{2-} /(mg/L)	NO_3-N /(mg/L)	总硬度/(mg/L)	Br /(μg/L)
XC01		−74	−7.7		7.21	5.39	952.00	13.70	10.20	394.00	1825.53	115.94	1010.19	<0.03	1277.50	207.00
XC02	30m	−59	−4.7		7.26	5.27	1002.20	10.20	15.00	479.00	1966.55	61.02	1187.93	3.39	1510.00	204.00
XC03		−67	−9.4		7.54	2.25	516.00	4.53	56.30	125.00	536.84	225.77	748.45	2.88	547.08	96.20
XC04	35.00	−60	−8.0		7.35	5.26	1040.00	4.63	109.00	287.00	1510.56	280.69	1763.20	3.25	1421.67	175.00
XC05		−57	−6.9		7.41	3.15	748.00	0.51	21.90	202.00	783.94	170.86	1066.67	14.34	596.25	180.00
XC06	2.70	−53	−6.5		7.32	3.66	825.00	3.20	42.20	155.00	801.58	225.77	1482.87	7.60	813.33	191.00
XC07		−63	−8.8		7.15	9.09	1800.00	24.80	62.80	327.00	3657.85	164.75	999.27	<0.03	1329.17	137.00
XC08	1.50	−50	−5.9		7.23	6.94	1340.00	33.20	65.80	365.00	1086.05	250.18	3082.02	40.89	1436.67	330.00
XC09	1.60	−46	−6.9		7.63	2.99	681.00	10.50	24.30	131.00	482.98	262.39	1192.83	6.69	553.75	109.00
XC10	3.00	−64	−7.8		7.52	2.97	657.00	5.99	73.10	116.00	839.29	292.90	890.42	3.09	744.58	137.00
XC11		−61	−8.1		8.02	2.29	612.00	3.10	6.78	15.70	372.68	555.28	473.85	7.84	67.50	98.20
XC12		−62	−5.9		6.86	8.67	1500.00	14.70	120.00	428.00	1971.80	250.18	1763.63	0.46	1730.50	512.00
XC13	90.00				7.35	5.29	609.00	23.30	36.00	146.00	728.59	323.41	683.46	<0.03	486.42	152.00
XC14		−65	−6.5		7.25	5.15	1130.00	13.30	30.80	405.00	1776.23	109.84	1614.98	4.16	1292.71	265.00
XC15	4.10	−34	−4.9		7.58	1.95	252.00	17.50	57.30	195.00	199.91	881.06	135.11	<0.03	677.50	89.00
XC16		−70	−8.7		7.45	2.76	626.00	13.80	40.20	217.00	741.89	150.86	1146.65	1.78	785.00	156.00
XC17	5.50				6.81	2.44	509.00	9.03	46.90	180.00	538.47	429.51	524.36	<0.03	645.42	139.00
XC18		−55	−8.1		7.49	1.52	327.00	10.70	27.10	107.00	196.05	399.00	413.85	0.46	380.42	86.60
XC19	75.00	−71	−8.8		7.01	3.93	809.00	12.90	94.20	316.00	998.60	250.18	1516.46	0.22	1182.50	156.00
XC20		−56	−8.0	15.20	7.28	1.69	365.00	10.50	24.70	96.90	294.21	396.28	295.27	1.93	320.94	86.30
XC21	10.00	−59	−12.0	16.50	7.30	2.93	662.00	9.87	42.50	264.00	714.47	237.98	808.35	2.61	771.08	117.00
XC22	40.00	−74	−13.0		6.70	4.54	1030.00	24.10	67.40	354.00	1256.94	347.81	1640.78	0.70	1165.83	154.00

续表

样品编号	井深 /m	δD ‰	$\delta^{18}O$ /‰	温度 /°C	pH	TDS /(g/L)	Na^+ /(mg/L)	K^+ /(mg/L)	Mg^{2+} /(mg/L)	Ca^{2+} /(mg/L)	Cl^- /(mg/L)	HCO_3^- /(mg/L)	SO_4^{2-} /(mg/L)	NO_3-N /(mg/L)	总硬度 /(mg/L)	Br /(μg/L)
XC23	3.55	−54	−11.8	17.20	7.45	2.46	605.00	11.90	34.60	135.00	522.44	307.47	632.42	7.53	447.92	141.00
XC24		−60	−8.0	16.60	6.76	2.31	557.00	6.71	38.20	139.00	471.78	376.96	600.72	0.67	471.92	126.00
XC25		−64	−8.0	15.00	7.30	3.99	759.00	5.35	59.70	382.00	1508.16	207.47	900.35	2.04	1203.75	1460.00
XC26		−76	−8.3	16.50	6.89	5.98	1520.00	6.05	30.10	366.00	2383.19	219.67	1493.44	<0.03	1131.92	484.00
XC27	3.00	−75	−8.1		6.41	6.38	1570.00	11.00	11.60	404.00	2274.44	134.24	1904.73	0.43	1159.33	869.00
XC28		−56	−7.1	16.50	7.51	3.47	742.00	2.04	29.50	268.00	607.69	176.96	1448.83	7.85	792.92	205.00
XC29		−66	−7.1		7.27	3.53	718.00	6.59	42.50	229.00	828.13	170.86	1241.03	5.41	749.58	132.00
XC30		−61	−8.2	17.50	7.42	2.83	710.00	11.40	35.00	141.00	606.83	176.96	821.59	4.83	498.33	104.00
XC31		−58	−7.0		7.44	3.58	841.00	11.60	58.40	236.00	1069.49	213.57	1045.12	16.66	833.33	257.00
XC32		−57	−7.9		7.01	4.30	923.00	19.20	71.60	303.00	1118.69	634.61	1053.57	0.55	1055.83	302.00
XC33		−54	−7.9		7.20	2.80	654.00	16.40	47.30	187.00	693.08	407.81	608.10	0.20	664.58	191.00
XC34		−67	−8.7		7.42	2.69	460.00	5.33	37.00	133.00	647.41	268.49	672.39	0.53	561.67	90.00
XC35		−65	−8.3		7.26	2.56	456.00	8.29	36.10	175.00	665.81	158.65	814.69	2.64	587.92	203.00
XC36		−57	−7.1		7.14	8.63	1300.00	35.40	84.40	316.00	1319.75	344.44	2685.54	<0.03	1391.67	357.00
XC37		−61	−7.5		7.10	2.63	422.00	10.60	54.40	240.00	860.09	231.88	710.27	13.46	956.67	271.00
XC38	3.50	−58	−7.5		7.45	1.66	339.00	8.67	49.50	107.00	465.16	195.26	413.83	15.83	473.75	229.00
XC39		−64	−8.4		7.77	0.79	170.00	3.24	10.40	42.40	98.75	231.88	213.84	5.41	149.33	50.50
XC40		−55	−4.8		7.20	4.66	895.00	11.70	55.10	232.00	1572.30	119.67	849.78	3.09	867.58	341.00
XC41		−58	−6.6		7.10	4.31	867.00	12.90	55.70	192.00	1370.33	156.28	823.77	1.37	760.08	312.00
XC42		−60	−6.5		7.32	5.04	910.00	11.00	64.90	306.00	1686.44	113.57	969.12	2.89	1111.92	386.00

4.3.2 地下水补给来源

北山山区地下水整体都偏向于富集重同位素，表现出明显的蒸发效应。尽管地下水氢氧同位素整体特征类似，但三个不同区域的样品仍表现出各自的特点（图 4.6）。

相对而言，公婆泉流域地下水亏损重同位素，大部分点沿西北当地大气降水线分布，表明该区地下水补给于大气降水。此外，由于该区地下水样品采集于马鬃山镇及以西的地区，这些地方属于公婆泉流域的地下水补给区，因此样品点氢氧同位素偏负。但干旱少雨的气候条件仍导致地下水出现蒸发的现象，故部分样品点分布在降水线右下方且出现明显地偏离；额济纳西部地下水逐渐富集重同位素，且同样沿降水线分布。表明该处地下水主要来源于当地大气降水补给；新场流域范围内的地下水样品点分布较散，即 $\delta^{18}O$ 和 δD 均分布在较宽的值域范围内。总体上仍沿大气降水线分布，因此可以确定地下水主要补给来源也是大气降水。此外，部分样品点出现明显的“氧漂移”现象，偏离大气降水线落在了右下方，且偏移程度不同，这说明尽管都起源于大气降水，但所经历的蒸发程度有所差异，导致了其在图中的分布位置有所不同。

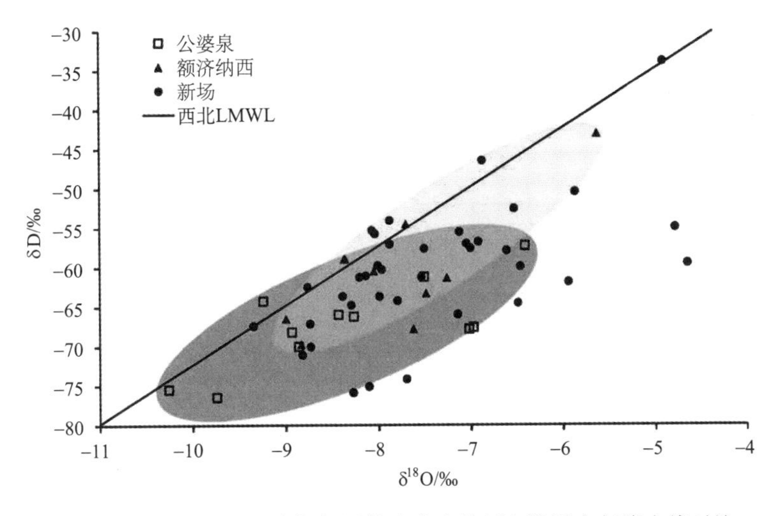

图 4.6 北山山区地下水氢氧同位素分布特征与附近大气降水线对比

北山山区地下水氢氧同位素特征表明，区域地下水环境均处于一个开启的状态下，普遍接受大气降水补给，受局部地形、地貌、地质、构造影响，造成地下水接受不同程度的蒸发，造成整体沿大气降水线分布，部分点偏离降水线落在右下方。整体上来看，公婆泉流域内样品由于取自于地势较高的西部地区，地下水贫化重同位素较为明显，可认定为补给区地下水特征；新场流域内样品点分布较广，既有补给区特点，也有径流区特点，同时还具备排泄区特征，故样品点分布较散；额济纳西样品点实际分布在北山山区与额济纳盆地的接触带上，应当属于北山山区地下水的排泄口，表现出明显的蒸发特点，富集重同位素，但实测数据表明其与新场流域内多数点发生重合现象，因此可以认定，额济纳西样品点仅能代表浅层地下水的特点，且其主要来自于大气降水补给而非山区侧向径流补给。此外，部分研究者通过稳定同位素、放射性同位素等共同限制、对比，确定北山地区地下水补给高程分布在 1500~1630m（周志超，2014）。

4.3.3 地下水演化特征

通过分析离子间的线性关系，所有样品中 Na^+与 Cl^-均表现出良好的线性关系[公婆泉流域 R^2 值为 0.89，额济纳西为 0.97，新场为 0.79，图 4.7（a）]；此外公婆泉流域与额济纳西地下水中 Ca^{2+}与 SO_4^{2-}也存在良好线性关系[R^2 分别为 0.75 和 0.82，图 4.7(b)]，而新场地下水略弱。因此推断，地下水中的主要离子来源于可溶岩的淋滤过程。无论是大气降水直接入渗还是夏季洪流入渗，均对地层进行着冲刷与淋滤，地表至包气带可溶性矿物不断溶解进入地下水中。此外，北山山区沉积的白垩系地层属干燥炎热气候条件下形成的内陆湖盆相沉积，地层中含有大量的可溶性矿物，如盐岩、芒硝、石膏等，从而使得地下水在径流过程中 Cl^-、Na^+、SO_4^{2-}、Ca^{2+}等离子含量增加，导致地下水矿化度不断升高。

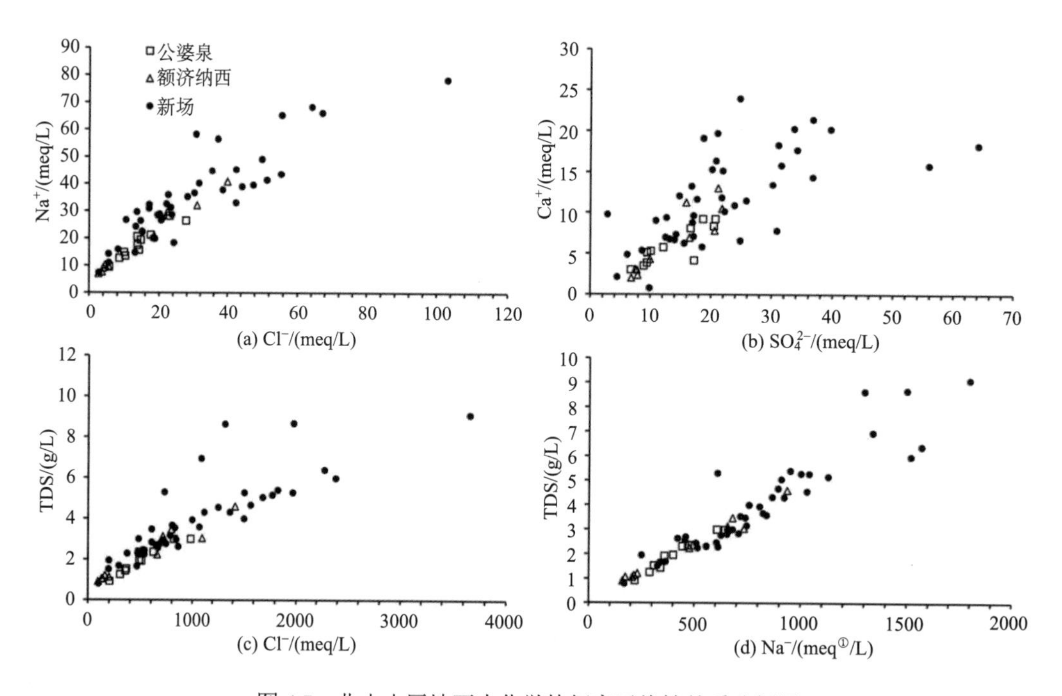

图 4.7 北山山区地下水化学特征离子线性关系分析图

①meg.毫克当量

事实上，北山山区地下水矿化度的确明显偏高，为 0.79~9.09g/L，表现出干旱区地下水高矿化度的典型特征。通过相关性分析，研究区内 Cl^-与 Na^+均与 TDS 表现出良好的线性相关性[图 4.7(c)、(d)]；其次为 SO_4^{2-}和 Ca^{2+}，尽管在绘制的 SO_4^{2-}–TDS 和 Ca^{2+}–TDS 图内，数据点分布比较分散但仍存在线性趋势；而对于 HCO_3^-和 Mg^{2+}，二者与 TDS 之间则不存在线性相关性。通常盐岩的溶解度较大，蒸发浓缩后不易析出，因此受到蒸发作用的水体的 TDS 将会受这两种离子的明显控制；尽管石膏、方解石、白云石等多数矿物的溶解与析出与环境要素（如压力、酸碱度等）密切相关，但在强烈蒸发浓缩作用下许多矿物仍会较为明显地析出，野外实地调查过程中发现地势低洼处出现明显的白色盐碱地。综合多种离子与 TDS 间的相关性关系，说明地下水化学演化过程受到蒸发浓缩作用的控制较为明显。

通过表征离子交换反应的氯碱指数（chlor-alkalt index, CAI）的计算发现，北山山区地下水中无论是 CAI 1 还是 CAI 2 均表现出明显大于 0 的特征，最大值甚至大于 100。一方面，受地质条件制约，北山山区多数含水层渗透性极差，地下水运动缓慢，地下水与围岩之间有足够长的接触时间，或多或少会发生离子交换反应；另一方面，氯碱指数计算中主要受到 Cl^-和 Na^+浓度主导，因此对于北山山区这样的高 Cl^-地下水，氯碱指数往往出现偏正的现象。

总之，北山山区地下水中主要离子仍来源于当地大气降水冲刷、淋滤包气带中可溶盐而形成；在地下水径流过程中，离子交换反应逐步参与，从而影响各项离子浓度变化；蒸发浓缩作用则伴随地下水自始至终的循环过程，成为地下水化学演化的主导因素。

4.3.4　小结

北山地下水 $\delta^{18}O$ 和 δD 分别分布在−12.94‰~ −4.66‰、−76.47‰~ −33.9‰，主要沿西北地区大气降水分布，部分出现在右下，表明了北山地下水主要来源于大气降水补给。各项离子与 TDS 之间、Na^+与 Cl^-之间均表现出良好的线性相关性，且矿化度分布在 0.79~9.09g/L，表明了地下水演化过程受溶滤、蒸发共同作用，但由于地下水渗流条件差、气候干旱等因素影响，表现出干旱区地下水的典型特征（图 4.7）。

4.4　走廊平原区地下水的来源与演化

与北山地区紧密相接、可能存在地下水水力联系的地区为其南部的走廊平原区与东部的额济纳盆地。根据已有资料分析，东部额济纳盆地基本属于北山地区地下水排泄区，二者关系相对明确。对于南部走廊地区，一方面地下水水力联系尚存疑问，另一方面河西走廊不仅是历史上著名的丝绸之路途经之地，目前也是我国西北重要的粮食生产基地，其地下水利用程度较高，追溯地下水的来源并分析其与北山地区之间的水力联系对评估核废料处置库起到决定性作用。因此本节重点分析河西走廊平原区地下水的补给来源与演化规律，明晰走廊区与北山地区之间的水力联系。

4.4.1　样品空间分布与测试结果

为了分析与本山紧密相接的南部走廊平原区的地下水来源与演化特征，选择相对独立的水文地质单元——疏勒河干流流域为重点研究区（含昌马、玉门、瓜州等地，见图 4.8）。在系统分析区域地质与水文地质条件的基础上，通过野外实地调查共取得 45 个样品，其中疏勒河河水 3 个，井水 39 个，泉水 3 个。样品测试结果按照样品类型及空间分布列于表 4.3 中（其中，河水以 SW 编号，昌马地区地下水以 CM 编号，玉门周边以 YM 编号，瓜州盆地则以 GZ 编号）。

表 4.3　走廊平原区水样基本物理性质及水化学测试结果

样品编号	井深/m	δD /‰	$\delta^{18}O$ /‰	温度 /°C	pH	TDS /(mg/L)	Na^+ /(mg/L)	K^+ /(mg/L)	Mg^{2+} /(mg/L)	Ca^{2+} /(mg/L)	Cl^- /(mg/L)	HCO_3^- /(mg/L)	SO_4^{2-} /(mg/L)	NO_3-N /(mg/L)	总硬度 /(mg/L)	Br /(μg/L)
SW01	河水	−61	−9.5	0.3	7.5	417	37.4	2.2	36.3	66.7	61.4	242	144	0.79	318.0	27.10
SW02	河水	−56	−8.5	4.4	8.1	435	48.8	3.7	41.5	51.5	62.5	192.2	184.3	0.40	301.7	29.80
SW03	河水	−56	−9.1	1.8	8.2	495	76.9	4.1	50.3	56.0	84.8	208.7	233.0	0.55	349.6	35.70
CM01	泉水	−78	−11.9	3.7	7.9	281	17.9	2.1	30.7	38.7	29.4	208.7	74.6	1.31	224.7	12.50
CM02	泉水	−78	−12.1	5.7	7.9	243	12.4	1.4	28.5	35.8	14.4	221.6	47.5	0.61	208.3	9.45
CM03	泉水	−66	−10.4	7.5	8.1	235	9.6	1.7	28.7	40.3	10.0	194.2	90.6	0.78	220.3	7.89
YM01	泉水	−59	−9.5	9.1	7.7	484	57.1	5.4	59.1	45.0	88.9	232.0	192.1	0.34	347.0	83.70
YM02	泉水	−61	−9.9	12.6	8.3	290	32.6	2.5	29.7	30.6	43.3	175.7	92.0	0.99	200.3	26.10
YM03	泉水	−61	−9.9	11.5	8.1	472	48.3	2.9	46.6	50.7	86.0	164.8	178.0	0.80	320.9	37.30
YM04	90	−64	−10.5	9.6	8.1	384	41.2	2.6	44.1	43.3	47.0	223.6	132.9	1.89	292.0	30.80
YM05	90	−61	−10.0	11.6	7.8	298	28.6	2.2	31.6	34.2	39.6	197.7	89.4	0.84	217.2	21.50
YM06	80	−59	−9.4	10.1	8.0	474	54.2	5.2	53.9	41.1	77.5	225.2	185.5	0.65	327.3	33.50
YM07	95	−58	−8.7	10.4	7.5	498	65.3	4.1	70.6	71.5	69.6	405.0	132.1	3.88	–	31.98
YM08	80	−60	−8.6	11.1	7.5	504	63.9	3.7	55.1	53.4	62.6	361.2	74.4	3.52	–	33.51
YM09	80	−65	−9.9	10.5	7.6	452	58.7	3.7	38.4	47.7	54.9	328.5	71.1	1.26	–	25.74
YM10	100	−64	−9.8	10.8	7.6	411	54.2	3.1	39.2	42.2	63.9	264.1	64.1	1.31	–	22.37
YM11	95	−58	−9.1	10.7	7.3	555	57.7	3.5	58.4	63.9	62.4	415.0	80.6	4.11	–	31.83
YM12	95	−63	−9.0	8.6	7.6	397	31.1	3.9	50.7	45.9	36.6	397.1	46.0	<0.03	–	29.92
YM13	100	−64	−9.6	11.5	7.7	353	37.5	2.3	43.7	38.2	50.0	311.2	55.6	<0.03	–	37.04
GZ01	55	−54	−7.8	11.0	7.8	2240	213.0	3.7	166.0	132.0	359.5	368.6	792.0	7.70	846.7	–
GZ02	30	−53	−7.8	12.5	8.0	2140	238.0	5.8	119.0	123.0	301.4	165.3	831.2	7.86	803.3	–
GZ03	65	−54	−7.8	12.0	8.1	1160	146.0	2.6	84.9	64.9	247.1	170.4	408.0	4.69	516.0	–
GZ04	55	−54	−8.0	12.0	7.8	1382	169.0	3.1	102.0	87.5	340.9	141.1	481.0	6.04	643.8	–
GZ05	50	−55	−8.3	11.5	7.8	967	87.9	1.5	62.9	58.3	144.4	164.8	307.5	2.42	407.8	–

续表

样品编号	井深/m	δD /‰	$\delta^{18}O$ /‰	温度 /°C	pH	TDS /(mg/L)	Na^+ /(mg/L)	K^+ /(mg/L)	Mg^{2+} /(mg/L)	Ca^{2+} /(mg/L)	Cl^- /(mg/L)	HCO_3^- /(mg/L)	SO_4^{2-} /(mg/L)	NO_3-N /(mg/L)	总硬度 /(mg/L)	Br /(μg/L)
GZ06	50	−56	−8.1	13.0	7.8	2980	324.0	7.9	126.0	171.0	658.6	92.3	803.5	11.75	902.5	–
GZ07	40	−57	−9.2	12.0	7.9	2760	326.0	5.8	116.0	155.0	603.1	106.5	787.2	7.5	870.8	–
GZ08	80	−57	−9.2	13.0	7.9	2110	244.0	4.4	120.0	117.0	334.3	125.0	872.6	3.49	792.5	–
GZ09	40	−61	−8.1	13.0	7.8	1572	187.0	3.6	60.2	74.5	304.0	87.9	421.4	2.3	437.1	–
GZ10	80	−51	−7.6	12.1	7.5	1541	256.5	9.2	121.1	91.7	397.4	389.5	295.2	2.42	–	1.19
GZ11	45	−54	−8.1	12.0	7.4	1973	253.6	10.5	170.1	133.3	449.8	487.8	430.3	2.45	–	1.17
GZ12	65	−56	−8.4	12.3	7.5	1439	222.3	8.7	116.5	85.1	338.4	405.1	275.3	1.57	–	1.00
GZ13	40	−55	−8.1	12.7	7.6	952	126.3	7.2	82.0	55.0	111.7	482.9	146.4	2.07	–	0.98
GZ14	65	−53	−7.6	12.2	7.4	1202	160.5	9.4	102.6	75.7	189.2	522.7	201.4	4.28	–	1.12
GZ15	35	–	–	13.5	7.1	3130	402.0	21.8	250.0	204.0	420.7	567.5	1131.3	9.62	1500.7	158.00
GZ16	65	–	–	13.0	7.3	1860	212.0	15.8	127.0	116.0	162.8	442.7	563.6	4.35	790.2	82.10
GZ17	25	–	–	13.0	7.6	1114	264.0	4.6	22.0	74.8	301.2	73.2	403.0	6.55	237.0	–
GZ18	25	–	–	12.5	7.5	996	226.0	5.5	22.8	71.7	278.9	97.6	363.1	6.16	232.6	–
GZ19	20	–	–	12.0	7.7	991	253.0	4.5	22.7	67.1	316.5	72.5	380.2	5.72	220.7	–
GZ20	20	–	–	12.0	7.8	1146	269.0	4.9	23.0	76.1	308.6	97.6	433.9	5.75	244.4	–
GZ21	20	–	–	11.6	7.7	1418	273.0	4.8	23.3	84.7	390.2	27.6	406.6	5.85	267.2	–
GZ22	20	–	–	11.0.	7.5	1323	297.0	7.3	32.5	92.7	367.8	92.5	405.6	5.96	233.8	–
GZ23	15	–	–	11.5	7.3	1395	356.0	6.3	33.3	93.7	410.1	97.6	557.5	6.32	239.7	–
GZ24	20	–	–	12.0	7.7	932	186.0	3.4	30.7	79.0	288.4	27.6	366.3	5.83	192.1	–
GZ25	35	−67	−9.2	12.0	7.7	1311	279.0	4.9	36.7	104.8	355.4	97.6	498.4	6.80	281.6	–
GZ26	45	–	–	13.5	8.0	492	49.3	0.9	36.0	36.4	65.9	107.4	178.1	0.72	199.3	–
GZ27	30	−53	−8.0	12.0	8.0	449	39.4	0.7	46.8	37.9	60.3	117.2	185.6	0.88	206.4	–
GZ28	35	−64	−9.3	13.0	7.9	1071	199.0	4.9	40.4	61.6	264.5	112.3	359.2	5.50	172.3	–
GZ29	15	–	–	12.5	7.7	1652	360.0	6.4	40.2	134.0	455.1	170.9	573.4	6.71	369.2	–

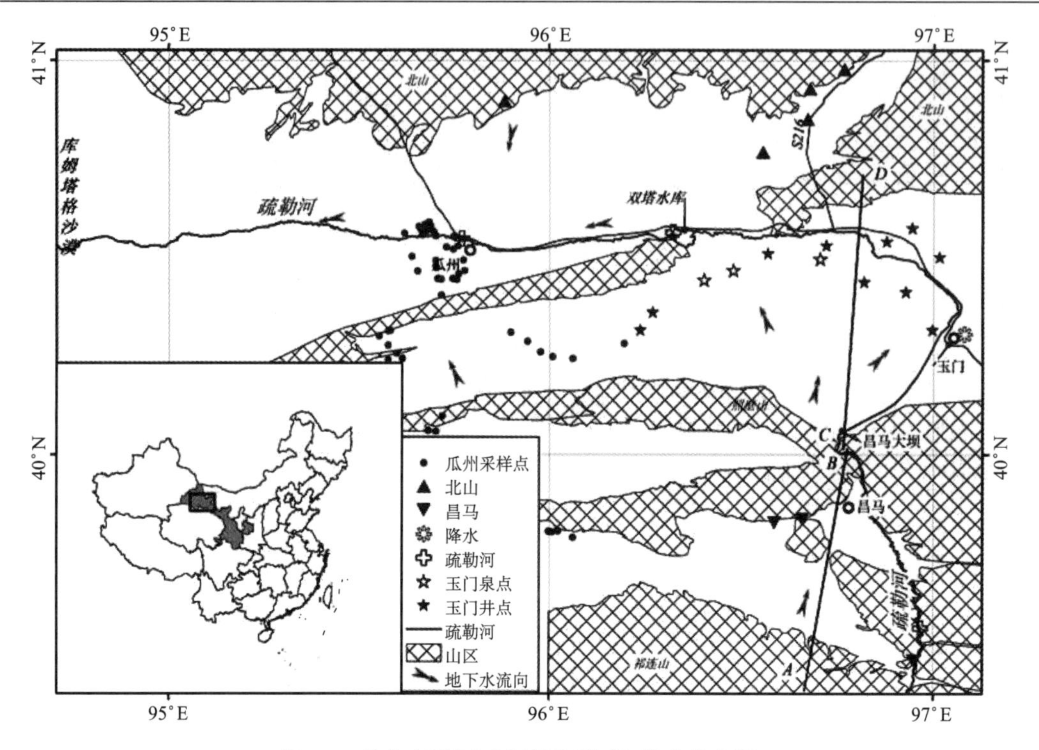

图 4.8　壮山南缘河西走廊平原区取样点分布图

4.4.2　地下水补给来源

根据水文地质条件的差异及样品类型的不同，将走廊区样品分为四类论述：疏勒河河水，昌马盆地地下水、玉门一带地下水及瓜州盆地地下水。

疏勒河河水同位素变化范围较大，除了部分沿野牛沟大气降水线分布外，另一个明显的特征是其自身氢氧同位素存在一定线性关系（图 4.9 中最右侧河水样品点数据来自于郭永海等，2003）而构成河水蒸发线。祁连山区降水、冰雪融水等形成的地表径流在径流过程中，受到明显的蒸发作用而导致其氢氧同位素分布偏离源区大气降水线，按照自身蒸发线分布。根据线性拟合得到疏勒河河水蒸发线为

$$\delta D = 3.20\delta^{18}O - 28.74 \qquad \left(R^2 = 0.87\right) \tag{4.4}$$

可以看出，蒸发线斜率非常小，仅为 3.20，与干旱区开放水体的蒸发斜率较为接近（Clark and Fritz，1997）。

昌马盆地内地下水的氢氧同位素紧密地沿着野牛沟大气降水线分布，说明了以野牛沟为典型代表的祁连山区大气降水时昌马盆地地下水的重要补给来源。此外，整体上表现出来的贫化重同位素也表明昌马地区地下水受到的蒸发作用相对较弱，这一点与地理条件、水文地质条件吻合。昌马盆地属于山前倾斜平原区，包气带岩性均为大粒径的砾石等，无论是降水还是冰雪融水，都非常容易下渗补给地下水。因此其氢氧同位素组成也与祁连山区降水类似，表现在低蒸发、低气温条件下贫化重同位素的特点。

玉门一带地下水氢氧同位素分布在当地大气降水线与野牛沟大气降水线之间。相对

于昌马盆地地下水，玉门一带地下水逐渐富集重同位素。此外，这些样品点除了沿野牛沟大气降水线分布之外，部分点开始向右下偏离，表明蒸发作用逐渐介入地下水的演化过程中。玉门一带地下水氢氧同位素点均分布在代表低海拔的当地大气降水线之上，由于降水在向地下水补给过程中不可能发生同位素的贫化（Clark and Fritz，1997），因此可初步认为走廊一带的降水直接下渗补给地下水的量是可以忽略不计的。这一点类似于民勤盆地，Edmunds 等（2006）通过氯平衡方法计算具有 89~120mm 年降水量的民勤盆地，当地大气降水对地下水的直接补给作用大约为 0.95~3mm/a。而具备极为类似地理条件的玉门一带，当地大气年降水量仅为 56.6mm，因此其对地下水的直接补给量更是微乎其微。

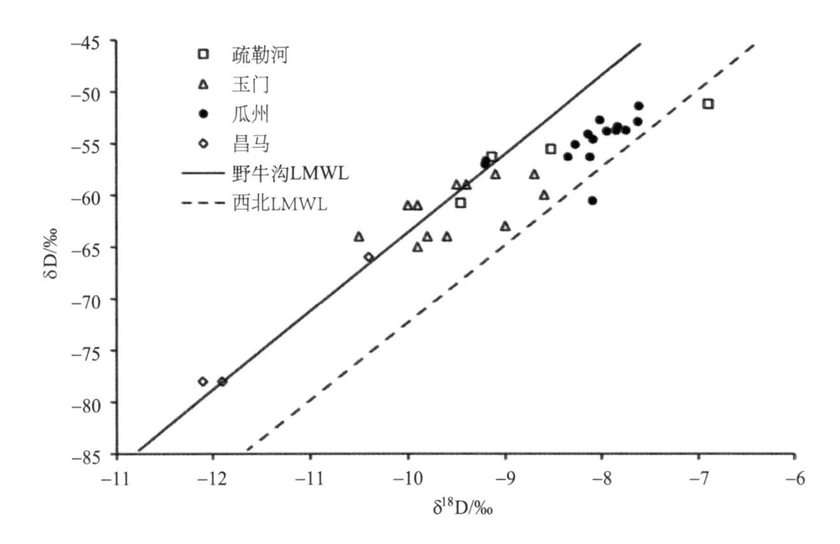

图 4.9 走廊平原区水样氢氧同位素分布特征与当地大气降水线对比

玉门一带南部的照壁山属典型大型逆冲断层，压性大断裂及其派生的山麓中新生界褶皱构成了一条天然的阻水屏障，使得大部分昌马盆地地下水其南部绝大部分转化为地表水，但流经昌马水库出山后在昌马冲洪积扇扇顶处迅速渗漏又重新补给玉门一带地下水。因此走廊平原区地下水可认为主要是由昌马盆地地下水的侧向径流进行补给。

瓜州盆地地下水的氢氧同位素分布范围较为狭窄且最为富集重同位素，大部分样品点仍分布在两条降水线之间，表明瓜州盆地地下水相比其余两处地下水经历了更多的蒸发作用且补给源相对较为单一。另一个明显的特征是大部分样品沿疏勒河河水蒸发线分布，说明疏勒河河水对瓜州盆地地下水具有明显的补给作用。这与当地实际情况相符：自瓜州盆地东部的双塔水库投入运行后，自然河道水量骤减但大部分地表水经拦蓄后仍灌溉瓜州盆地灌区，因此地表水渗漏成为瓜州盆地地下水的重要补给来源。

从同位素分布规律来看，三个不同水文地质单元的地下水呈现一定的承接关系，且瓜州盆地地下水与疏勒河河水联系较为紧密。这与走廊区水文地质条件相吻合：昌马盆地地下水受祁连山区大气降水补给，侧向径流补给玉门一带地下水；部分疏勒河河水经双塔水库拦蓄后灌溉瓜州灌区，农田灌溉水成为瓜州盆地地下水的重要补给来源。

此外，北山地区地下水氢氧同位素主要沿着西北地区大气降水线分布，与玉门、瓜州两地差异明显且更加富集重同位素，由此可见尽管从水文地质条件上看北山地下水对走廊地下水有一定的补给作用，但氢氧同位素特征并未体现，说明该补给量微乎其微。

4.4.3 昌马-玉门地下水化学特征与演化规律

根据研究区水文地质条件，结合地下水氢氧同位素特征，昌马-玉门一带的地下水具有较紧密的联系，前者是后者的主要补给来源。为了全面论述地下水化学特征与地下水演化过程，将二者作为一个整体进行讨论。

由于充沛的补给与良好的径流条件，昌马盆地地下水中TDS较低，所有样品均低于300mg/L。控制性阳离子以Mg^{2+}和Ca^{2+}为主，二者占比之和大于80%；阴离子则以HCO_3^-为主导，反映了降水直接补给地下水的特点，因此地下水化学类型属$Mg^{2+}-Ca^{2+}-HCO_3^-$型水；而至玉门一带，地下水中的TDS明显上升，为290~555mg/L，地下水经过富镁地层后，Mg^{2+}在阳离子中占据了主导地位，阴离子中的SO_4^{2-}占比逐步攀升但仍低于HCO_3^-，地下水总体上属于$Mg^{2+}-HCO_3^--SO_4^{2-}$型水（图4.10）。

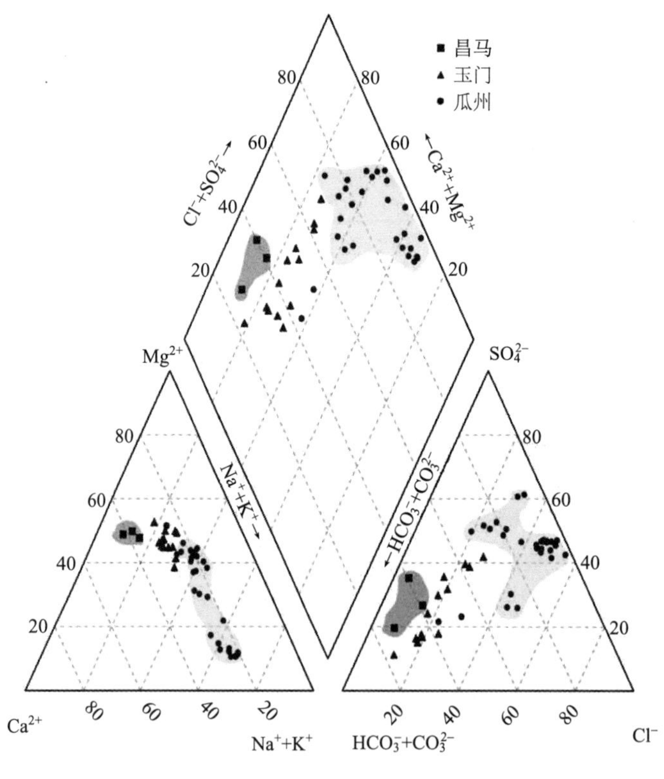

图4.10　研究区地下水化学类型图

地下水中的TDS代表了地下水盐化过程的总体特征，从昌马盆地到玉门，TDS沿地下水径流途径逐渐升高，且大部分离子与TDS存在良好的线性关系，这表明了含水层中的矿物正在源源不断地进入地下水中。此外，由于地下水中各项离子并非孤立存在，分析离子间的统计学特征能够帮助认识地下水化学场的形成过程。在自然条件下氯元素很少参与化学、生物反应，因此 Cl^-常常作为研究水岩相互作用时的参考元素。分析发现，Na^+与 Cl^-（毫克当量，meq/L）之间存在良好的线性关系：Na^+=1.08Cl^-+0.23（R^2=0.76，图 4.11），且摩尔比非常接近 1:1。这充分说明了盐岩的溶解是控制地下水中 Na^+与 Cl^-浓度的主要过程。

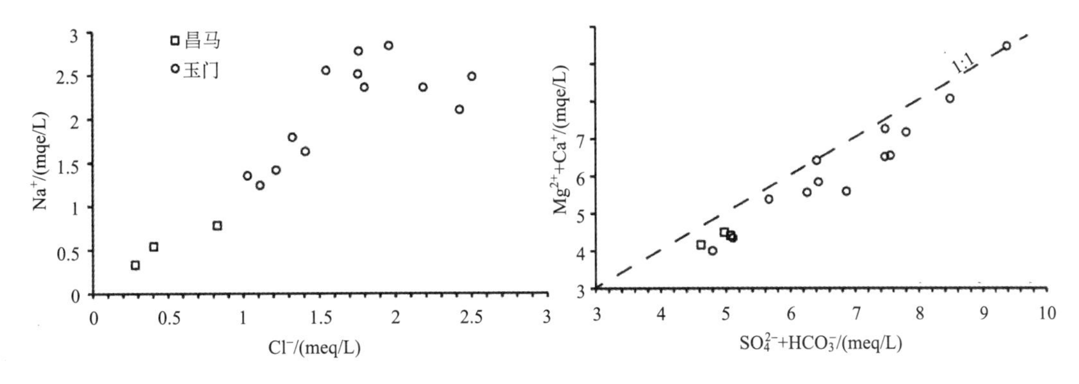

图 4-11　昌马-玉门地下水离子相关性特征

此外，含水介质中的富含钙镁的碳酸盐岩、硫酸盐岩等溶解作用可通过（$Mg^{2+}+Ca^{2+}$）-（$SO_4^{2-}+HCO_3^-$）关系识别，当（$Mg^{2+}+Ca^{2+}$）-（$SO_4^{2-}+HCO_3^-$）=1 时，则表示 Mg^{2+}、Ca^{2+}、SO_4^{2-}、HCO_3^-主要源于白云石、石膏及方解石的溶解作用；当（$Mg^{2+}+Ca^{2+}$）-（$SO_4^{2-}+HCO_3^-$）>>1 时，说明 Mg^{2+}和 Ca^{2+}主要源自于碳酸盐矿物的溶解；当（$Mg^{2+}+Ca^{2+}$）-（$SO_4^{2-}+HCO_3^-$）<<1 时，则指示了硅酸盐或硫酸盐的溶解（Demetriades，2010）。对昌马—玉门一带的地下水离子进行深入分析发现，（$Mg^{2+}+Ca^{2+}$）和（$SO_4^{2-}+HCO_3^-$）之间存在着良好的线性关系（R^2=0.95，图 4.11），尽管它们分布在 1:1 等量溶解线以下，但大部分仍非常接近该线。说明这四种离子主要来源于方解石、白云石及石膏的溶解过程。另一个显著的特点是，地下水样品中无论是 m（Mg^{2+}/Na^+）还是 m（Mg^{2+}/Ca^{2+}）均大于 1，甚至出现 7.26 这样的比值。研究区区域地质资料表明，多数地层富含镁元素，因此地下水在径流过程中不断地有含镁矿物溶解，为地下水的盐化过程做出贡献。

为了进一步分析地下水化学演化过程中是否发生了溶滤作用，利用 PHREEQC 软件分别计算了方解石、白云石、石膏及盐岩等矿物的饱和指数（SI）。

$$SI = \lg\left(IAP/K\right) \tag{4.5}$$

式中，IAP 为离子活度积；K 为热力学平衡常数。以 $CaCO_3$ 溶解于水为例，$CaCO_3$=$Ca^{2+}+CO_3^{2-}$，若 SI=0 时，$CaCO_3$ 在水中达到溶解平衡；若 SI<0，$CaCO_3$ 继续溶解；若 SI>0，$CaCO_3$ 沉淀析出。

通过分析计算，昌马-玉门一带地下水中溶解矿物的饱和度指数计算结果列入表 4.4。从计算结果可以看出，大部分样品的方解石与白云石的饱和指数均出现大于 0 的现象。说明地下水在径流过程中已经逐渐溶解大量矿物，导致某些矿物接近析出的临界状态，这可能是由于大部分样品采集于排泄区（如泉、洪积扇前缘浅井等）所造成。但对于盐岩而言，饱和指数却远小于 0，说明地下水环境中仍可接纳盐岩的溶解。

表 4-4　昌马-玉门一带地下水矿物饱和度计算结果一览表

	硬石膏（Anhydrite）	文石（Aragonite）	方解石（Calcite）	白云石（Dolomite）	石膏（Gypsum）	盐岩（Halite）
CM01	−1.97	0.20	0.36	0.84	−1.72	−7.26
CM02	−2.19	−0.17	−0.02	0.09	−1.94	−7.49
CM03	−1.89	0.15	0.31	0.87	−1.64	−6.94
YM01	−1.85	0.08	0.23	0.59	−1.60	−6.91
YM02	−2.17	−0.01	0.15	0.44	−1.91	−6.96
YM03	−2.20	−0.05	0.11	0.25	−1.94	−7.05
YM04	−2.28	−0.11	0.05	0.20	−2.02	−7.01
YM05	−2.08	−0.06	0.09	0.28	−1.82	−7.01
YM06	−0.03	2.44	2.59	5.10	0.22	−4.85
YM07	−0.01	2.49	2.65	5.30	0.23	−4.64
YM08	−1.83	−0.27	−0.11	−0.10	−1.57	−6.84
YM09	−2.23	0.23	0.38	0.92	−1.97	−7.40
YM10	−1.81	0.21	0.36	0.85	−1.56	−6.94
YM11	−1.72	−0.28	−0.12	−0.58	−1.47	−7.17
YM12	−1.76	0.20	0.36	0.64	−1.50	−7.06
YM13	−1.65	0.28	0.44	0.79	−1.39	−6.73

昌马-玉门一带地下水矿化度较低，主要由溶滤作用控制地下水中各项离子的浓度分布特征，造成 Na^+与 Cl^-之间、（Mg^{2+}+Ca^{2+}）–（SO_4^{2-}+HCO_3^-）均表现出较好的线性相关性且大部分样品点沿 1:1 等量溶解线分布。除此之外，地下水中 Mg^{2+}表现出较高的特征，与富镁地层表现出一致性，说明地下水化学演化过程与地质环境之间密切相关这一特点。

4.4.4　瓜州盆地地下水化学特征与演化规律

从地下水流动系统的角度来看，瓜州盆地在整个系统中扮演着排泄区的角色。无论是溶滤作用还是蒸发作用都会导致地下水中的各项离子出现上升的趋势，地下水矿化度相应地明显升高，介于 449~3130mg/L，平均值为 1506.8mg/L。控制性阳离子为 Na^+，其在阳离子中的占比已达到 50%及以上，其次为 Mg^{2+}，占比在 30%左右；控制性阴离子则为 Cl^-和 SO_4^{2-}，二者占比之和达到 80%左右，因此瓜州盆地地下水类型属于 Na^+–Mg^{2+}–Cl^-– SO_4^{2-}型，这也体现了干旱区地下水的典型特征（Guendouz *et al.*，2003）。

瓜州盆地地下水中的 Na^+与 Cl^-之间存在良好的线性关系[R^2=0.69，图 4.12（a）]，但 m（Na^+/ Cl^-）（摩尔比）分布在 0.76~2，均值为 1.15，这表明盐岩的溶解较为强烈，但同时 Na^+还存在其他来源。根据研究区钻孔资料，研究区地层芒硝含量较高，其风化溶解过程可能提供大量 Na^+。通过对 Na^+和 SO_4^{2-}相关性分析发现，二者之间也存在线性关系，且二者摩尔比的平均值为 1.08，说明芒硝的溶解对这两种离子的贡献的确很大。通常情况下，（Na^+– Cl^-）~ SO_4^{2-}–（Mg^{2+}+ Ca^{2+}）被用来验证芒硝对地下水的控制作用，该指标能够剔除盐岩和其他主要硫酸盐的作用。瓜州盆地地下水的该关系呈现斜率约为 1 的特征[图 4.12（b）]，与上述结论基本吻合。

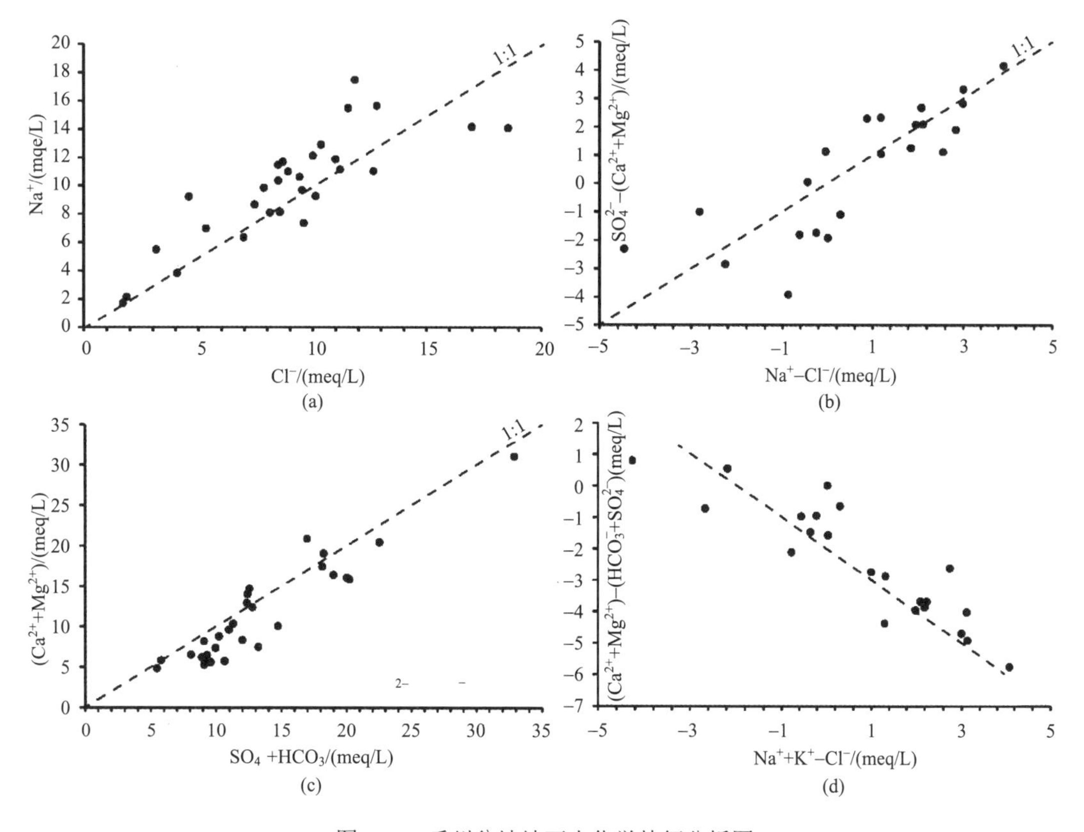

图 4.12　瓜州盆地地下水化学特征分析图

此外，瓜州盆地地下水（Mg^{2+}+Ca^{2+}）–（SO_4^{2-}+HCO_3^-）部分点沿 1:1 等量溶解线分布[图 4.12（c）]说明方解石、白云石及石膏的溶解过程对于这四种离子起到一定控制作用，但仍有其他演化作用在影响着离子浓度的分布。

在水文地球化学演化研究中，地下水中阳离子反应的程度和方向可以根据氯碱指数（CAI 1 和 CAI 2）来判断，其定义如下（Schoeller，1965）：

$$\begin{cases} \text{CAI 1} = \text{Cl}^- - \left[\left(\text{Na}^+ + \text{K}^+\right)/\text{Cl}^-\right] \\ \text{CAI 2} = \text{Cl}^- - \left[\left(\text{Na}^+ + \text{K}^+\right)/\text{SO}_4^{2-}\right] + \text{HCO}_3^- + \text{CO}_3^{2-} + \text{NO}_3^- \end{cases} \tag{4.6}$$

如果地下水中的 Ca^{2+}和 Mg^{2+}被含水层介质中的 Na^+和 K^+置换，则氯碱指数都将小于 0，说明发生了阳离子交换反应；如果地下水中 Na^+和 K^+进入含水层介质中，而含水层介质中的 Ca^{2+}和 Mg^{2+}被交换到水中，那么氯碱指数都会大于 0，即为反向阳离子交换反应。瓜州盆地地下水氯碱指数 CAI 1 分布在 0.68~17.78，CAI 2 分布在 7.27~50.67，均远大于 0，表明了在瓜州盆地地下水系统中发生了反向阳离子交换反应。

为了检验阳离子交换反应在地下水化学演化过程中的显著性，绘制（Mg^{2+}+Ca^{2+}）–

（SO_4^{2-}+HCO_3^-）与（Na^++K^+）−Cl^-关系图[图 4.12（d）]。其中，（Na^++K^+）−Cl^-代表了地下水系统除去盐岩溶解所得到的Na^++K^+的量；而（Mg^{2+}+Ca^{2+}）−（SO_4^{2-}+HCO_3^-）则代表了除去方解石、白云石及石膏的溶解过程所获得的（Mg^{2+}+Ca^{2+}）的量。当不存在阳离子交换反应时，所有点都分布在坐标原点附近，若阳离子交换反应显著时，这些点呈线性分布且斜率为−1。图 4.12（d）显示，这些点不仅沿直线分布且斜率（−0.81）非常接近−1，这有力地表明了瓜州盆地地下水化学演化过程中阳离子交换反应对于控制地下水各项离子的分布特征是一个不可忽略的因素。

通过计算，瓜州盆地地下水中各类矿物饱和度特征与玉门一带地下水的情况非常类似（表 4.5），部分矿物处在饱和的临界状态，如方解石、白云石等。对于硬石膏、石膏及盐岩，饱和指数仍小于 0，因此其发生溶解的可能性非常大，在地下水流经途中，它们仍可持续溶解进入地下水中，从而对所涉及离子的浓度产生影响。

表 4.5　瓜州盆地地下水中矿物饱和度统计特征表

	硬石膏	文石	方解石	白云石	石膏	盐岩
最小值	−1.96	−0.84	−0.69	−1.77	−1.71	−7.18
最大值	−0.87	0.31	0.46	1.08	−0.61	−5.30
平均值	−1.40	−0.15	0.01	0.03	−1.15	−5.85
标准差	0.28	0.33	0.33	0.88	0.28	0.46

瓜州盆地地下水演化过程较为复杂，表现出多重因素影响，多种过程交互、叠加的特征。总体来看，Na^+与 Cl^-之间、Na^+和 SO_4^{2-}之间以及（Na^+− Cl^-）− SO_4^{2-}−（Mg^{2+}+ Ca^{2+}）均满足线性相关性，且沿 1:1 等量溶解线分布，表明地下水径流过程中的溶滤作用对于各项离子的控制作用；其次通过分析发现，指示阳离子交换反应的氯碱指数 CAI 1 和 CAI 2 均大于 0，且（Mg^{2+}+Ca^{2+}）−（SO_4^{2-}+HCO_3^-）与（Na^++K^+）− Cl^-的线性相关性较好，斜率接近−1，表明阳离子交换反应在地下水化学演化过程中也起到了一定的作用。

4.4.5　小结

通过对北山南部与之紧密相邻的河西走廊平原区水文地质全面、系统地调查与取样、分析，结果表明：祁连山区大气降水快速转化为地下水后，在渗透性良好的冲洪积扇中顺地势径流，充分补给走廊平原区地下水，因此走廊区地下水资源相对丰富。此外，从祁连山到河西走廊，地下水呈现出自补给区至排泄区的明显分带性。受地质因素、气候条件影响，走廊区地下水矿化度略高于祁连山区（如昌马等），但就干旱区而言仍属于水质较好的地下水，它完全能够用于人类饮用及工农业生产，受北山高矿化度地下水影响甚微。

4.5　构建地下水流动系统概念模型

前文述及，地下水系统包括了地下水含水系统和地下水流动系统。对于研究区地下水的讨论，不仅仅局限于赋存于走廊区、或北山山区沟谷内的第四纪地层中的地下水，还包括了赋存于北山山区大面积出露的变质岩、花岗岩等基岩裂隙中的地下水。“含水层”的概念不再适用，而应当从宏观尺度上把握地下水的运动特征。因此这里探讨的概念模型则是基于地下水流动系统的概念之上，展现研究区及周边的地下水自补给至排泄的整个循环过程。本节根据典型剖面地下水流动系统特征，结合北山及邻区地下水化学与同位素特征，构建了地下水研究区的地下水流动概念模型。

4.5.1　典型剖面地下水系统概念模型

由于地形地势、地质构造等因素，祁连山与北山之间是否有水力联系存在争议。河西走廊夹持于二者之间，因此分析二者水力联系势必需要先认清河西走廊含水层系统及地下水赋存特征。

含水层系统的演化往往是气候变化和构造运动综合的结果，中生代以来河西走廊及其南北两侧发生了强烈的差异性断块运动，这奠定了研究区内最大水系——疏勒河流域的现代水系基本格局。第四纪以来，祁连山处于不断上升的过程中，大量沉积物被搬运到山麓、山前及山间低洼地带，形成卵砾石层、砂砾石层及砂层，构成了走廊区重要的地下水储存空间。因此在祁连山与北山之间、以古近系、新近系泥岩为基底的河西走廊可视为一个完整的地下水含水系统，昌马盆地与玉门之间、玉门与瓜州盆地之间，均具备统一的水力联系。

基于不同级次盆地内地下水氢氧同位素组成特征分析、地下水化学特征及演化过程分析可知：祁连山山区具有丰沛的大气降水和终年的积雪、冰川等，是一个天然大型水库。这些水一部分在地表产汇流进入疏勒河河道；另一部分则沿风化裂隙入渗转化为山区基岩裂隙水，在地势的控制下再次进入河道补给地表水或侧向补给处于较低地势处的昌马盆地，因此昌马盆地地下水表现出与祁连山山区降水类似的氢氧同位素特征。另外，由于昌马盆地地形变化较大且含水层具备良好的渗透性，导致地下水循环交替速度快，地下水整体呈现低矿化度的特征。同时，含水层介质中的矿物在积极地水循环作用下非常容易溶解进入地下水中，因此昌马盆地地下水化学演化以溶滤作用为主导控制因素。

由于具备统一的水力联系，昌马盆地地下水侧向补给玉门一带地下水。在此过程中，部分地下水自南向北径流至玉门镇西部冲洪积扇扇缘细土平原区一带，遭遇渗透性较差的黏土层溢出地表成泉，之后再次汇集进入疏勒河最终到达双塔水库。根据地下水氢氧同位素组成特征与代表走廊平原区降水氢氧同位素组成特征的张掖气象站所提供的数据对比，结合邻区氯平衡计算成果，走廊一带大气降水对于地下水的补给作用可忽略不计（Wang *et al.*，2015），地下水的补给几乎都来自于昌马盆地的侧向径流补给。尽管北山南缘与走廊接触一带地势略高于走廊区，但毕竟南缘汇水区面积有限，降水稀少，因此北山南缘地下水侧向补给玉门一带的水量十分微弱。基于以上认识，建立祁连山—昌马—玉门—北山一线的二维剖面地下水系统概念模型（图 4.13）。

因此，走廊地区丰富地下水资源来自祁连山山区大气降水转化而成的地下水侧向径流补给，而受北山山区地下水影响十分微弱。祁连山区与北山山区之间不存在直接的水力联系，前者更不是后者的补给来源，二者都与河西走廊含水系统有直接水力联系，但二者均为走廊地下水补给源，只是所占比重悬殊。

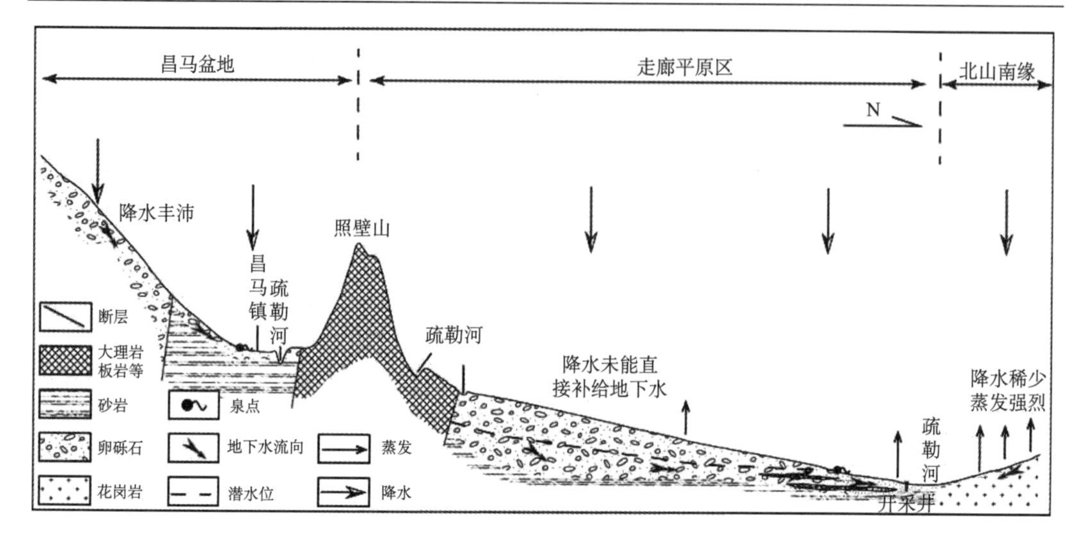

图 4.13　祁连山—河西走廊—北山地下水系统概念模型

4.5.2　北山山区概念模型

北山山区的地下水主要接受当地大气降水的补给，海拔越高降水越丰沛是该地区的典型气象特征，因此北山西部地区降水多于东部。受地形控制，一方面地下水形成浅层局部循环系统，即高处降水补给，低洼处蒸发排泄；另一方面，从区域上看，地下水可能存在区域流动系统，即在新场-马鬃山一带补给，在地形控制下自西向东流动，侧向排泄于额济纳盆地（图 4.14）。

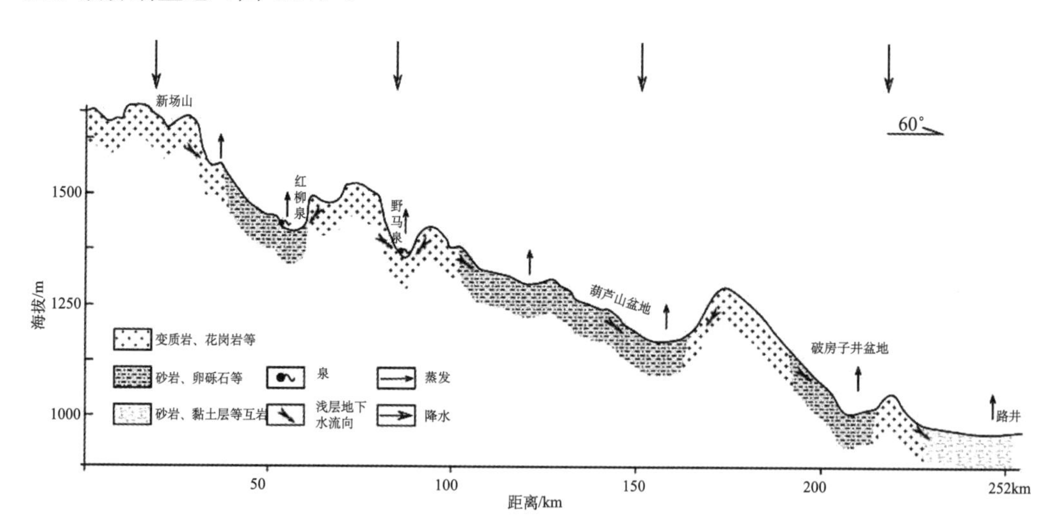

图 4.14　北山山区地下水系统概念模型

尽管北山山区的降水量并不大，但其仍然是地下水的唯一补给来源。这一点充分表现在地下水与当地大气降水的氢氧同位素特征较为类似的特点上，同时也说明了北山地下水系统的开启性。对于西部海拔相对较高的山区，降水入渗形成基岩裂隙水，一部分在地形控制下向低洼处排泄，部分出露成泉，部分侧向补给洼地中侏罗系砂岩含水层或第四系含水层，之后蒸发排泄；另一部分则沿风化裂隙、构造裂隙等进一步向基岩深部运动。因此北山山区浅部地下水的主要排泄途径为蒸发排泄，导致地下水矿化度较高，表现出以 Cl^-和 Na^+为控制性离子的水化学类型。

4.5.3 小结

地下水运动与演化的全过程都在不停地与周围环境进行物质交换，导致地下水化学成分的不断演变。因此地下水渗流场与化学场具有密切的相关性，二者统一于地下水流动系统的框架之中。为了从水化学演化特征角度阐明地下水演变规律，确立地下水流动系统边界，本节对北山山区及邻区（含祁连山区、河西走廊等地区）地下水化学与同位素进行了深入分析研究，结合研究区水文地质条件，初步确立了地下水系统边界与概念模型。

河西走廊一带的地下水主要补给来源是祁连山大气降水与冰雪融水，而走廊区的大气降水对地下水的补给则可忽略不计。地下水形成于祁连山基岩山区及具备良好渗透性的山前冲洪积扇，在地形与地质条件的控制下自南向北径流。积极的循环交替使得地下水具有较低的矿化度，同时也具备了持续不断接纳含水层中矿物溶解的能力。与走廊区接触的北山南缘一带，汇水面积非常有限，降水量稀少，导致其对走廊区地下水的补给量甚微。

北山山区地下水唯一补给来源是当地大气降水，受地形条件控制自山区向盆地、沟谷运动，蒸发是主要的排泄途径，因此浅层地表水表现出高矿化度、以 Cl^-和 Na^+为控制性离子的水化学类型的特点。根据地下水流动系统理论推测，北山山区地下水另一排泄途径为侧向径流排泄于额济纳盆地，但由于补给量小、蒸发量大，导致侧向径流至额济纳盆地的地下水水量较少。

基于以上分析，北山山区地下水流动特征基本符合区域地下水流动系统的理论，即地形为主要控制因素，形成嵌套式、多级次流动模式，地下水流动系统的边界与地表高程所划定的边界基本一致。

4.6 本 章 小 结

本章以地下水流动系统理论为基础，将原本适用于均质各向同性针对潜水小型盆地的地下水流动系统理论应用于基岩山区，通过典型剖面建立地下水数值模型，明确了无论渗透结构如何变化，河西走廊内的花海盆地都是区域地下水的势汇区，同时也是走廊地下水系统和北山地下水系统的接触带与分界线。

通过北山及邻区地下水化学与同位素特征分析测试，北山地下水 $\delta^{18}O$ 和 δD 分别分布在−12.9‰~ −4.7‰、−76.47‰~ −33.9‰，并沿本章所确立的西北地区大气降水及右下分布，结合水化学组成特征，北山地下水主要来自当地大气降水补给，并受强烈蒸发作用，矿化度分布在 0.79~9.09g/L。走廊地区地下水 $\delta^{18}O$ 和 δD 分别分布在−12.1‰~−7.6‰和−78‰~−51‰。且大部分沿野牛沟大气降水线分布，并呈现出低矿化度特征，表明地下水主要来自于水量丰沛的祁连山区，地下水循环交替速度快，水资源量丰富。

综合典型剖面地下水流动系统特征与地下水化学场特征，北山地下水主要接受当地大气降水直接入渗补给，并顺地势径流排泄。东部额济纳盆地是主要排泄区，而向南部花海盆地的排泄量非常有限。因此可以明确北山地下水并非来自祁连山区地下水侧向径流补给，相反，北山地下水还有少量排泄于走廊区，这进一步明确北山地下水流动系统与走廊地下水流动系统的边界位于花海一线的势汇区。

第 5 章 多尺度地下水流动数值模拟研究

本章围绕甘肃北山预选区与处置库岩体，拟采用多重分辨率模拟方法构建区域-盆地-岩体三级尺度地下水流动模型开展研究。首先根据区域模型计算结果分析区域地下水运动规律，并讨论了地下水流动系统发育模式，尝试划定不同级次及其边界，为盆地尺度模型的构建奠定基础；之后以区域模型为基础采用局部细化技术建立具备高分辨率计算网格的盆地尺度模型，完成区域-盆地耦合模型。

5.1 区域-盆地-岩体三级尺度地下水流动数值模型的提出

5.1.1 构建三级尺度的必要性

目前，水文地质学建模过程中普遍面临的问题是对地下水流动、溶质运移及反应过程等方面的基本认知尺度与实际模型所需预测的时空尺度之间的差异。最典型的例子即将单井抽水试验获取的水文地质参数用于某一场地建模过程，而后通过概化、尺度提升等形式对参数进行必要地调整、校核。因此，不同尺度模型的建立不仅需要与该尺度所要解决的问题相匹配，更重要的是与该尺度所具备的基础数据所匹配以确保模型仿真性，才能将模型用于实际预测。

综合多重水文地质信息建立地下水流动数值模型，预测地下水的运动路径与速率是评估高放废物处置库安全的重要依据。建立数值模型过程中最重要的前提是建立水文地质概念模型，其中包括了边界条件、渗透结构、地下水运动基本特征等。由于区域尺度模型范围较大，考虑尽可能利用天然水文地质边界以降低模型的不确定性。天然水文地质边界通常包括相邻水文地质单元分水岭（补给区）、湖泊、河流或明显的地下水势汇区（排泄区）等。其次根据对处置库研究的需求，需要构建包含处置库围岩的岩体模型，空间尺度相对较小。显然，该模型不具备天然的水文地质边界，事实上它是区域尺度模型中很小的一部分。不同尺度模型之间存在巨大尺度差异，考虑采用多重分辨率模拟手段进行处理，即针对不同尺度采用与之相适应的剖分计算网格建模，这是一种直观、高效的方式。

不同尺度模型之间进行耦合（水量或水位信息的交换）是保证模型不会失真的有效手段，而区域尺度模型与岩体尺度模型之间出现了明显的跨越，即使采用多重分辨率模拟手段仍无法确保尺度间信息传递的有效性。因此在二者之间加入盆地尺度作为过渡尺度。一方面盆地尺度能够尽可能将区域尺度所表现的水流特征合理过渡、传递到岩体尺度，确保研究的尺度连续性；另一方面，从地下水流动系统的角度来看，盆地尺度的提出能够用于替代流动系统中的中间或局部流动系统，而岩体尺度往往只是流动系统中的补给区或排泄区，故盆地尺度模型是为岩体尺度模型提供边界条件的有力保障。

因此，将甘肃北山地区分为区域-盆地-岩体三级尺度开展研究是基于预选区评价多尺度问题和地下水运动多尺度问题的综合考虑，是保障研究结果科学、客观的必要条件。

5.1.2　不同尺度模型的范围

我国目前重点开展工作的甘肃北山高放废物地质处置预选区面积近十万平方公里，选区内地形起伏变化多样，地质构造复杂，含水介质主要由变质岩与火成岩构成，很难界定独立水文地质单元。因此，考虑地形因素、地质条件，基于地下水流动系统理论，假定区域地表分水岭与地下分水岭一致，可作为模型的边界。据此确定区域尺度模型范围为河西走廊以北、蒙古国以南、额济纳盆地以西的地区，西部界线大致以红石山-明水-马鬃山一带为界（图 5.1）。区域尺度的研究以大区域地质要素、水文地质要素的基本呈现为主，重点研究大流域水循环的刻画和整体水均衡的水量计算，因此对于一些细节进行必要的概化或弱化，假定其中的基岩裂隙水运动完全符合流体在多孔介质中的运动规律，满足达西定律要求。

北山造山带构造活动活跃，地形起伏变化较大，区内大大小小分布着数十个山间盆地。对于浅层地下水而言，山间盆地的地形地势往往是地下水运动与循环的控制性因素，盆地地表分水岭同时也圈定了浅层地下水的补给范围，因此浅层地下水的天然水文地质边界相对明确。但对于影响处置库安全的深部地下水，地下水的补给机制可能受到盆地周边地区地势控制，因此人为划定盆地地下水模型范围往往具有较大主观性。考虑采用区域模型为盆地模型提供边界条件的方式，盆地模型与区域模型之间发生水力信息交换，从而更加真实、客观地刻画盆地地下水的运动规律，大大提升模型仿真度。初步界定盆地尺度研究范围为新场山及新场南山圈定的地形盆地（图 5.1），面积约 480km^2，位于区域模型的中南部。

在关注核素在处置库近场迁移时，需构建岩体尺度模型进行相关的分析。岩体并非孤立个体，构建岩体模型时需要充分考虑其与周边地下水之间的水量、水力信息交换。因此利用分辨率有所提升的盆地尺度模型为岩体尺度模型提供边界条件，是去除人为因素设定边界的有效手段，也在一定程度上提高了模型的仿真度。本研究中重点关注新场山附近的新场岩体，以此为研究目标开展岩体尺度模型研究工作。

至此，甘肃北山区域-盆地-岩体三级尺度模型范围基本确立。不同尺度的模型构建所需要的基础资料与所关注的问题都有所不同，各尺度模型基本情况列入表 5.1。

表 5.1　不同尺度模型构建情况

	范围	边界确立依据	渗透结构	关注重点
区域尺度	东至额济纳盆地，北为中蒙边界分水岭，西至马鬃山分水岭，南接河西走廊；面积约 100000km^2	水文分析；地下水流动系统理论	重大断裂水文地质性质；渗透性各向异性	区域水循环规律；区域水均衡；地下水流场特征
盆地尺度	阻水断裂设为南北边界；东西以地形盆地为界；面积约 480km^2	地下水流动系统理论；	盆地内断裂水文地质性质；渗透性各向异性	计算网格分辨率对模拟结果的作用
岩体尺度	处置库所在岩体为研究对象；人为边界；面积约 10km^2	盆地模型提供	依试验数据	裂隙岩体对地下水运动及示踪剂迁移的影响

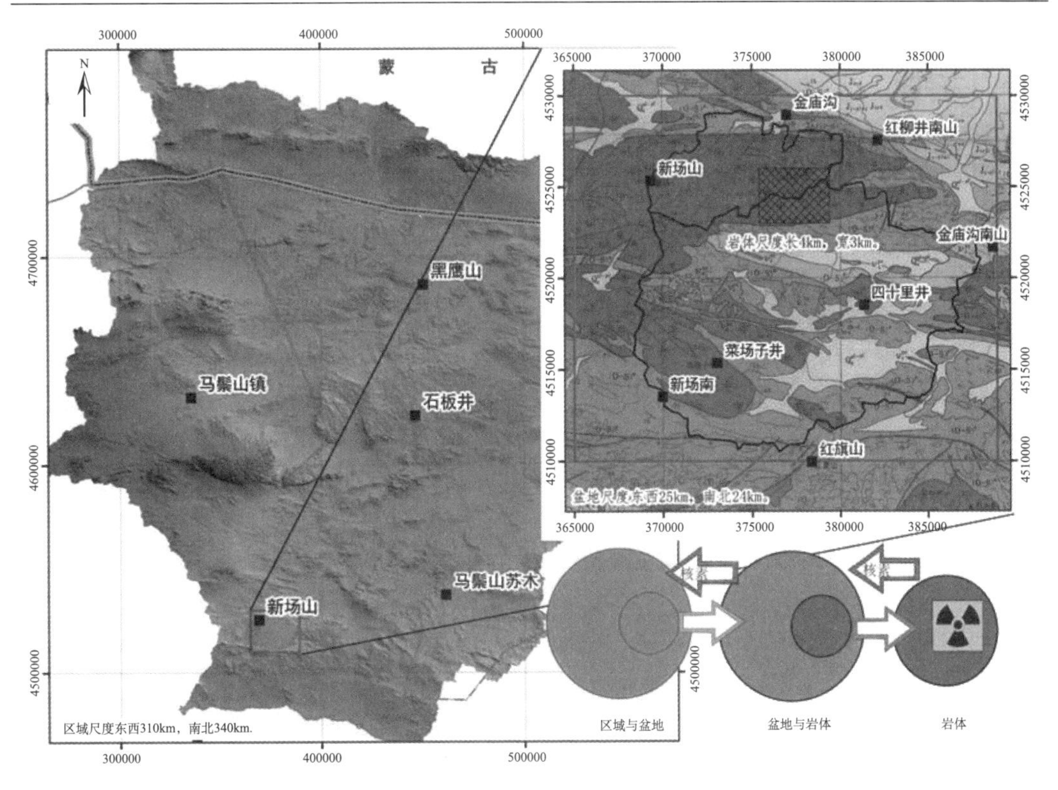

图 5.1　区域-盆地-岩体多重尺度研究示意图

针对甘肃北山地区研究区域-盆地-岩体多重尺度地下水流动模型的过程，是一个逐级细化、逐级推进、层次嵌套的过程。多重尺度模型之间水量、水力信息的交换极大地弱化了模型边界的任意性，这对于提高模拟与预测结果可靠度具有重要意义。

5.1.3　区域-盆地-岩体三级尺度模型构建方法

前文述及，为了保证高放废物地质处置研究的连续性，匹配不同尺度研究的资料翔实程度，研究中采用多重分辨率（Multi-resolution）模拟方式开展研究，所谓多重分辨率模拟方法，即针对不同尺度的需求，确立该尺度所对应的研究范围，以适宜的剖分网格建立数值模型。显而易见，剖分网格的尺寸是与研究面临的尺度相对应的，不同尺度模型之间的计算网格大小具有明显差异。这既能够避免粗网格带来的近似处理，同时又能显著提升细网格获取精确解时的计算效率（Ghia *et al.*，1982），这是一种传统的多尺度方法。

本书在构建甘肃北山区域-盆地-岩体三级尺度地下水流动数值模型时，在区域尺度上，以地表高程分布为基础，利用 ArcGIS 中水文分析模块勾勒区域地表分水岭，假定其亦是地下水分水岭确立模型边界，将全区裂隙介质等效为多孔介质，采用 MODFLOW 构建粗网格数值模型进行分析计算；盆地尺度则采用细网格剖分，全面提升计算网格分辨率，为保证盆地模型计算结果可靠性，采用对区域尺度模型进行局部细化（LGR）的方式，构建区域-盆地耦合模型；岩体尺度模型则采用能够刻画裂隙非均质性特征的多重交互连续性模型（MINC）和离散裂隙网络模型进行刻画（见后续章节），同时边界条件均从盆地尺度模型获取，形成盆地-岩体模型之间耦合，并将计算网格进一步细化，全面提升岩体模型的仿真性。不同于区域-盆地模型之间的耦合，盆地-岩体之间采用“松耦合”形式，盆地模拟计算结果提供给岩体模型，而岩体模型并不向盆地模型反馈信息。

5.2　地下水流动数值模拟

5.2.1　地下水流动模型

假定地下水在多孔介质中的渗流满足达西定律，考虑质量守恒原理即可构建地下水运动方程。

5.2.1.1　连续性方程

连续性方程是质量守恒原理在地下水流中的具体应用。在饱和水流区内取一边长为 Δx， Δy， Δz 的平行六面体（均衡单元体）。根据质量守恒原理，在不存在有质量的源或汇的情况下，单位时间内注入与流出这个单元体的液体质量差应等于单元体内液体质量的变化，有

$$-\left[\frac{\partial(\rho v_x)}{\partial x}+\frac{\partial(\rho v_y)}{\partial y}+\frac{\partial(\rho v_z)}{\partial z}\right]\Delta x\Delta y\Delta z=\frac{\partial}{\partial t}\left[\rho\phi\Delta x\Delta y\Delta z\right] \tag{5.1}$$

式中，ρ 为液体密度；v_x，v_y，v_z 为渗流速度 v 在坐标轴 x、y、z 三个方向上的分量；ϕ 为有效孔隙度。式(5.1)左端代表单位时间内注入与流出这个均衡单元体的总质量差，右端表示单元体内液体质量的变化量。根据质量守恒原理两者应该相等。因此式(5.1)称为渗流的连续性方程。

5.2.1.2　地下水运动方程

实验室内根据一维饱和土柱试验获取的达西定律

$$Q=KAJ \tag{5.2}$$

式中，Q 为渗流量；K 为渗透系数，对于均质介质 K 为常数，而对于非均质介质 $K=K(x,y,z)$；A 为渗流面积；J 为水力坡度。

将式(5.2)推广到三维各向同性介质中有

$$\begin{cases}v_x=-K\dfrac{\partial H}{\partial x}\\ v_y=-K\dfrac{\partial H}{\partial y}\\ v_z=-K\dfrac{\partial H}{\partial z}\end{cases} \tag{5.3}$$

式中，H 为水头。

达西定律有一定的适用范围。只有当雷诺数（Reynolds）不超出 1~10 时，地下水运

动才符合达西定律，否则不适用。达西定律还有一个适用下限，即考虑起始水力坡度的问题。但目前研究地下水流的模型一般均以适用达西定律为基础。

5.2.1.3　地下水流动方程

根据地下水流动的连续性方程式（5.1）、达西定律式（5.2）及地下水的状态方程，可以得到不考虑水的密度变化条件下孔隙介质中地下水在三维空间的流动方程（薛禹群、谢春红，2007）：

$$\frac{\partial}{\partial x}(K_{xx}\frac{\partial H}{\partial x})+\frac{\partial}{\partial y}(K_{yy}\frac{\partial H}{\partial y})+\frac{\partial}{\partial z}(K_{zz}\frac{\partial H}{\partial z})+W=S_s\frac{\partial H}{\partial t} \tag{5.4}$$

式中，K_{xx}、K_{yy} 和 K_{zz} 为渗透系数在 x 、y 和 z 方向上的分量，假定渗透系数的主轴方向与坐标轴方向一致；H 为水头；W 为单位体积流量，代表流进汇或来自源的水量；S_s 为孔隙介质储水系数；t 为时间。S_s、K_{xx}、K_{yy} 和 K_{zz} 都可能为空间的函数，而 W 不仅随着空间变化，还可能随时间发生变化。

5.2.2　定解条件

式(5.4)描述了饱和地下水流动的规律，但还无法确定具体的运动状态，需要附加定解条件，即边界条件和初始条件才能获得确定的解，得到具体的运动状态。

5.2.2.1　边界条件

边界条件是指渗流区边界上水力特征的条件，即边界上的水头分布和变化情况或边界上流入（或流出）含水层的水量分布和变化情况。主要有三种形式（陈崇希、唐仲华，1990）。

第一类边界条件（Dirichlet 条件），边界 Γ_1 上水头 $H(x,y,z,t)$ 随时间的变化规律 $\varphi(x,y,z,t)$ 已知：

$$H(x,y,z,t)\big|_{\Gamma_1}=\varphi(x,y,z,t),\qquad (x,y,z,t)\in\Gamma_1 \tag{5.5}$$

这类边界条件最常见的是渗流区与地表水体（如河流、湖泊、海洋等）相接触，与地表水体存在着水力联系的渗流区边界线（面）。这时地表水体的水边界线（面）就可以作为渗流区 D 的边界，其水头值的变化规律就可作为这类的边界条件。在式(5.5)中，若 $\varphi\left(x,y,z,t\right)$ 不随时间 t 变化，则它描述的就是通常所说的定水头边界条件。

第二类边界条件（Neumann 条件），边界 Γ_2 上流量 $q(x,y,z,t)$ 随时间的变化规律已知：

$$K\frac{\partial H}{\partial n}\bigg|_{\Gamma_2}=q(x,y,z,t),\qquad (x,y,z,t)\in\Gamma_2 \tag{5.6}$$

式中，n 为边界 Γ_2 上的外法线方向。在这一类边界条件中，若 $q=0$ 则它表示零流量边界。一般有两种情形：一是隔水边界，二是地下水分水岭的界面。

第三类边界条件（混合边界条件），边界上水头和流量的线性组合已知：

$$\frac{\partial H}{\partial n}+aH=b \tag{5.7}$$

式中，a 和 b 为已知函数。

在地下水流动问题中主要利用前两类边界条件。对于一个渗流区而言，很可能有一部分边界上的水头是已知的，它适合于用第一类边界条件来描述；另一部分边界上是已知流量，适合用第二类边界条件来描述。因此在确定边界条件时，应根据水文地质条件和现有资料综合考虑。

5.2.2.2　初始条件

描述初始时刻 $(t=0)$ 渗流区 D 内各点处的水头分布情况条件：

$$H(x,y,z,t)\big|_{t=0}=\varphi_0(x,y,z) \tag{5.8}$$

式中，$\varphi_0(x,y,z)$ 为已知函数。

从原则上讲，初始时刻是可以任意取定的，因为该时刻的水头分布已知。因此初始条件并非含水层最为原始的状态，而应当依据实际问题的需要、资料的来源、计算方便与否等因素而定。

地下水流动微分方程和其渗流区的定解条件构成的问题称为地下水流动的定解问题。对于求解地下水非稳定流问题，其定解条件应包括边界条件和初始条件，这类问题也称为混合问题；对于求解地下水稳定流问题，其定解条件只有边界条件而没有初始条件，也称为边值问题。

5.2.3　有限差分方法

地下水流动方程加上相应的初始条件和边界条件便构成了一个描述地下水流动体系的数学模型。从解析解的角度上说，该数学模型的解就是一个描述水头值分布的代数表达式。在所定义的空间和时间范围内，所求得的水头应满足边界条件和初始条件。但除某些简单的情况外，解析解一般很难求得。因此，数值法就被用来求解流动方程的近似解。

最为常见的数值方法是有限差分法，它的基本思想是：用渗流区内选定的有限个离散点的集合来代替连续的渗流区，在这些离散点上用差商来近似的代替导数，将描述求解问题的偏微分方程及其定解条件化为一组以有限个未知函数在离散点上的近似值为未知量的差分方程组，然后对差分方程组求解，得到所求解在离散点上的近似值。可以用矩形网格或任意多边形把渗流区剖分成若干个单元以确定离散点。离散点或位于网格交点（称为结点或节点）或位于网格中心（称为格点）（图 5.2）。前者以该点和相邻结点连线的垂直平分线所围成的区域作为该点的均衡区。格点法则每一个单元相当于一个均衡区，所以更直观些。两种方法的区别主要在对给定流量边界的处理上。结点法边界直接放在结点上，所以它对给定水头的边界比较方便；格点法则是将给定水头边界直接放在格点上，但给定流量边界则放在网格边上，所以它对给定流量边界比较方便。

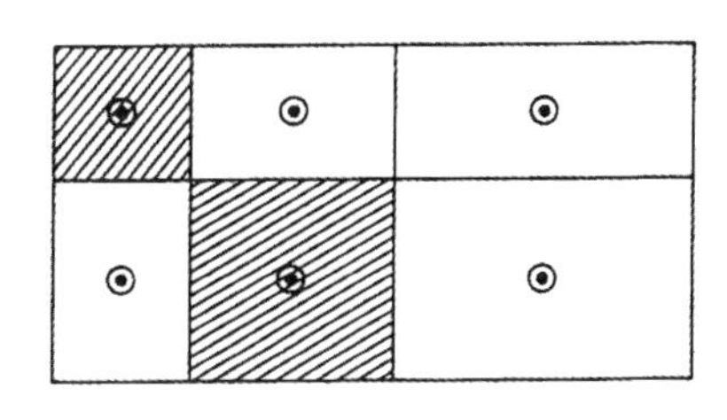
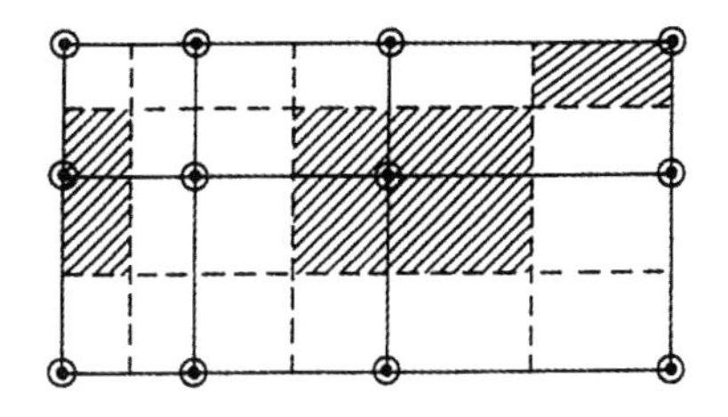

图 5.2　节点法与格点法对比示意图

在构造差分格式时，可以选择向前、向后或是中间差分或差商来代替微分方程中的微分或微商，主要是根据由此得到的差分方程解的稳定性和收敛性来考虑，同时兼顾到差分格式的简单和求解的方便。

对微分方程数值求解误差的来源：

（1）方法误差（或截断误差）。这是由计算方法引起的误差。例如上面介绍的差商表示中，采用的泰勒展开式展开到第 $n+1$ 项时的截断误差阶数为 $O(h^{n+1})$ 。具体方法的误差阶数取决于在离散化时的近似阶数。因此若改进算法就可以减小截断误差。

（2）舍入误差（或计算误差）。这是由于计算机的有限字长而造成数据在计算机中的表示出现误差。在计算机运算的过程中，随着运算次数的增加舍入误差会积累得很大。如果在多次运算后，舍入误差的精度影响是有限的，那么这个算法是稳定的，否则是不稳定的。不稳定的算法是不能用的。

5.2.4　MODFLOW 介绍

5.2.4.1　概述

MODFLOW 是英文 Modular Three-dimensional Finite-difference Ground-water Flow Model（模块化三维有限差分地下水流动模型）的简称。这套计算机程序由美国地质调查局 McDonald 和 Harbaugh 于 20 世纪 80 年代开发的。它是一套用于孔隙介质中地下水流动数值模拟的软件。自从问世以来，MODFLOW 已经在全世界范围内的科研、生产、工业、司法、环境保护、城乡发展规划、水资源利用等许多行业得到了广泛的应用。目前它已经成为世界上最为普及的地下水运动数值模拟的计算机程序。

不需对源程序进行任何修改，MODFLOW 就可直接用来解决大多数地下水模拟问题。这为地下水研究者提供了一个相对来说标准化的软件，也为同行之间的交流提供了方便。自从问世以来，人们已经对 MODFLOW 进行了多种测试，至今尚未发现错误。所以，它已经被世界上许多官方和司法机构所认可。

MODFLOW 的一个最显著的特点是它采用了模块化的结构。它一方面将许多具有类似功能的子程序组合成为子程序包，另一方面是用户可以按实际工作需要选用其中某些子程序包对地下水运动进行数值模拟。此外，这种模块化结构使程序易于理解、修改、甚至添加新的子程序包。事实上，自从 MODFLOW 问世以来，已经有许多新的子程序包被开发出来，用来解决一些 MODFLOW 本身不能解决的问题。例如用于模拟河流与含水层之间水力联系的河流子程序包，用于模拟由于抽水引起地面沉降的子程序包，用于模拟水平流动障碍（Horizontal flow-barrier）的子程序包等。这些新子程序包的加入，大大增加了 MODFLOW 的功能和应用范围。

5.2.4.2　地下水流动有限差分数值方法

在不考虑水的密度变化的条件下，孔隙介质中地下水在三维空间的流动的偏微分方程为

$$\frac{\partial}{\partial x}\left(K_{xx}\frac{\partial H}{\partial x}\right)+\frac{\partial}{\partial y}\left(K_{yy}\frac{\partial H}{\partial y}\right)+\frac{\partial}{\partial z}\left(K_{zz}\frac{\partial H}{\partial z}\right)+W=S_s\frac{\partial H}{\partial t} \tag{5.9}$$

MODFLOW 运用有限差分计算的方法对该公式以及相应的边界和初始条件求解。

1. 离散化

如图 5.3 所示，MODFLOW 中将一个三维含水层系统划分为一个三维的网格系统，整个含水层被剖分为若干层，每一层又剖分为若干行和若干列。剖分出来的小长方体称为计算单元（Cell）。每个计算单元的位置可以用该计算单元所在的行号（i），列号（j）和层号（k）来表示。

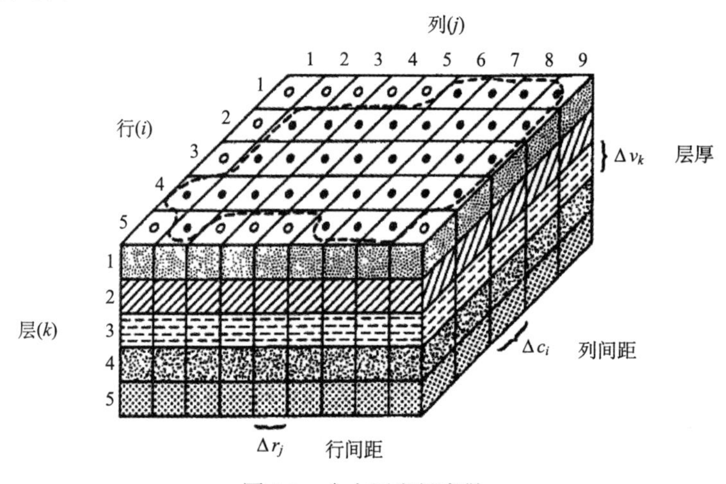

图 5.3　含水层空间离散

每个剖分出来的小长方体的中心位置称为节点。一个计算单元的水头实际上由水头在该节点的值所表示。在 MODFLOW 中，也采用了单元中心法。渗流边界总是位于计算单元的边线上，这样对边界的数学处理比较容易，故多采用单元中心法。

由于所计算的水头值，既是空间的函数，也是时间的函数。因此，不仅得将含水层进行空间上的离散，同时也得对时间进行离散。

2. 有限差分公式

MODFLOW 采用矩形四面体剖分，如图 5.4 所示，计算单元（i,j,k）相邻六个计算单元。这六个相邻的计算单元的下标分别由（i–1，j，k）、（i+1，j，k）、（i，j–1，k）、（i，j+1，k）、（i，j，k–1）和（i，j，k+1）来表示。

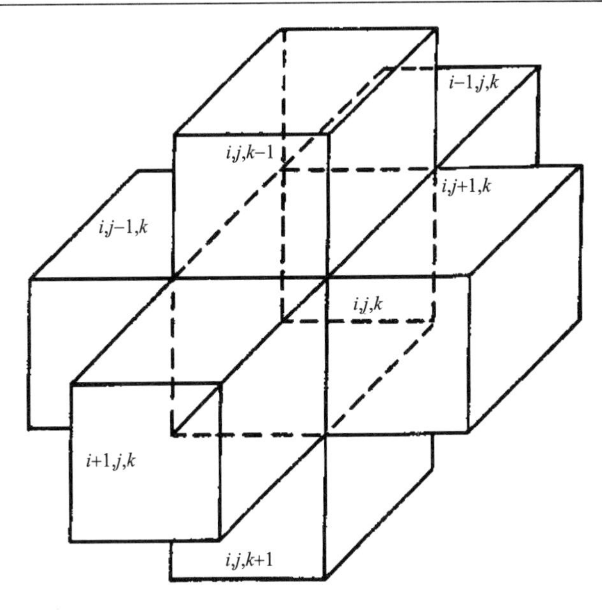

图 5.4　计算单元（i，j，k）和其他相邻计算单元

依据地下水连续性方程、达西定律采用向后差分方法可以推导出非稳定流条件下的差分方程

$$\begin{aligned}&CR_{i,j-1/2,k}\left(h_{i,j-1,k}^{m}-h_{i,j,k}^{m}\right)+CR_{i,j+1/2,k}\left(h_{i,j+1,k}^{m}-h_{i,j,k}^{m}\right)+CC_{i-1/2,j,k}\left(h_{i-1,j,k}^{m}-h_{i,j,k}^{m}\right)+\\&CC_{i+1/2,j,k}\left(h_{i+1,j,k}^{m}-h_{i,j,k}^{m}\right)+CV_{i,j,k-1/2}\left(h_{i,j,k-1}^{m}-h_{i,j,k}^{m}\right)+CV_{i,j,k+1/2}\left(h_{i,j,k+1}^{m}-h_{i,j,k}^{m}\right)+\\&P_{i,j,k,n}h_{i,j,k}^{m}+Q_{i,j,k,n}=SS_{i,j,k}\frac{h_{i,j,k}^{m}-h_{i,j,k}^{m-1}}{t_m-t_{m-1}}\Delta r_i\Delta c_j\Delta v_k\end{aligned}\tag{5.10}$$

式中，CC、CR、CV 分别为沿列、行和层方向上所求单元与相邻单元间的水力传导系数。参照式（5.10）对模型中的每一个计算单元写出这样的一个差分方程。然后将这些差分方程联立求解，就可以获得下一个时间段结束时的水头分布。

3. 迭代求解

在解决地下水的流动问题中，常常碰到包含有上百万个未知数的线性方程组。因此通常采用迭代的方法进行求解。求解过程开始时，每个水头未知的计算单元都应赋给初始水头或估计水头。对于非稳定流计算，这些初始值应为已知的初始条件。在迭代过程中，每次迭代的结果都将经过处理后用于下一次的计算。在正常情况下，每次迭代后的水头变化逐渐减小，最终达到收敛。这样就完成了一个时间段的水头计算。

在每个时间段的计算过程中，计算机内贮存水头的数组也不断更新。为了防止程序无休止地迭代下去，采用一种间接的方法来结束迭代过程，即预计一个收敛指标和一个最大迭代次数。当相邻两次迭代计算出的水头变化的最大值小于该收敛指标时，程序就自动终止迭代而执行下一步运算指令。当实际迭代次数达到最大迭代次数仍未收敛时，MODFLOW 将会自动终止运行并打印出相应的信息供用户参考。收敛指标和最大迭代次数均为输入数据，在 MODFLOW 中分别由实型变量 HCLOSE 和整型变量 MXITER 表示。

通过迭代法所得到的解，仅仅是差分方程的近似解。其精度受很多因素的影响，如选定的收敛指标以及所用的迭代方法本身。即使每个时间段所得到的解是精确的，也仅仅是相对于在该时间段内所建立的差分方程组而言。对于偏微分方程式（5.9）来说，它的数值解也是近似解而已。因为通过有限差分法所得到的解与对应的解析解相比，总带有截断误差。一般来说，这种截断误差会随网格间距和时间段的增加而增加。即使是获得了对基本偏微分方程的精确解，对于野外条件而言，这种解仍然是近似解而已。因为野外观测的水文地质参数总带有误差。另外，水文地质边界的确定，也常常带有很大的人为因素和不确定因素。

4. 差分方程的求解形式

为了使程序结构满足任何迭代解的格式，差分方程的形式需要改变。为建立起线性方程组的矩阵形式，将式（5.10）所有包括未知水头的项移到方程的左侧，而将所有的已知项移到方程的右侧，则有

$$\begin{aligned}&CV_{i,j,k-\frac{1}{2}}h_{i,j,k-1}^{m}+CC_{i-\frac{1}{2},j,k}h_{i-1,j,k}^{m}+CR_{i,j-\frac{1}{2},k}h_{i,j-1,k}^{m}+(-CV_{i,j,k-\frac{1}{2}}-CC_{i-\frac{1}{2},j,k}-\\&CR_{i,j-\frac{1}{2},k}-CR_{i,j+\frac{1}{2},k}-CC_{i+\frac{1}{2},j,k}-CV_{i,j,k+\frac{1}{2}}+HCOF_{i,j,k})h_{i,j,k}^{m}+\\&CR_{i,j+\frac{1}{2},k}h_{i,j+1,k}^{m}+CC_{i+\frac{1}{2},j,k}h_{i+1,j,k}^{m}+CV_{i,j,k+\frac{1}{2}}h_{i,j,k+1}^{m}=RHS_{i,j,k}\end{aligned}\tag{5.11}$$

其中，

$$\begin{aligned}&HCOF_{i,j,k}=P_{i,j,k}-SCl_{i,j,k}/(t_m-t_{m-1}) &&(L^2T^{-1})\\&RHS_{i,j,k}=-Q_{i,j,k}-SCl_{i,j,k}h_{i,j,k}^{m-1}/(t_m-t_{m-1}) &&(L^3T^{-1})\\&SCl_{i,j,k}=SS_{i,j,k}\Delta r_j\Delta c_i\Delta v_k &&(L^2)\end{aligned}\tag{5.12}$$

对以上方程进行迭代求解，开始时，对每个水头未知的计算单元赋给初始水头或者估计水头，每次迭代的结果，用于下一次的计算。

根据差分方程，可以写出方程组得矩阵形式：

$$[\boldsymbol{A}]\{\boldsymbol{h}\}=[\boldsymbol{q}]\tag{5.13}$$

式中，$[\boldsymbol{A}]$为水头的系数矩阵；$\{\boldsymbol{h}\}$为所求水头矩阵；$[\boldsymbol{q}]$为各个方程中包含的所有常数项和已知项。

在 MODFLOW 中，系数矩阵和右侧项是通过各个软件包逐步建立起来的，最后 MODFLOW 根据这两个矩阵，通过迭代对$\{\boldsymbol{h}\}$进行求解。

5. 计算单元的类型和边界条件的处理

在实际工作中，不必对模型中所包含的每个单元都写出差分公式，因为有些单元用于代表相应的水文地质边界。它们的水头值是已知的。还有些单元可能位于目标区域的边界之外，它们的水头与问题本身无关。根据计算单元的性质，可将它们划分为三大类：定水头计算单元、无效计算单元和变水头计算单元。只需对变水头计算单元写出有限差分公式并计算其水头值。定水头计算单元的水头值是由用户事先确定，并在计算过程中保持不变。无效计算单元相当于该单元的渗透系数为零，不允许地下水通过，故也可称

为无渗流或不透水计算单元。除此之外其他所有的计算单元称为变水头单元；它们的水头值随时间和空间发生变化，是通过计算得到的。定水头计算单元和无渗流计算单元可以用来描述边界上的水文地质条件，如图 5.5 所示。

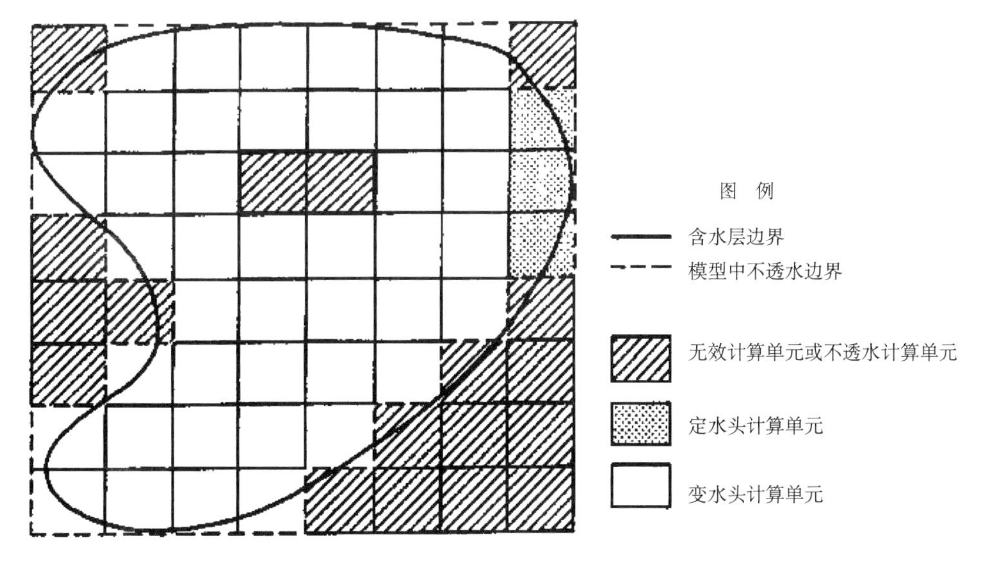

图 5.5　含水层边界在模型中的表示

5.2.4.3　程序设计

1. 总体结构

与任何一个 FORTRAN 程序一样，MODFLOW 包括一个主程序和一系列相对独立的子程序包。每个子程序包又包括有多个模块和子程序。

图 5.6 中列出了 MODFLOW 的基本程序结构，以及各个主要部分的功能。整个模拟过程可分为一系列应力期。在每一个应力期内，所有的外应力，如抽水量、蒸发量等保持不变。每个应力期又可再分为若干个时间段。通过对有限差分方程组的迭代求解，可以得到每个时间段结束时的水头值。所以每个模拟应包括三大循环：应力期循环，时间段循环以及迭代求解循环。

图 5.6 中所示的每个矩形表示一个步骤，每个步骤完成一定的任务。例如，在进入应力期循环之前，程序要首先完成三项与整个模拟过程有关的步骤。在“模型定义”步骤中，模型的大小，类型（稳定流或非稳定流），应力期数目，子程序包的选择，以及求解方法的选择等都在这个步骤中加以确定。在“存储分配”步骤中，程序按所选用的子程序包，以及各个数组的大小，按一定的顺序进行内存的分配。在“输入处理”步骤中，程序读入所有不随时间变化的输入数据并且按要求进行适当的处理。这些数据包括：边界条件，初始水头，导水系数，渗透系数，给水度和贮水系数，顶面标高及底面标高以及用于控制迭代运算的有关参数等。在执行这个步骤的操作时，MODFLOW 将对某些数据进行处理换算为后面程序运算所需要的数据类型。

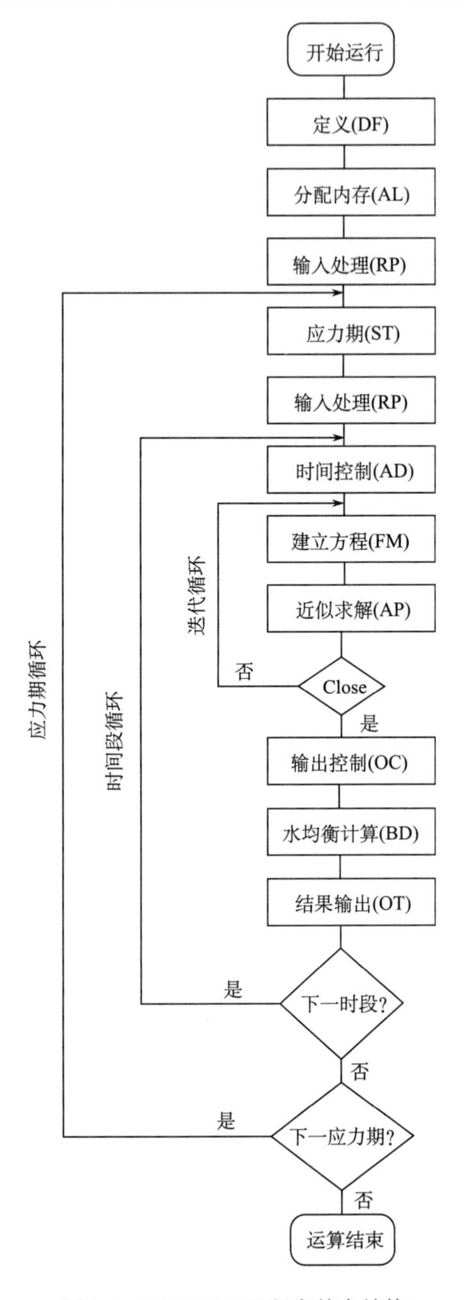

图 5.6　MODFLOW 程序基本结构

在应力期循环的过程中，MODFLOW 首先进入一个称为“应力”的步骤。在该步骤中，MODFLOW 读入时间段的数目并计算各个时间段的长度。在“输入处理”步骤中，程序将读入所有与当前应力期有关的数据，如抽水量、补给量等。在此以后，程序进入时间段循环。接下来，程序将执行另一个输入操作“时间控制”，计算当前时间段的步长，并准备水头计算的初始值。然后 MODFLOW 开始用迭代的方法对水头进行求解。迭代循环的过程中包括“建立方程”步骤，其任务是计算系数矩阵。在此以后，程序执行“近似求解”步骤，即对有限差分方程组进行一次迭代计算。迭代求解循环将持续进行直到达到收敛或达到预定的最大循环次数。如果迭代次数达到最大循环次数时仍未收敛，程序将自动停止运算。如果在达到最大迭代次数之前已经收敛，MODFLOW 将执行“输出控制”步骤和“水均衡”步骤：将计算得到的水头值以及计算单元之间的流量按要求输出，并打印出有关信息供用户参考。程序还将计算出水均衡各项，并打印出水均衡计算得到的相对误差。

在 MODFLOW 中，为便于数据的传递和内存量的估计，所需数组在主程序中均换算为一个一维数组，并称为“X”数组。MODFLOW 在读入数据后，将对每个子程序包所使用的内存空间进行计算。X 的数组大小预先在程序中设定。当数据量超过 X 数组的容量时，MODFLOW 将打印出相关信息并自动停止运行。此时用户应根据计算机的容量适当增加 X 数组的容量，并在修改源程序后重新进行编译。

2. 模型边界和含水层边界

MODFLOW 规定，一个模型的六个侧面均为不透水边界，即所模拟的水文地质体系与外界没有任何水力联系。所模拟的体系与外界的水力联系应通过定水头边界、井、降水及蒸发等加以体现。如果含水层的不透水边界与模型的外边界一致，则模型的边界本身就可以用作含水层的不透水边界。但如果含水层的不透水边界与模型的外边界不一致，用户则必须利用无效计算单元的设置来表示含水层不透水边界的实际位置。对于定水头边界，则可利用定水头计算单元的设置来表示。但地表补给、蒸发蒸腾则应调用相关的子程序包来模拟。

在 MODFLOW 中，一个三维整型数组（IBOUND）用来定义计算单元的属性：定水头计算单元、无效计算单元（不透水计算单元）和变水头计算单元。该数组中的每一元素与模型中的一个计算单元相对应。对计算单元的规定如下：

定水头计算单元 IBOCTND（i，j，k）<0

无效计算单元 IBOLIND（i，j，k）=0

变水头计算单元 IBOLTND（i，j，k）>0

这个数组的内容由用户预先准备。在迭代运算过程中，程序仅对变水头计算单元进行求解。值得注意的是，在这三类计算单元中，变水头计算单元的性质可能在计算过程中发生变化。当一个变水头计算单元的导水系数在迭代过程中变为零时，MODFLOW 将会把这个单元的属性重新定义为无效计算单元。此外，当一个计算单元中的水头低于该单元底面标高时，该单元则处于非饱和状态，MODFLOW 也会重新定义这个单元为不透水计算单元。

3. 水均衡计算

对于一个确定的空间区域，水均衡指流入和流出该区域的各项地下水渗流量之和。MODFLOW 中，水均衡各项的计算均是以体积为单位进行的。MODFLOW 在每一个应力期结束时都要进行水均衡的计算，并将其结果打印出来供用户参考。用户可以根据水均衡的情况来检查模拟计算的质量，同时对整个模型的设计、数据输入、程序运行情况有所了解。

对有限差分方程组联立求解所获得的结果并不能保证其正确性。特别是在使用迭代法求解时，迭代过程可能在得到足够接近于收敛指标时就停止了。水均衡是对计算结果的可信度的一个重要测量指标。有限差分方程是依据水流的连续性方程建立起来的，所以流进和流出一个地下水系统的水量总和应能满足连续性原则：总流入量和总流出量之差等于贮水量的变化量。

在 MODFLOW 中，水均衡的计算与求解无关。所以水均衡可以用作对水头计算结果质量的一种独立检验。在 MODFLOW 的每个子程序包中，都有一个子程序专门用来计算该子程序包对水均衡的贡献。在输出文件中所列出的水均衡收支表是将模型作为一个整体来计算的。

例如，流入和流出所有河流计算单元的总流量，流入和流出所有定水头计算单元的流量等。对于诸如水井流量这样由用户定义的常数，MODFLOW 则直接根据输入的数据进行水均衡计算。如果模拟是非稳定流，贮水量的变化也将在水均衡收支表中列出。当贮水量增加时，表明地下水由运动形式转化为存贮形式；而当贮水量减少时，表明地下水由贮存形式转化为运动形式。无论如何变化，贮水量的变化直接反映了地下水不同形式之间的数量转换。

5.2.4.4 核心子程序包

1. 基本子程序包

基本子程序包是 MODFLOW 的一个必选子程序包。该子程序包读入模型的行数、列数和层数、应力期数和其他一些选择项。该子程序包为一些数组分配存储空间，并读入初始水头和边界条件。时间控制数据也在此输入。BAS 子程序包根据所输入的时间控制参数进行时间离散。BAS 子程序包也将计算总水均衡以及输出结果。

2. 计算单元间渗流子程序包

计算单元间渗流（简称 BCF）子程序包用于计算相邻计算单元之间的水力传导系数以及计算单元之间的地下水渗流量。它也用于计算含水层由于贮水量的变化所吸收或释放的水量。在 MODFLOW 中用计算单元的中心点来表示该单元的空间位置，故计算单元间的流量事实上相当于两相邻计算单元中心点之间的流量。

除了计算这些水力传导系数和贮水项之外，这个子程序包还对由于悬挂含水层所引起的非饱和带渗流计算进行纠正。当悬挂含水层下面含水层的水头低于悬挂含水层之底板高程时，其下伏的含水层的上部则处于非饱和状态。这时垂向上的渗流量不再与两个含水层之间的水头差成正比，而是一个常数。在这种情况下，垂向流量必须进行纠正才能更为真实地反映两个含水层之间的地下水流动。

5.2.4.5　源汇项子程序包

1. 补给子程序包

使用补给子程序包（RCH）的目的是模拟地下水系统的面状补给。面状补给的通常是由降水入渗补给地下水系统形成。模型中的补给定义为

$$Q_{R_{i,j}} = I_{i,j} \times DELR_j \times DELC_i \tag{5.14}$$

式中，$Q_{R_{i,j}}$ 是水平面上某一计算单元的补给率，用单位时间水流体积量表示；$I_{R_{i,j}}$ 是施加在该计算单元面积 $DELR_j \times DELC_i$ 上的补给通量（单位时间内）；补给率 $Q_{R_{i,j}}$ 施加到位于柱体上某一单个计算单元。没必要让补给发生在同一垂向柱体的不同深度上，这是因为自然补给多是从顶部进入地下水系统的。最简单的情形是地下水系统的上界面出现在第一层内；可是，当潜水面升高或降低时，地下水系统的上界面在各点的位置将随时间而变化。稍后将要叙述如何通过 MODFLOW 规定的三种选择，对接受补给的每个垂向柱体指定接受补给的计算单元。补给子程序包（RCH）可用于模拟降水以外的其他水源补给，如人工补给。若需要在同一垂向柱体上不止一个计算单元接受补给，那么可用井流子程序包。井流子程序包允许对模型中任一计算单元进行补给或排泄。

2. 蒸发蒸腾子程序包

蒸发蒸腾子程序包（EVT）用于模拟由于植物蒸腾作用以及地下水饱和带直接蒸发的水量。模拟方法假定：① 当地下水面处于或高于某指定“ET 界面”的高程时，蒸发蒸腾损失在该地下水面位置达到最大值，而该速率大小则由用户指定；② 地下水面在 ET 界面之下的埋深达到某指定的间距，即本书所指的终止深度或截至深度时，即停止蒸发蒸腾作用；③ 地下水面界于这两个界限之间时，蒸发蒸腾量随地下水面高程呈线性变化。这可用公式表达为

$$\begin{aligned}
&R_{ET_{i,j}} = R_{ETM_{i,j}} && h_{i,j,k} > h_{sij} \\
&R_{ET_{i,j}} = 0 && h_{i,j,k} < h_{sij} - d_{ij} \\
&R_{ET_{i,j}} = R_{ETM_{i,j}} \left\{ \frac{h_{i,j,k} - (h_{sij} - d_{ij})}{d_{ij}} \right\} && h_{sij} - d_{ij} \leqslant h_{i,j,k} \leqslant h_{sij}
\end{aligned} \tag{5.15}$$

式中，$R_{ET_{i,j}}$ 是计算单元面积 $DELR_j * DELC_i$ 内每单位面积地下水面蒸发蒸腾损失率，用单位面积单位时间内水量体积表示；$h_{i,j,k}$ 是出现蒸发蒸腾的计算单元的水头，或地下水面标高；$R_{ETM_{i,j}}$ 是 $R_{ET_{i,j}}$ 的最大可能值；h_{sij} 是 ET 界面高程，或蒸发蒸腾达到最大值的地下水面；d_{ij} 是截止或终止深度，当 h_{sij} 至 $h_{i,j,k}$ 的距离大于 d_{ij} 时，蒸发蒸腾作用即告结束。

3. 井流子程序包

在 MODFLOW 中，使用井流子程序包是为了模拟井流对地下水系统的影响。在一个应力期内，井以给定流量从含水层中抽水（或向其注水），其流量不受井所在计算单

元的大小及水头影响。

井流子程序包的操作是，在每个模拟应力期间，井以指定流量从含水层抽水或向含水层注水。负的流量值 Q 表示抽水井，而正的流量值则表示注水井。每个应力期开始时，WEL 模块为每个井读取四个值，即井所在计算单元的行号、列号、层号以及抽水或注水的流量 Q。在每次迭代求解矩阵方程时，MODFLOW 都将从每个井所在的计算单元的 RHS 值中减去流量 Q 的值。

4. 沟渠子程序包

使用沟渠子程序包的目的是模拟农用排水沟渠的排水效果。农用排水沟渠从含水层中排泄地下水，其所排水量正比于含水层的水头与某一固定水头或高程之差。其中要求含水层水头高于这一固定的高程，而当含水层水头低于该固定水头高程时，则无排水效果。

图 5.7 是某计算单元的横剖面图，用来说明沟渠模拟的概念模型。则以下三种情形：向沟渠的汇聚流动，流经与沟渠直接相邻的具有不同渗透系数的物质材料以及流经排水

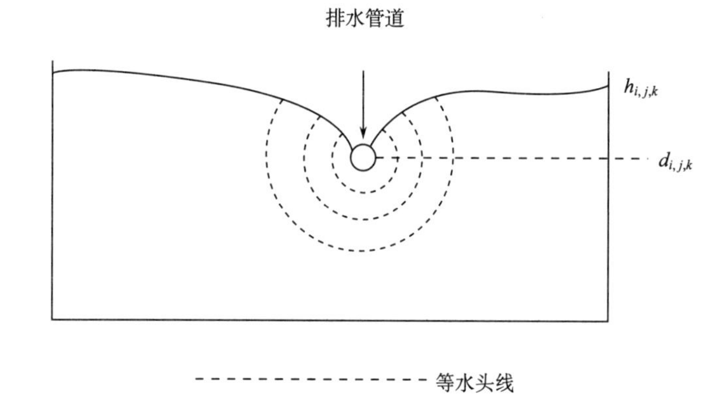

图 5.7 计算单元（i，j，k）的汇聚水流之水头损失横剖面示意图

管壁，引起的水头损失大小可假定与沟渠系统的排水量 QD（从计算单元（i,j,k）排到沟渠的排水量）成正比。因为这些水头损失以串联系列形式发生，其总水头损失也可认为与 QD 成正比。沟渠子程序包已将该方法编入计算程序中。也就是说，已经假定排水功能由下述公式描述：

$$
\begin{aligned}
&QD_{i,j,k} = CD_{i,j,k}(h_{i,j,k} - d_{i,j,k}) \qquad \text{当} h_{i,j,k} > d_{i,j,k} \\
&QD_{i,j,k} = 0 \qquad \text{当} h_{i,j,k} \leqslant d_{i,j,k}
\end{aligned}
\tag{5.16}
$$

5. 通用水头边界子程序包（GHB）

通用水头边界（general-head boundary，GHB）子程序包的作用在数学形式上与河流、沟渠及蒸发蒸腾子程序包相似之处在于，从外部水源进入或流出计算单元（i,j,k）的水流量与该计算单元水头值，k 和外部水源的水头差成正比。据此，可确立计算单元水流量

与计算单元水头间的线性关系，即

$$Q_{bi,j,k} = C_{bi,j,k}(h_{bi,j,k} - h_{i,j,k}) \tag{5.17}$$

式中，$Q_{bi,j,k}$ 为从外部水源进入计算单元（i,j,k）的流量；$C_{b,i,j,k}$ 为外部水源与计算单元（i,j,k）间的水力传导系数；$h_{b,i,j,k}$ 为外部水源的水头；$h_{i,j,k}$ 为计算单元（i,j,k）的水头。计算单元（i,j,k）和外部水源的关系见图 5.8。通用水头的水源由图 5.8 右边的具有固定水头的水箱表示，该水箱中的水源不受其他因素的影响，将水头维持在 h_b 的位置；水源与计算单元（i,j,k）的联系用多孔材料块体 $C_{b,i,j,k}$ 表示。注意图 5.8 中并没有任何机制限制水流因 $h_{i,j,k}$ 上升或下降而向或左或右的方向流动。当 $h_{i,j,k}$ 大于 $h_{b,i,j,k}$ 时，地下水由计算单元（i,j,k）向右流入水箱；而反过来，地下水向左流动进入计算单元（i,j,k）。

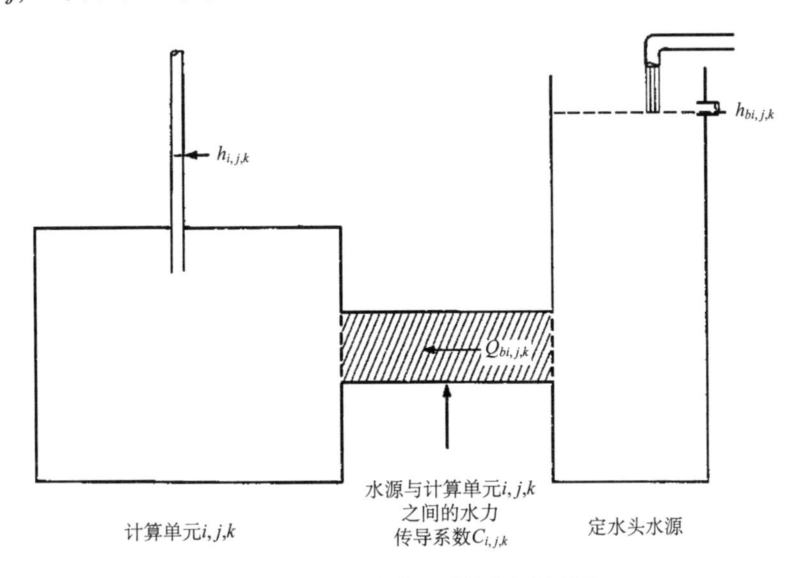

图 5.8　通用水头边界子程序包原理图

6. 河流子程序包

河流及溪流是向地下水系统提供水源还是排泄地下水，取决于河溪与地下水之间的水力梯度。使用河流子程序包的目的是模拟地面水与地下水系统间的水流。因此，地下水流动方程中受渗流影响的每个计算单元必须添加能表明地下水渗流流出地表或地面水入渗的参数项。

图 5.9 表示一个包含有河段的计算单元之横剖面的理想化的水力传导系数图。用来计算水力传导系数块体的长度为通过该计算单元的河段长，L；宽为河床宽度，W；渗流距离为河床底积层厚度，M；河床底积物的渗透系数由 K 表示。假定可测定的河流与含水层间水头损失仅产生于河床底积层本身，即在河床底积层的底面和其下面的模型计算单元表示的位置之间无明显的水头损失，并且进一步假定，河床底积层之下对应的计算单元保持完全饱和状态，即河水位不会低于河床底积层底面以下。在这些假定下，河流和地下水系统之间的流量为

$$QRIV = \frac{KLW}{M}(HRIV - h_{i,j,k}) \quad 或$$
$$QRIV = CRIV(HRIV - h_{i,j,k}) \tag{5.18}$$

式中，*QRIV* 为河流与含水层之间的流量，水流由河流流向含水层时取正值；*HRIV* 为河流的水位；*CRIV* 为河流一含水层互相连接的水力传导系数（*KLW*/*M*）；*h* 是河流河段所在的计算单元的水头。

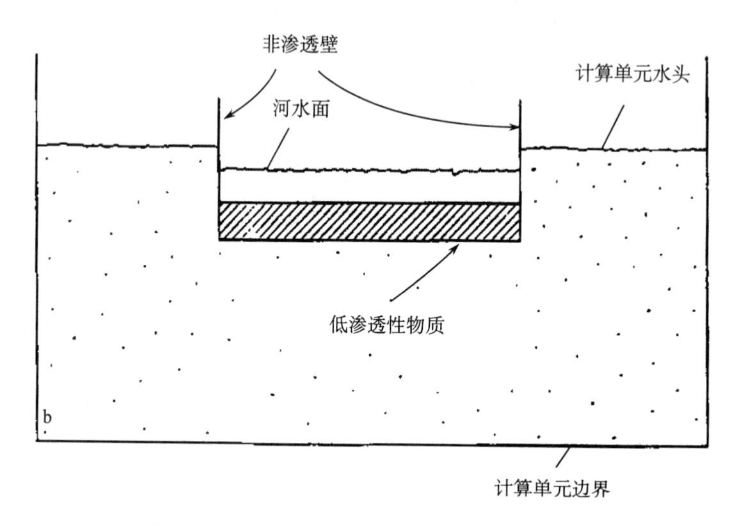

图 5.9　河流-含水层相互连接概念的示意图

5.2.4.6　求解子程序包

MODFLOW 提供了数个求解包来求解地下水流动方程。源汇程序包将求解问题形成拟线性方程组，然后使用线性解法进行求解。其中 MODFLOW 最常用的是预处理共轭梯度法。

1. 强隐式法子程序包

强隐式法是一种对大型线性方程组联立迭代求解的方法，该方法也是 MODFLOW 经典算法之一的。该方法的工作原理是对于方程组 $\boldsymbol{A}x=b$ 寻找一个矩阵 $\boldsymbol{B}$，使得 $\boldsymbol{A}+\boldsymbol{B}$ 可以分解为两个子矩阵 $\boldsymbol{L}$ 和 $\boldsymbol{U}$。然后就可以通过下面方程迭代求解：

$$(\boldsymbol{A}+\boldsymbol{B})h^i = \boldsymbol{LU}h^i = b + \boldsymbol{B}h^{i-1} \tag{5.19}$$

原始的系数矩阵 $\boldsymbol{A}$ 是一个对称矩阵，一般有 7 个非零对角线。SIP 方法产生 $\boldsymbol{L}$ 和 $\boldsymbol{U}$ 矩阵，每个矩阵都是有四个非零对角线的三角矩阵。因此 h^i 可以使用后退迭代方法求出。

2. 分层逐次超松弛法子程序包

在分层逐次超松弛法子程序包中，逐次超松弛法是将有限差分网格分成“垂向”的“分层”，如图 5.10 所示，将各单元的差分方程分组归类，每一分层为一组。每次迭代时，轮流求解这些方程组，每分层都用估计的水头值形成新的一套方程组。求解时，每分层方程组首先用相继两次迭代计算所得的水头差表达。然后该分层的方程组用高斯消元法直接求解，将与其相邻的分层当成已知（即将计算所得的与其相邻的分层的最新水头值作为“已知”值代入正在求解的分层方程组）。然后，将从高斯消元法所求得的水头变化值乘以加速因子，m（取值范围通常为 1～2）；该结果被认为是该分层在那一次迭代的最终水头变化值。将这些水头变化值加到上一次迭代所得的各点的水头值上，便求得该分层的该次迭代的最终估计水头值。每分层都用同一方法按顺序重复直至三维数组中所有的分层都已处理一遍，才完成一次迭代。然后，用同样的计算顺序逐次算遍各个分层，直至相继的两次迭代的水头之差均小于截至条件才结束。

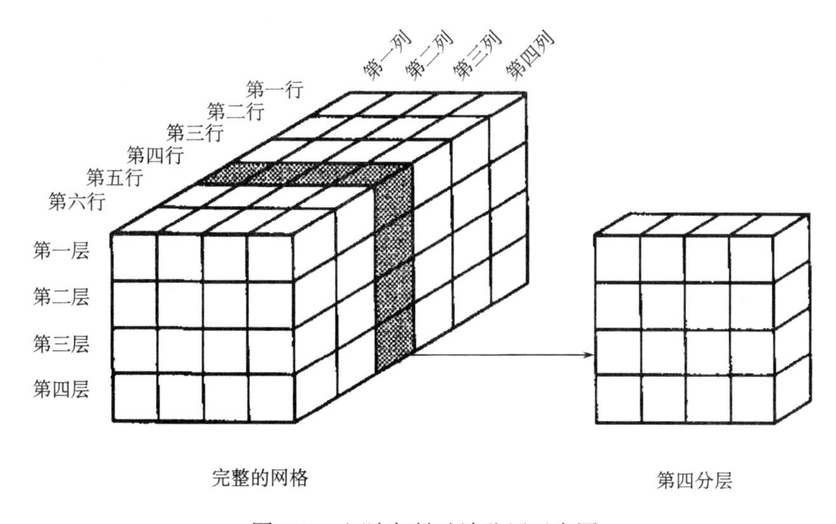

图 5.10　逐次超松弛法分层示意图

虽然各分层的方程组每次迭代都用一个直接的求解法（高斯消元法）进行求解，但是整个求解不是直接的而是迭代的。基于最新计算求得的与其相邻分层的水头值，每一直接解仅给出该分层水头变化的临时值或估计值；当逐个处理各分层时，计算值继续改变，直至满足截至条件。

3. 预处理共轭梯度法（PCG）

预处理共轭梯度法方法已经广泛地应用于对大型线性方程组的迭代求解。PCG2 子程序包中含有两种不同 PCG 的算法：MICCG（Modfied Incomplete Cholesky Conjugate-Gradient）法和 POLCG（Least-Squares Polynomial Conjugate-Gradient）法。其中 MICCG 法较适用于标量型电子计算机（Scalar Computers），而 POLCG 较适用于向量型电子计算机（Vector Computers）。与 SIP 方法相比，POLCG 方法需要较少计算机内存。在多数情况下，MICCG 方法比 SIP 方法更有效。但对于非线性问题，PCG 方法又常不如 SIP 方法。对于非线性问题，如果在 Picard 法迭代之间进行若干次迭代计算（称内循环迭代）PCG 方法会变得更有效。在内循环迭代过程中，系数矩阵保持不变，仅为水头本身求解。内循环完成之后，再进行外循环。每次外循环开始时，MODFLOW 需要重新计算导水系数等参数以及系数矩阵。对于内循环次数有以下规定：①由用户在输入数据中指定，即 ITERI 的值；②达到收敛指标。内循环结束后，计算转至外循环。PCG2 首先根据内循环计算的结果对系统进行调整，然后开始下一轮内循环。如果在新一轮内循环中第一次迭代计算的结果就满足收敛指标，则表示本时间段的求解收敛。否则就继续进行内循环迭代。PCG2 方法规定的收敛指标不仅仅指水头，还包括计算单元之间的流量。只有当这两个指标同时得到满足时，计算才以收敛而结束。

5.3　区域尺度地下水流动数值模拟研究

区域地下水流动数值模拟尽可能以天然的水文地质边界确立模型范围，从区域大环境出发，结合区域气象资料、区域水文地质资料进行整体分析，把握地下水均衡和地下水循环特征，以宏观角度再现地下水流动主要特征，如径流方向、径流速度等。因此许多对地下水流动影响相对微弱的因素将被概化、平均及忽略。尽管如此，区域地下水模拟的结果能够为盆地尺度地下水流动模型提供流场和边界流量等参考数据，对认识和研究盆地尺度地下水运动规律具有重要作用。

5.3.1　模型范围与边界条件

甘肃北山地下水流动数值模拟的目的是掌握区域地下水运动规律、径流途径与特征，因此模型范围应当包含从补给至排泄的完整地下水流动系统。纵观全区，以大气降水补给为主的地下水运动的驱动力主要来自于地形高差。尽管北山大部分地区属于基岩裂隙水分布范围，可能局部地段地下水的运动形式并不完全与在多孔介质中一致（即具备完整、统一水力联系的，符合线性渗透定律的运动形式），但从宏观上看，地下水的运动仍受到地形控制。因此可以假定地表分水岭与地下水分水岭具有一致性，可根据地表高程起伏形态确定地下水的补给至排泄的范围，其误差影响在大区域地下水模拟中是可接受的。

5.3.1.1　*方法与原理*

根据地表起伏形态圈定地表集水范围的过程称为水文分析或流域分析。随着近年来地理信息系统技术的发展与逐步成熟，利用空间分析技术计算流域使得水文分析模拟效率得到显著提高。地表数字高程模型数据（digit elevation models，DEM）为水文分析提供了数据基础，使得水文分析过程得以实现。基于 DEM 的水文分析的主要内容是利用水文分析工具提取地表水径流模型的水流方向、汇流累积量、水流长度、河流网络（包括河流网络的等级等）以及对研究区的流域进行分割等。通过对以上水文因子的提取和基本的水文分析，可以在 DEM 表面上再现水流的流动过程，最终完成水文分析的过程。

本文利用美国环境系统研究所公司（Environmental Systems Research Institute，Inc.，ESRI）所开发的桌面地理信息系统软件——ArcGIS9.2 为主要平台（Price，2008；汤国安、杨昕，2012），以研究区 DEM 数据为基础，对甘肃北山地区进行流域分析，提取河网与流域分布范围（董艳辉等，2008a）。

5.3.1.2　数据来源

DEM数据可利用直接从地面测量，如用GPS、全站仪、激光测距仪等工具；也可以根据航空或航天影像，通过摄影测量途径获取；还可以从现有地形图上采集然后通过内插法生成。本研究中所采用的是SRT3 DEM数据，它是由美国国家航空航天局（NASA）所发布的全球航天飞机雷达地形测图数据（shuttle radar topography mission，SRTM）。它的覆盖范围位于全球的北纬60°和南纬56°之间，约占全球陆地面积的80%，其分辨率为3″（Fredrick *et al.*，2007）。这些数据目前可以通过国际农业研究磋商组织下属的空间信息联合会网站进行下载（CGIAR-CSI，2015）。

SRT3 DEM数据的高程基准是EGM96的大地水准面，平面基准是WGS84，精度为3″，即代表每一度的面积分成1200×1200个小区域，每一个区域的大小是3″(90m×90m)，每个小区域有一个数值代表该区域的高程（陈俊勇，2005；张朝忙等，2012）。

5.3.1.3　步骤与流程

基于DEM数据进行水文分析的基本步骤包括：获取无洼地DEM，流向确定，计算累计汇流量，提取河网等（图5.11）。

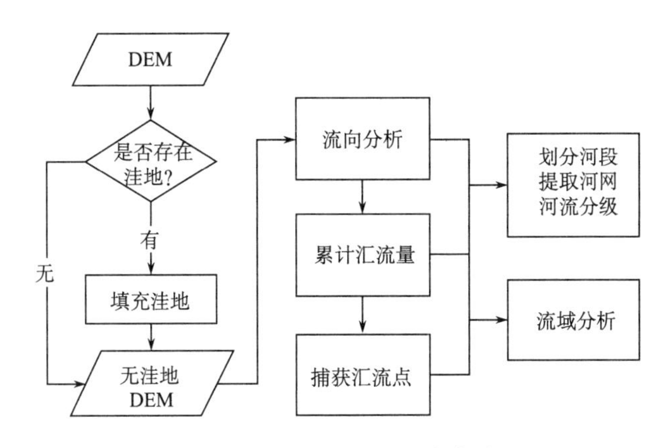

图5.11　水文分析的基本步骤

1. 无洼地DEM数据

DEM通常被认为是比较光滑的地形表面的模拟，但是由于内插的原因以及一些真实地形（如喀斯特地貌等）的存在，使得DEM表面存在着一些凹陷区域。这些区域进行地表水流模拟时，异常栅格值会导致水流流向计算得到不合理的或错误的水流方向，因此在进行水流方向计算之前，应先对原始DEM数据进行洼地填充，得到无洼地的DEM数据。

2. 流向分析

水流方向是指水流离开每一个栅格单元时的指向。目前应用最广泛的计算方法是D8

算法，即最大距离权落差（最大坡降法）。假设水流只能从一个网格流入与之相邻的某个网格中，因此只有 8 种可能的流向。在 3×3 的 DEM 网格中，计算中心网格与各相邻网格间的距离权落差（即网格中心点落差除以网格中心点之间的距离），取距离权落差最大的网格为中心网格的流出网格，该方向即为中心网格的流向。

3. 累计汇流量计算

累计汇流量是基于水流方向数据计算而来的，对每一个栅格来说，其累计汇流量的大小代表着其上游有多少个栅格的水流方向最终汇流经过该栅格，累计汇流量的数值越大，该区域越易形成地表径流。若累计汇流量值为零，则表示无水流流向该栅格，即栅格所处位置为该区域内的高地。

4. 捕获汇流点

汇流点记录着河网中的一些节点之间的连接信息，主要记录着河网的结构信息。通过计算，可以获得构成河网的弧段起始点和终止点，而这些终止点往往是汇水区域的出水点。这些出水点的确定为划定流域范围（集水范围）准备了数据。

5. 提取河网

在累计汇流量计算后，每一个栅格都被赋予了一个汇水能力的特征值，它表示能够流入该栅格的所有栅格的数量。当特征值大于给定阈值时，则认为该栅格位于河道之上，赋值为 1，反之则认为该栅格为产流区，赋值为 0。据此结合流向获取研究区河网分布。

6. 获取流域

流域又称积水区域，是指流经其中的水流和其他物质从一个公共的出水口排出从而形成一个集中的排水区域。利用 Watershed 模块计算获得区域内每个流域汇水面积的大小，该值大小为某个出水口（或点）流出的河流的总面积，出水口（或点）即流域内水流的出口，是整个流域的最低处。流域间的分界线即为分水岭，流域分水线所包围的区域面积就是流域的面积。

5.3.1.4 北山及邻区流域分析

自 CGIAR-CSI 网站下载北山及邻区 DEM 数据后，利用 ArcGIS9.2 平台提供的 Hydrology 分析模块进行水文分析，获得研究区水文分析结果如图 5.12 所示。

结果显示，研究区内地表河网（沟谷）总体趋势为自西向东，以马鬃山镇以西的马鬃山一带为分水岭，分水岭以西向新疆哈密地区或甘肃瓜州县附近流动，分水岭以东向额济纳旗平原流动。总体上看，研究区流域大致为三个主体部分组成：最北部的公婆泉流域范围（马鬃山—黑鹰山—额济纳旗）、中间新场流域范围（新场—石板井—额济纳旗）及南部的花海盆地流域范围（祁连山—赤金盆地—花海盆地）。

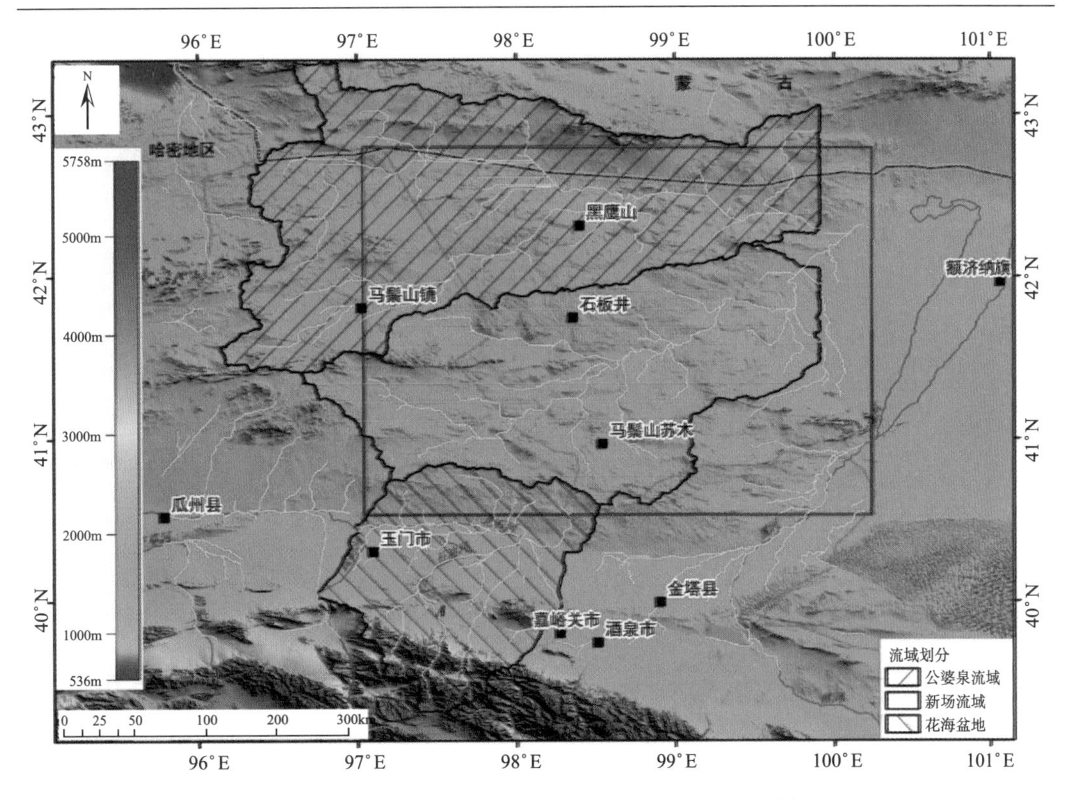

图5.12　北山及邻区水文分析结果与流域分布范围

公婆泉流域北至蒙古国戈壁阿尔泰山山脉地表分水岭处，西为马鬃山分水岭，南部与新场流域范围相接，东至额济纳旗平原区，总面积约为3.7万km^2。新场流域范围西部为马鬃山分水岭，南部为新场南山一带，属于与花海盆地相接的分水岭地带，总体流态为西南向东北最终进入额济纳盆地。总面积约为1.6万km^2。

南部花海盆地较为特殊，属于封闭流域；南部为祁连山；北部为新场南山分水岭；西部为沿疏勒河河道一线至玉门市，疏勒河沿该分水岭附近分布并在玉门市附近分为东西两支，向西流经瓜州县最终汇入库姆塔格沙漠的属疏勒河主干河道，向东流经玉门市下西号乡并最终汇入干海子的称为北石河。东部流域分水岭位于嘉峪关以西沿黑山湖一带的断口山河附近，与在玉门市附近类似，这里也为东西分水岭的位置，向西断口山河（已干涸）汇入干海子，向东则经由金塔县最终汇入黑河。因此可以看出，花海盆地属于圈闭的集水盆地，中部干海子属于最终汇水区，以蒸发方式排泄汇水，也因为如此，其附近大量产出芒硝矿等蒸发盐类矿床。流域总面积约为2.9万km^2。

5.3.1.5　模型范围与边界条件的确立

基于地下水流动系统理论，结合北山山区实际地质岩性特征，参照地表集水盆地范围分布情况划定北山地下水流动数值模型边界（图5.13）。

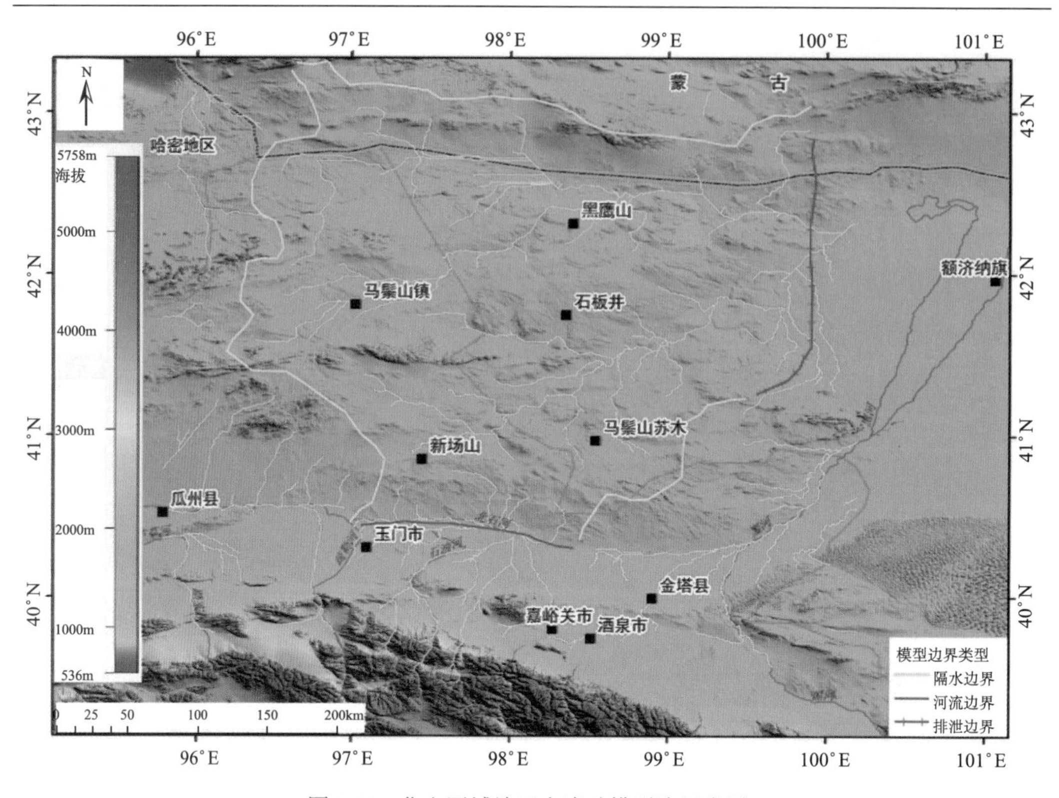

图 5.13　北山区域地下水流动模型边界类型

水平方向上，模型北部边界为蒙古国戈壁阿尔泰山分水岭，为零通量边界，即隔水边界；模型西部沿马鬃山分水岭仍为隔水边界；模型南部为北石河一线，根据祁连山-花海-北山剖面地下水流动模式研究分析，该处属于南北系统势汇区，因此可以确定为已知水头边界（河流边界）；东部边界有两类组成，金塔县以北之狼心山为地表分水岭，设定为隔水边界，狼心山以北是北山山区地下水向额济纳盆地排泄地段，因此设定为通量边界（排泄边界）。综上，模型南北约为 340km，东西 310km，总面积 $10.5\times10^4 km^2$。

垂直方向上，认为潜水含水层的自由水面为上边界，地下水通过上边界与外界发生垂向上的水量交换，如大气降水入渗补给、蒸发排泄等；下边界则根据 3.2 节中地下水流动模式分析确定。

至此，北山区域地下水流动数值模型的边界均已确定下来：北至蒙古国戈壁阿尔泰山、西至马鬃山、南为北石河、东至额济纳盆地西缘。

5.3.2　水文地质结构概化

甘肃北山地下水流动模型模拟的区域覆盖了几乎整个北山山区范围，地下水类型包括松散岩类孔隙水、碎屑岩类孔隙-裂隙水以及基岩裂隙水，含水介质包括孔隙介质和裂隙介质两种类型。从区域尺度看，研究区内的裂隙发育情况可定性描述为：裂隙密度相对较大、隙宽在常数附近波动、裂隙发育较为随机。因此区域尺度下的裂隙岩体模型可等效为连续介质并沿用其成熟理论进行问题分析。同时，区域尺度模型建立的目的是从宏观上刻画北山区域上地下水流场的特征，为高放废物地质处置库预选岩体所在的盆地模型提供边界条件。因此可忽略小尺度的细节特征，如裂隙分布密度、裂隙发育特征等，将裂隙与基质统一化、平均化，采用等效连续介质模型方法予以概化。大量已有研究成果表明，在研究以基岩裂隙为主要含水介质的区域地下水数值模拟的过程中，采用等效连续介质模型是合理可行的（D'Agnese *et al.*，1999；Carroll *et al.*，2009；王礼恒等，2013）。

5.3.2.1　渗透单元概化

按照由简单到复杂、由粗略到精细的思路，逐步对研究区渗透结构进行细化，重点研究均质各向同性的渗透结构和考虑地质因素情况下的渗透结构，考虑不同渗透结构对地下水流场特征的影响。

研究区内含水介质水力性质的差异主要是由岩性与断裂造成的（图 5.14）。研究区内沟谷多分布第四系松散堆积物，包括冲洪积砂土及砂砾石等，渗透性较好，厚度通常分布在 50m 以内。其余山区或沟谷下伏均为基岩部分，包括沉积岩（砂岩、泥岩、页岩、灰岩等）、火成岩（花岗岩、花岗闪长岩等）及变质岩（大理岩、片岩、片麻岩等），

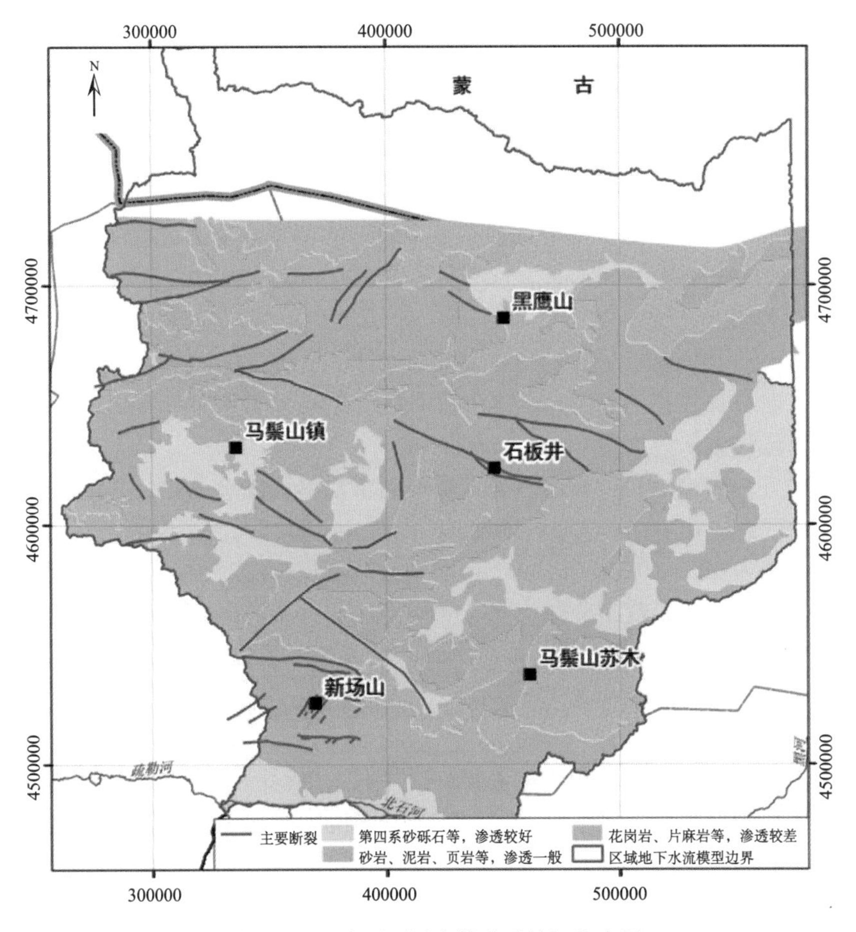

图 5.14　研究区不同岩性渗透性概化略图

通常来讲基岩部分地表受风化作用渗透性相对较好，随深度增加，裂隙封闭，渗透性越来越差。此外，由于活跃的构造活动，研究区内分布大大小小数十条断裂，部分属于张性断裂渗透性优于基岩部分，而压性则与基岩部分相当。因此从平面上看，研究区内含水介质的渗透性差异表现在岩性差异和断裂带的分布：通常来讲，第四系松散堆积物渗透性较好，古近系、新近系、侏罗系泥岩、砂岩等渗透性次之，而花岗岩、花岗闪长岩、片麻岩等渗透性最差。

研究区内大面积分布花岗岩、花岗闪长岩等，因此发育其中的裂隙是研究区重要的含水介质，按裂隙成因分为风化裂隙和构造裂隙。风化裂隙集中发育在岩层浅部，分布密集，相互连通性较好。根据水文地质勘察资料，风化裂隙发育深度一般 50m 左右，局部可达 80 多米。因此表层岩体渗透性能较好，非常有利于地下水的入渗与运动。

通常认为，裂隙发育程度随深度增加而递减，因此基岩含水层渗透性应当随深度增加而减弱（Jiang *et al.*，2009）。根据美国地质调查局在尤卡山所开展的工作（Belcher *et al.*，2001；Belcher，2004；Faunt *et al.*，2004），在进行区域地下水流数值模拟时综合多种因素考虑，认为对于完整岩体而言，孔隙、裂隙的密度和宽度随深度的增加存在明显的减小趋势，渗透系数随深度呈指数衰减，可用如下公式表达：

$$K_z = K_0 \exp(-\lambda z) \tag{5.20}$$

式中，K_z 为 z 深度处的渗透系数；K_0 为地表渗透系数；λ 为衰减系数；z 为深度。

渗透系数随深度衰减的负指数模型自（Louis，1972）提出以来，在隧道施工、核废料地质处置等多种工程中都得到了广泛的应用（Zhang and Franklin，1993；Saar and Manga，2004；Rhén，2006）。根据实测数据并参考不同岩性，通常来讲考虑深度范围在几千米范围时，衰减系数数量级为 $10^{-3}m^{-1}$，当深度达到 3000m 时，渗透系数衰减至 10~12m/s，甚至更低。

然而，核工业北京地质研究院在北山局部岩体上所施工的深度为 500~600m 的深孔所进行的水文地质试验结果表明，岩体渗透性并没有随深度发生明显的变化趋势，600m 以内岩体的渗透性大部分集中在 10^{-10}m/s。

综合考虑多种因素，初步设定模型顶层不同水力单元渗透系数，其中第四系松散堆积物为 10^{-6}~10^{-4} m/s，花岗岩与变质岩等为 10^{-8}~10^{-4} m/s，砂岩与泥页岩等为 10^{-8}~10^{-3} m/s，规模较大的断裂为 10^{-5}~10^{-4} m/s。由于第四系松散堆积物仅对顶层渗透性产生影响，因此除顶层外的各层渗透系数参照花岗岩、变质岩、泥页岩等，并在考虑垂向衰减的情况下进行赋值相关参数。

5.3.2.2　源汇项概化

甘肃北山地下水模型中均衡要素主要包括降水入渗、蒸发排泄、侧向径流量三类。

根据地下水流场特征、地下水水化学特征及同位素组成特征分析，甘肃北山地区地下水的主要补给来源是大气降水，入渗补给量计算公式为

$$Q_p = \alpha \cdot F \cdot R \tag{5.21}$$

式中，Q_p 为大气降水入渗补给量；α 为大气降水入渗系数；F 为接受降水入渗的面积；R

为多年平均降水量。根据北山山区及周边气象站的分布及其统计资料确定降水量，根据山区表层岩性特征确立降水入渗系数，一般对于山区花岗岩、变质岩等为 0.001~0.003，而沟谷中第四系松散堆积物则为 0.01~0.02[①]。

北山地区气候干旱、多年大风，因此蒸发属于地下水重要的排泄途径。蒸发量的大小与潜水位埋深、包气带岩性、气温风速等多种因素相关。参考区域水文地质资料中计算区域地下水资源量过程中利用的潜水蒸发参数，初步对研究区进行蒸发量估算。

地下水的侧向径流量主要根据达西公式计算：

$$Q_l = K \cdot I \cdot B \cdot M \tag{5.22}$$

式中，Q_l 为地下水侧向径流量；K 为所选取断面附近的含水层渗透系数；I 为垂直于选取断面的水力坡度；B 为断面宽度；M 为含水层厚度。

根据区域地下水水位观测资料初步划定地下水流场，在边界上计算出水力梯度的值，根据地层岩性分布特征，利用达西公式计算侧向径流量，为数值模型通量边界提供依据。

5.3.2.3　地下水流场特征

研究区涵盖范围广阔，地下水类型复杂多变，但从区域大尺度范围内考虑，全区地下水具备统一的水力联系，不同类型的地下水的差异主要体现在富水性的多寡。因此依据野外实际调查的所有类型地下水位埋深情况（包括泉点、民井、深钻孔等）、综合收集前人进行的水文地质工作，利用克里金插值方法获得区域地下水水位分布情况（图 5.15）。

如图 5.15 所示，研究区地下水受地形控制，总体流向自西向东，最终排泄进入额济纳盆地。依据水位等值线，研究区粗略可划分为马鬃山镇-石板井-额济纳系统（前文命名为公婆泉流域系统）、新场-马鬃山苏木-额济纳系统（前文命名为新场流域系统）、新场-花海系统（前文命名为花海流域系统）三个子系统。公婆泉系统地下水自西向东流动，至石板井北由于强烈蒸发出现局部排泄带，后继续向东向额济纳盆地区排泄；新场流域系统地下水总体仍为自西向东流动，在石板井与马鬃山苏木间出现局部排泄带，最终向额济纳盆地区排泄；花海盆地系统则主要是地下水自新场向花海、北石河一带运动，大致方向为自西北向东南方向。总的来说，北山地区地下水径流受地形起伏控制，地下水径流特征与地表山谷分布形态总体一致，地下水在接受大气降水补给后，大部分消耗于蒸发，少部分以地下径流的方式沿沟谷径流，最终汇入额济纳东部平原区或少量排泄进入南部河西走廊的花海盆地内。

研究区的地下水补给为大气降水入渗，但含水介质渗透性通常较差，因此地下水主要以水平运动为主，而垂向运动较为微弱；地下水系统的源汇项包括大气降水、蒸发、人工开采等，但研究区内人烟稀少，人为开采量非常有限，而降水与蒸发则多年基本保持稳定，地下水的运动可概化为三维稳定流。

---

① 中国人民解放军〇〇九二九部队，1978，中国人民解放军〇〇九二九部队编制的区域水文地质普查报告。

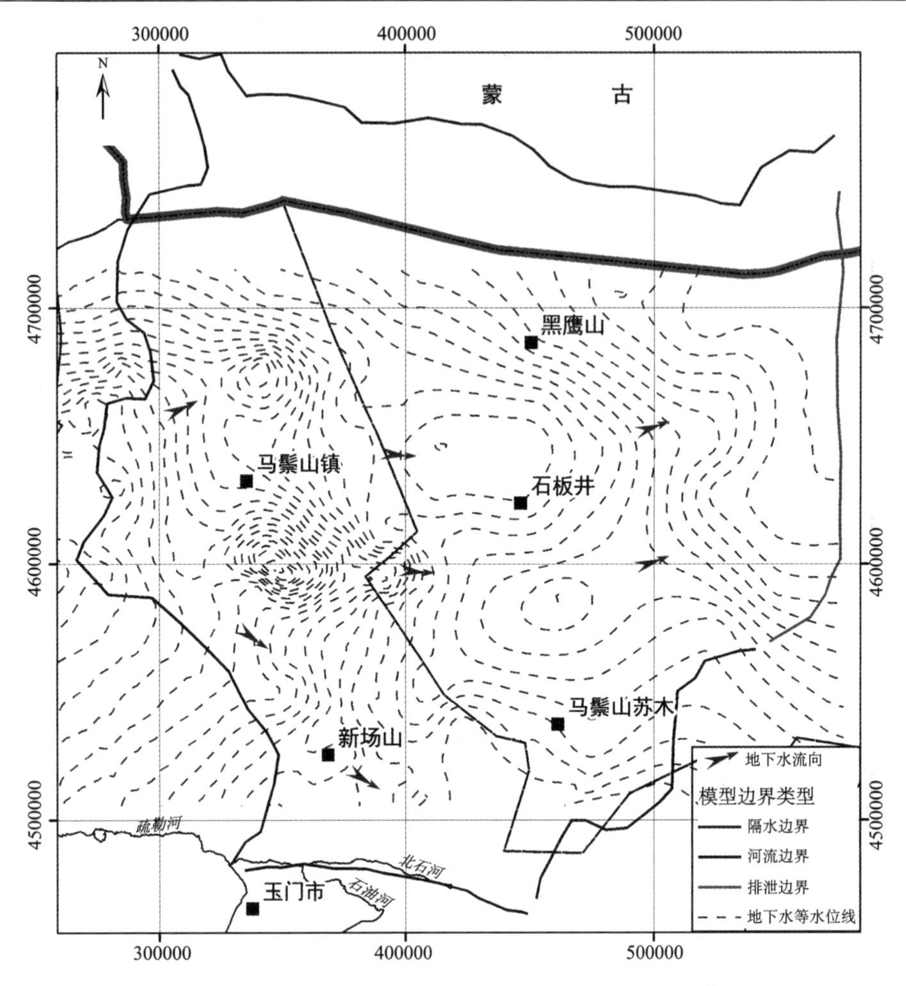

图 5.15　研究区区域地下水水位等值线及流场分布①

5.3.3　数值模型

在水文地质概念模型基础上，利用地下水流动数值模型软件（MODFLOW）建立地下水流数值模型，通过基本的模型识别验证，校正相关水文地质参数，并对模拟区的地下水均衡进行分析。

5.3.3.1　模型建立

研究区所确立的模型南北约为 340km，东西 310km，总面积 $10.5\times10^4\text{km}^2$，剖分为 250 行，250 列。垂向上，考虑到核废料处置库位置及岩层渗透性向深部衰减等多重因素，设定模型厚度约为4000m，剖分为11层。模型总单元数687500个，有效计算单元数480194个（图 5.16）。

① 中国人民解放军〇〇九二九部队，1978，中国人民解放军〇〇九二九部队编制的区域水文地质普查报告。

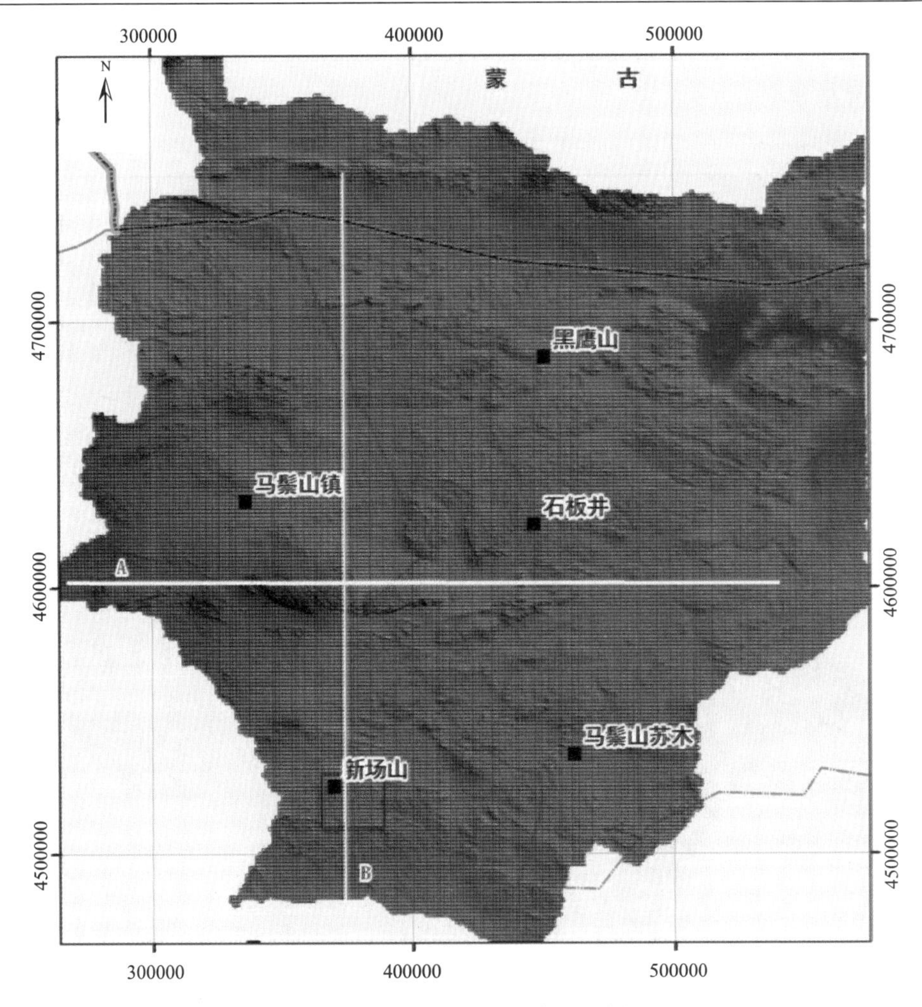

图5.16　研究区地下水流动模型网格剖分图

根据研究区水文地质条件及地下水系统特征分析，将模型北部、西部设置为隔水边界；南部的北石河，设定为河流边界；东部设置为一般水头边界，地下水可向东排泄进入额济纳盆地。模型中的源汇项主要为降水补给与蒸发排泄，而稀少的人为开采则忽略不计。

5.3.3.2　模型识别与水均衡分析

模型的识别和验证主要根据以下原则进行（Anderson and Woessner，1992；Zhang and Li，2013）：模拟的地下水流场要与实际地下水流场基本一致，即要求模拟的地下水水位等值线与实测地下水水位等值线形状相似；模拟的地下水均衡变化与实际基本相符；最终识别的水文地质参数与实际水文地质条件吻合。

对比研究区实测地下水水位等值线与模拟水位，数值模拟的结果基本体现了区域地下水运动的趋势（图5.17）。从拟合效果看，在研究区内地形起伏较大的地区水位拟合效果较差，沟谷内拟合效果较好。通过水均衡分析：作为研究区主要补给来源的降水补

给量约为 $0.54\times10^9m^3/a$；蒸发排泄量 $0.41\times10^9m^3/a$，侧向排泄量 $0.13\times10^9m^3/a$，均衡差为 $1.59\times10^5m^3/a$。

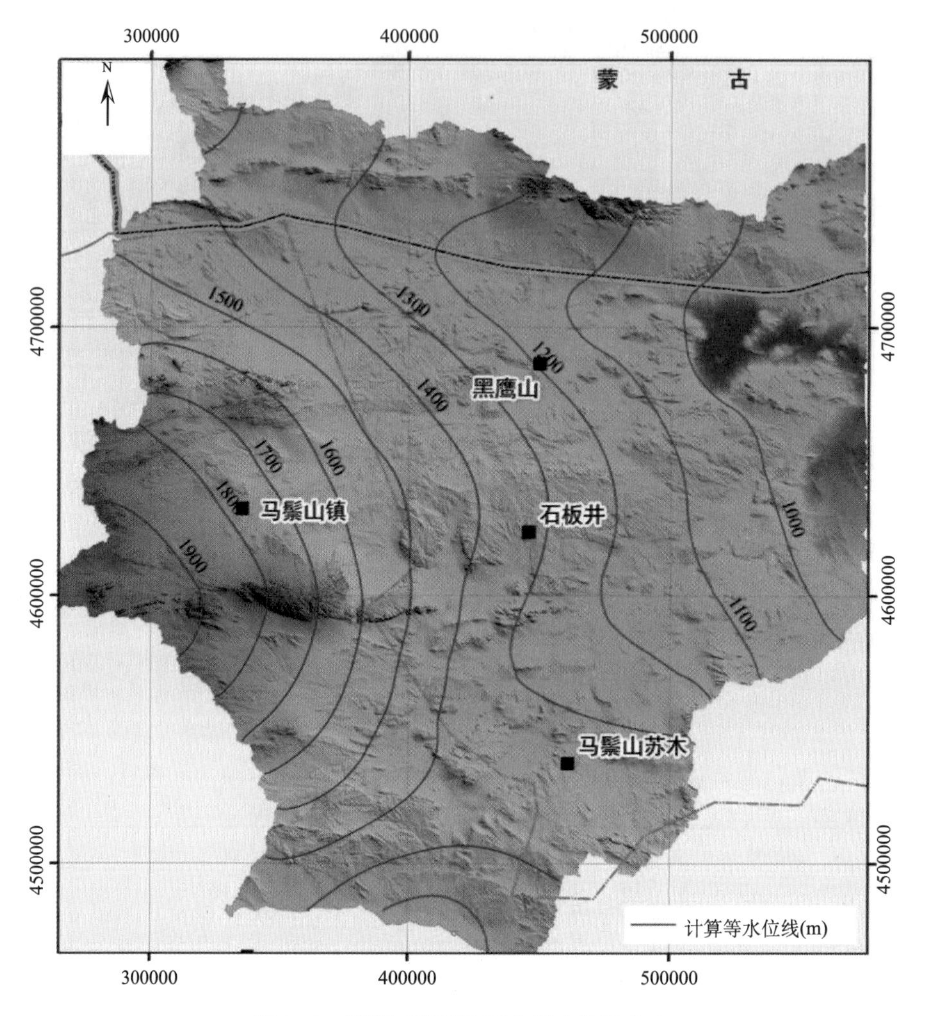

图 5.17　研究区模拟地下水等水位线分布

总体上看，模拟结果大致反映了在目前对北山地下水概念模型理解的深度下，研究区地下水的运动状态。北山地区地下水流动主要受地形控制，北部地区总体自西向东流动，南部地区主要由西北向东南流动。区内西部马鬃山一带为补给区，通过大气降水补给地下水。主要排泄途径为蒸发排泄，集中在山间洼地、盆地内，此外还包括南部、东部边界向系统外排泄。

5.3.4　不同情景区域地下水流场特征与循环深度的探讨

研究区地质结构与地形变化都十分复杂，二者对于地下水的运动具有明显的作用。地质结构对于地下水运动的影响着重体现在断裂发育的规模与方位、地层岩性的空间变化等方面，在模型渗透结构章节中已进行相关探讨。因此本节重点讨论在地形因素影响下，当大气降水补给量发生变化时地下水流场变化的特点及与之对应的地下水流动系统发育模式。

地下水流动规律的认识是从简单到复杂的过程，从一维、二维到三维的过程（Hubbert，1940）。通常来讲，浅层、局部地段地下水的运动规律较为明显，多数遵照与地势起伏一致的原则自补给区向排泄区运动，且大部分呈现出二维运动特征。但高放废物地质处置库安全性评估所涉及的地下水均属于深部地下水，其不仅在空间上呈现出三维运动的形态，在时间上，也出现万年甚至十万年的尺度（Welch *et al.*，2012），因此地下水在深部的运动特征直接决定了处置库的安全性。

5.3.4.1　数值模型调整

考虑研究区地质条件，结合实测地下水位分布特征，可以认为研究区地下水水位分布受地形起伏控制。从概念模型上看，研究区地下水主要补给来源是大气降水，主要去向是蒸发排泄。但对于研究区地下水系统而言，蒸发量的确定存在极大困难。影响因素包括气象要素、地下水水位埋深、包气带岩性，等等，而研究区相关资料匮乏，无法综合多种因素明确各处蒸发排泄量，如山区、沟谷等处可能存在不同的蒸发强度。

依据地下水流动系统理论并结合北山山区地下水实测水位分布情况，地形地势与北山区域地下水水位存在明显的正相关性。即水位基本与地形起伏一致，只是略为平缓（图 5.15）。因此可以依据地形地势变化特征，指定模型上边界的水位。但若将模型上边界简化为依据地形地势获取的定水头上边界条件，则无法刻画蒸发作用主导的地下水排泄特征。为了解决这个困难，将原本应设置为蒸发的上边界调整为排水（Drain）边界条件（Reilly，2001；Goderniaux *et al.*，2013），一方面能够考虑地形因素，另一方面亦可刻画蒸发对地下水系统的排泄作用。

MODFLOW 中的 Drain 计算包最初设计目的是用于模拟类似农田灌溉等情况对地下水的补排情况，它根据预先设定的水头或高程与含水层中地下水水头的差，按一定比例排走地下水。预先设定的水头或高程被称为排水高程，若此高程高于计算单元格水头，则排水，反之将不会对含水层起作用。排走地下水的比例系数被称为排水传导系数。

$$\begin{cases} Q_{\text{out}} = CD\left(h_{i,j,k} - HD\right) & h_{i,j,k} > HD \\ Q_{\text{out}} = 0 & h_{i,j,k} \leqslant HD \end{cases} \tag{5.23}$$

式中，Q_{out} 为排走的地下水水量；CD 为排水传导系数；HD 为排水高程；$h_{i,j,k}$ 为被设置为排水边界的计算单元格的水头值。因此，采用排水上边界的形式能够在考虑地形地势特点的同时又不失对水文地质概念模型的认识与理解。

5.3.4.2　地下水流场特征讨论

根据研究区气象资料分析，研究区年均降水量分布在 40~80mm 不等。为了分析降水对研究区地下水流动特征的影响，设定年降水分别为 20mm、35mm、100mm、180mm 四种情况进行讨论分析。模拟结算结果如图 5.18 所示。

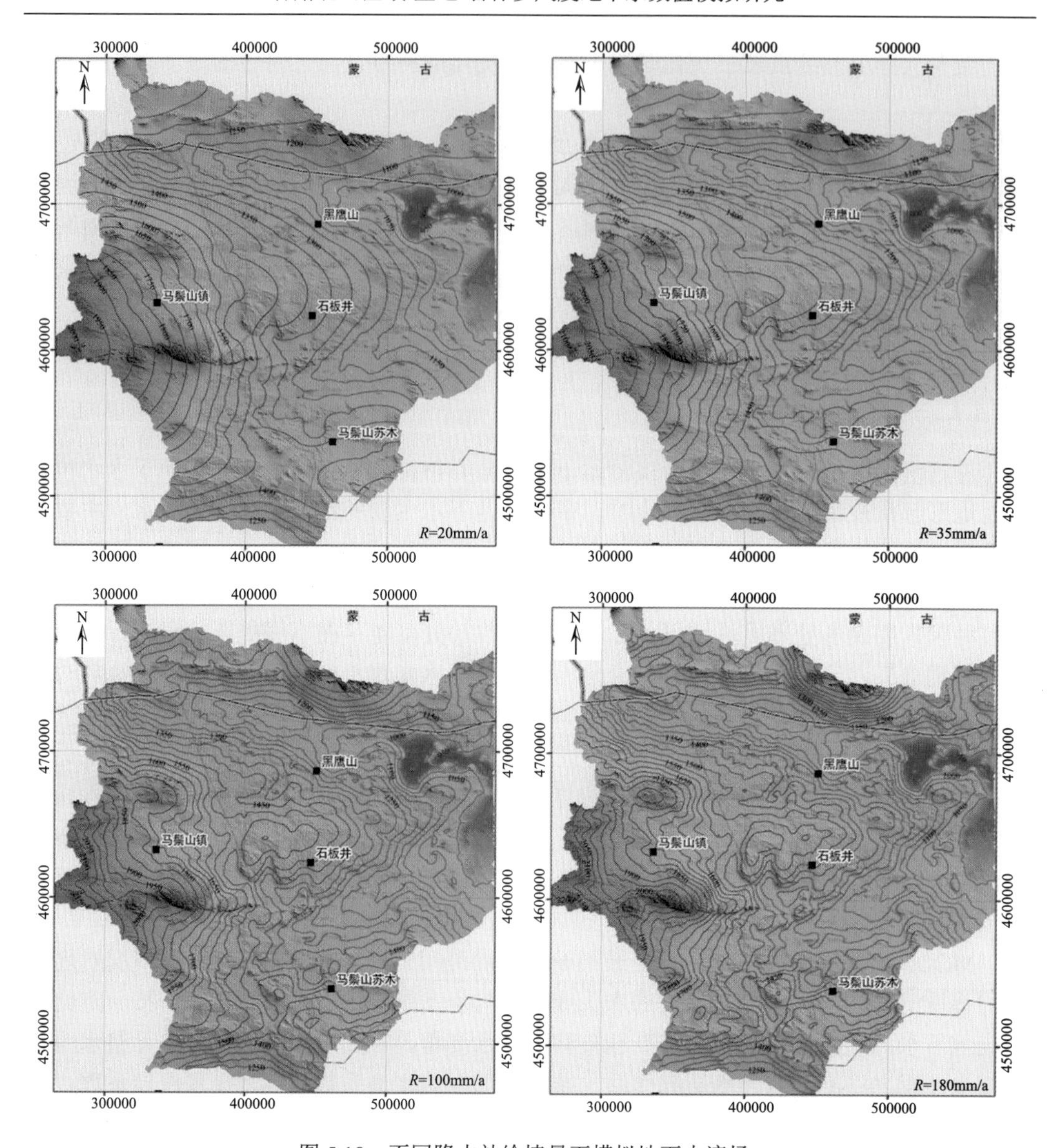

图 5.18　不同降水补给情景下模拟地下水流场

模拟结果显示，排除其他因素干扰后，降水量（这里指能够直接补给地下水的量）的多寡直接控制着地下水流动系统的发育特征：降水量仅为 20mm 时，区域地下水整体流场与采用蒸发作为模型上边界时的地下水流场十分相似，总体与地形起伏相似但相对舒缓，全区构成一个完整的、单一的地下水流动系统，西部地势较高处的马鬃山一带为全区的补给区，在地形地势的作用下，地下水向东运动，至中部时，部分继续向东径流至额济纳盆地一带排泄，另一部分向南至花海一带排泄。此时以区域地下水流动系统为主导，局部的和中间的地下水流动系统则几乎可以忽略。

降水量增大，局部小的地形起伏对地下水流场的控制作用逐步明显起来。降水量为 180mm 时，总体上西部仍为补给区，南部、东部仍然为排泄区，但中间地势相对较高的地段开始出现小尺度分水岭，导致多级次嵌套式地下水流动系统的出现，即除了自马鬃山至额济纳盆地的区域地下水流动系统外，还出现了一些局部的地下水流动系统和中间地下水流动系统。

此外，全区尤其以石板井一带和新场山一带的局部流场变化最为明显：石板井北部一带逐步出现了局部明显隆起的分水岭并可向西延伸至马鬃山一带将研究区明显地分为南北两个独立的地下水流动系统；新场山一带地形产生分水岭的效应也逐步明朗起来，尽管在降水量达到最大设定值时，新场山地形最高处已形成了隆起分水岭，但这仅是局部地下水流动系统的分水岭，该分水岭是否能将北山南部地下水系统一分为二，则需要进一步探讨该局部流动系统的发育规模。但是可以明确的是，北山地区地下水流动系统的发育形态特征与降水量、地形关系密切相关且在全区复杂多变，在掌握总体趋势的情况下，尝试探讨各种因素对地下水流动系统的影响对充分了解流动系统的发育特征及各子系统的划分具有极大的推动作用。

5.3.4.3　粒子追踪模拟结果

MODPATH 是给定时间内稳定或非稳定流中质点运移路径的三维示踪模拟程序，通常与 MODFLOW 联合使用（Pollock，1994）。它以 MODLFOW 模拟的地下水流场为基础，计算虚拟质点的运动，是展示地下水质点运动轨迹的理想工具。它可以完成自投放点的向前、向后追踪模拟，同时计算自投放点追踪到排泄点或补给点的时间。

甘肃北山区域地下水流动数值模型自提出以来，已发展近十年的时间（李国敏等，2007b）。随着地下水运动相关理论的日趋成熟与北山地区水文地质资料的日益翔实，北山地下水数值模型由最初了解地下水运动趋势逐步发展为评估地下水运动时空分布规律的工具，从中全面掌握不同深度地下水的流速、流向等特征，用以评估预选区的适宜性。

通过对区域补给区马鬃山一带投放粒子(投放于模型中第二层，距离地表约为 300m)，向前追踪以获取相应排泄点位置。模拟计算结果显示（图 5.19），粒子主要自西向东运动，无论降水量如何变化，粒子大致从石板井南部一带的沟谷排泄。从平面上看粒子迁移距离并不是太长，这是由于模型中地下水不仅存在平面运动还包括了垂向运动，粒子总体径流路径除平面距离外，还有垂向距离。

受限于资料匮乏，前人对北山地区开展地下水循环开展初步研究中发现，在马鬃山一带投放粒子进行质点追踪时，在万年时间尺度上，一部分粒子穿过新场盆地进入河西走廊，另一部分向东进入额济纳盆地，剩余部分则向中蒙边界运动（图 5.20）。

本研究中所地下水质点自投放点到排泄出系统需要的时间在 9 万年以内，与前人研究成果类似（1 万~10 万年），但在运动路径与排泄位置上有所差异：本研究中水质点的运动表现出三维特点，自投放点释放后，在降水入渗的作用下向深部运动，之后转为水平运动，至石板井南部沟谷一带在地表附近排泄；而前人水质点以水平运动为主，排泄区分布于中蒙边界沟谷、额济纳盆地及花海盆地。运动距离远近出现显著差异但旅行时间较为类似，这是由于本模型中，地下水在垂直方向上的运动路径不可忽略，且在垂向方向上的运动相对耗时。

总体来看，本研究中依据地下水流动系统理论所建立的模型着重刻画了地下水的三维运动状态，其中补给区与排泄区的垂向运动特征不容忽略。尽管额济纳盆地作为北山地下水的主要排泄区，但由于不同级次流动系统的控制，投放的粒子示踪显示，部分地下水沿北山山区内的沟谷就开始发生排泄并非至最远排泄区排泄。

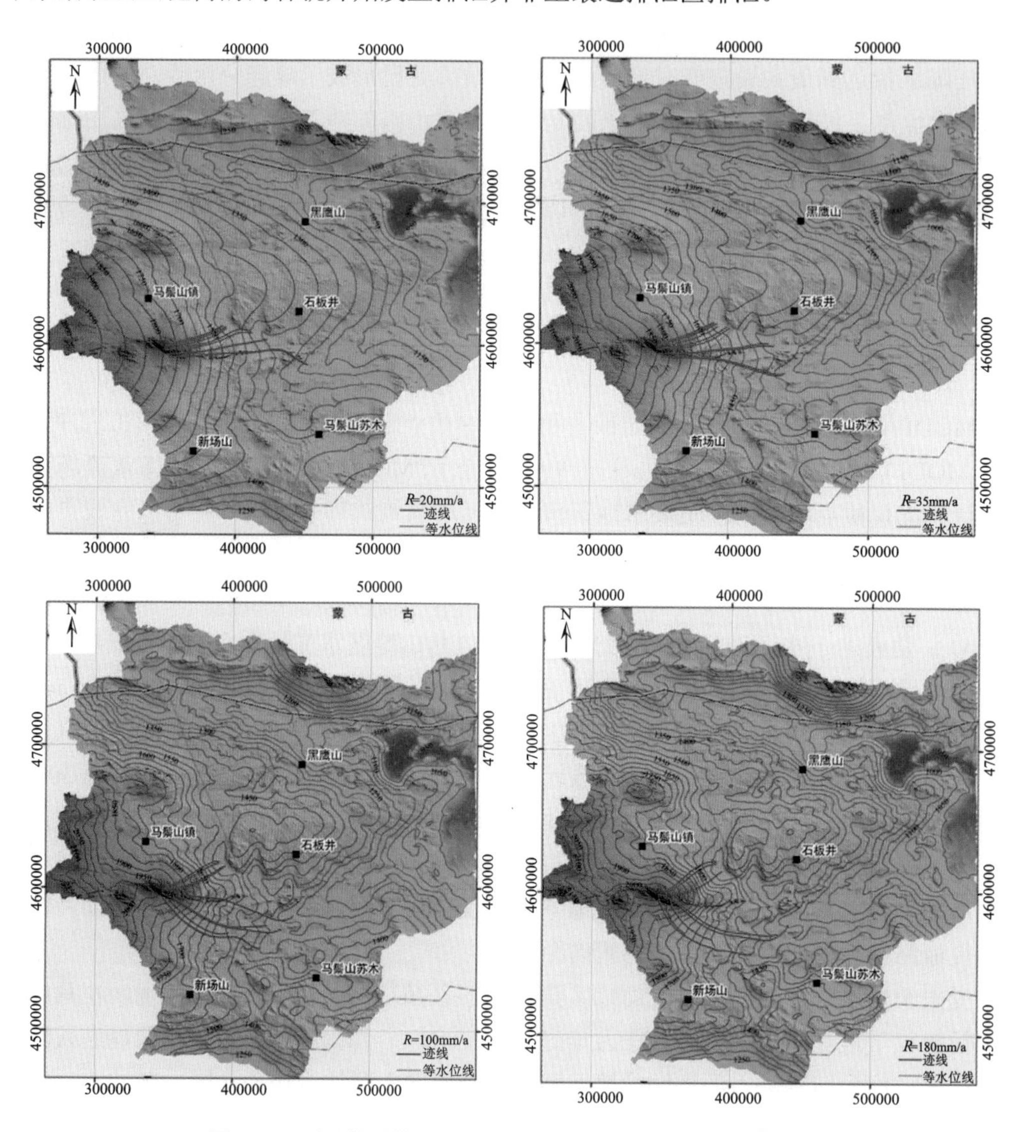

图 5.19　不同情景粒子追踪模拟结果（时间=3.285×10^7天）

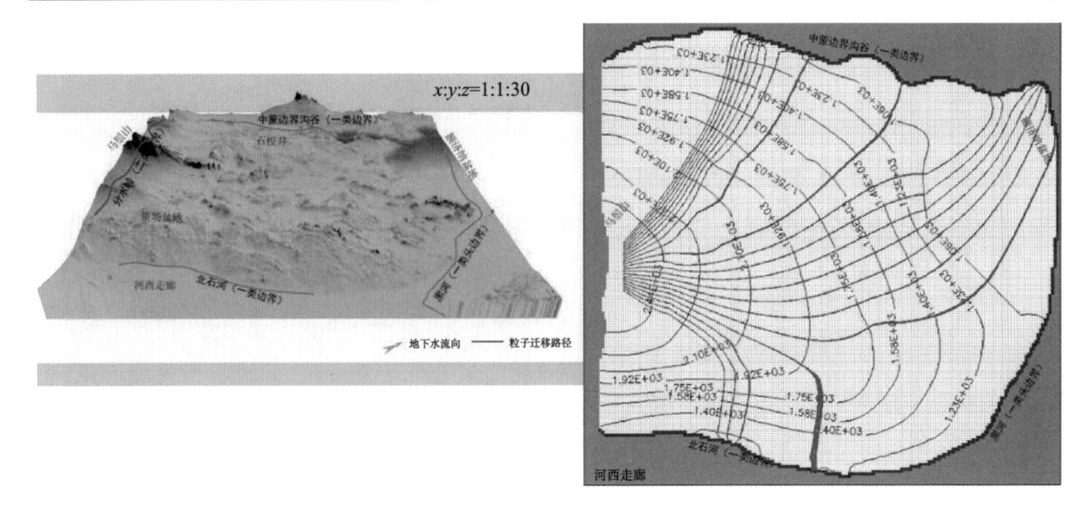

图 5.20　甘肃北山前粒子追踪模拟成果

5.3.4.4　排泄区面积的变化特征

地下水的循环过程包括了补给与排泄两个重要环节，甘肃北山山区全区接受大气降水补给，在沟谷等地势较低处排泄。而由于地下水是携带核素进行迁移的唯一载体，排泄区的位置将是最易暴露于放射性危险下的地区。为了明确不同情景下排泄区分布特征，因此要根据模拟范围内所有单元格的均衡要素分析计算，统计排泄区分布情况。

图 5.21 中深色的区域展示了排泄区的分布情况。除了在极低的降水情况下，绝大多数的排泄区位置是互通互联呈现网络状分布在地势低洼处的。此时排泄区面积相对较小（表 5.2），仅占全区总面积（假定全区面积为总有效计算单元格所占区域）的 18.17%；降水量逐步增加时，排泄区仍然沿着区内沟谷两侧分布，面积逐渐扩大，即当补给量明显增加时，全区的排泄量相应增大，原本地势相对高的点由地下水径流区逐渐演变成排泄区；降水继续增加时，排泄区所占面积逐步铺满所有的沟谷，仅剩下局部地势较高处仍为单一补给区；当年降水量增大至 180mm 时，除了地势较高的山脊外，排泄区几乎布满了全区。

此外，根据补给区与排泄区的大致分布，可以推测：当降水量极低时，地下水自补给区到排泄区的距离相对较远，地下水从补给区进入含水层中至排泄区溢出的时间较长；降水量增加时，排泄区的位置不断向地势高处（补给区）逼近，导致地下水在含水层中的旅行时间相对较短。

可以明确的是，从选址角度而言，由于未来气候变化具有极大不确定性，因此应充分避开潜在成为排泄区的地域，最好选择远离排泄区的位置以增加地下水在含水层中的旅行时间，这对延迟放射性核素排泄至自然环境中具有重要意义。

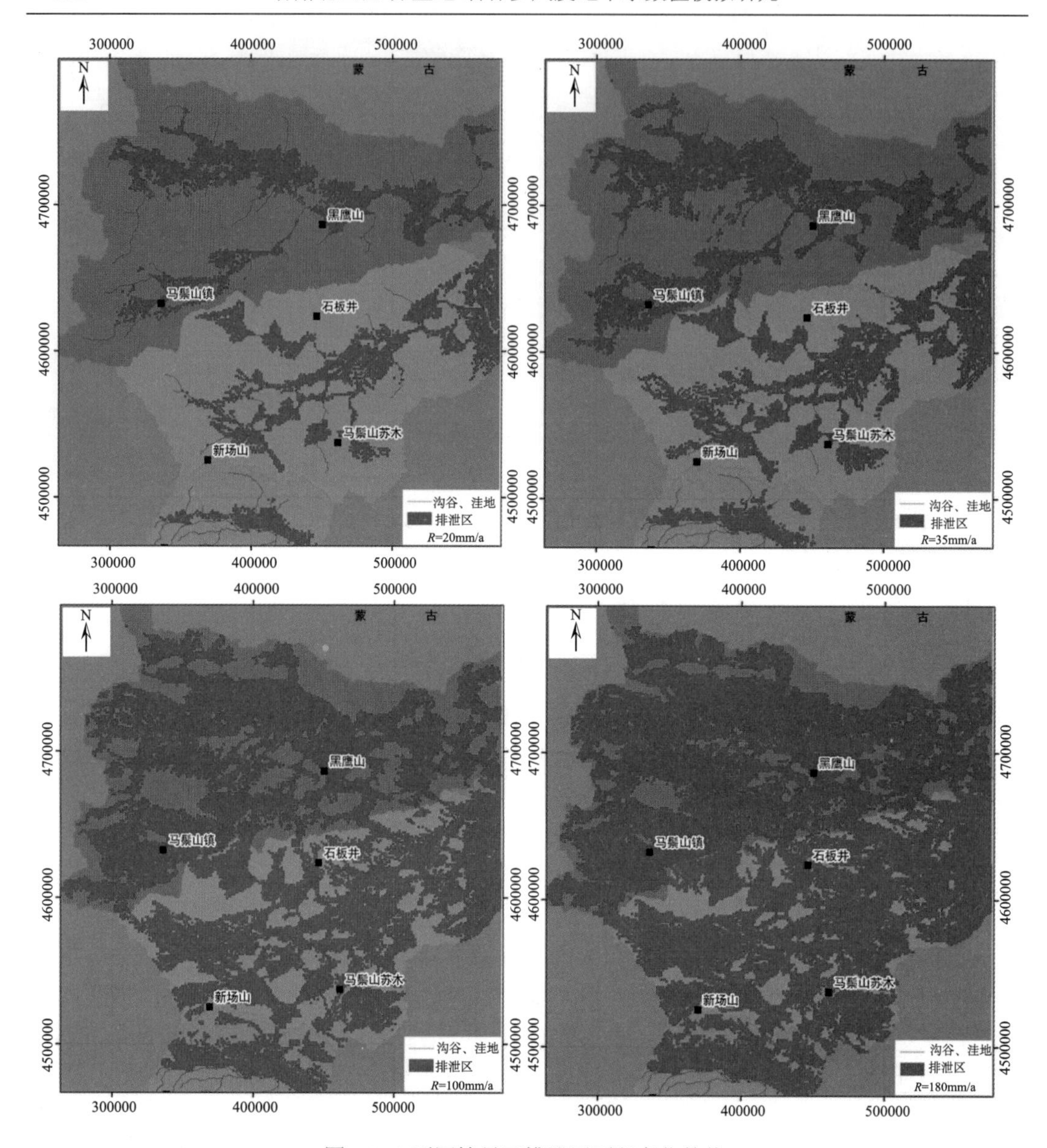

图 5.21　不同情景下排泄区面积变化趋势

表 5.2　不同情景下排泄区面积占比统计一览表

降水量/mm	20	35	100	180
排泄区所占比例/%	18.17	28.91	57.69	73.54

5.3.4.5　地下水循环深度讨论

在大气降水由少到多的变化过程中，地形对地下水流动系统发育的影响逐渐明显。局部地形变化剧烈的地方出现分水岭，从而形成局部流动系统。地下水流场平面图中可以清晰地看出这一变化过程及局部流动系统所发育的位置和平面展布，但从关注深部地下水运动特征的角度看，该局部流动系统的在垂向上的空间控制域更加重要。这决定了在某一地形条件下，来自大气降水补给的地下水能够向下运动的深度。若处置库完全位于该局部流动系统所控制的空间尺度内，那么核素所影响的范围也就一目了然。

根据已获取的北山区域地下水流场，采用 MODPATH 计算全区地下水旅行时间。MODPATH 通过虚拟质点计算结束后可输出 Pathline Mode（迹线格式），该格式提供了粒子在流场运动过程中所经过的所有单元信息。向所有计算单元格投放粒子，同时完成向前、向后追踪，统计单元格中所经过的粒子最长旅行时间，并将其归为该单元格内水质点在系统中的旅行时间。据此完成全模型有效单元格计算，获得时间场分布。

通过计算发现，当前渗透结构的模型中，地下水的最大旅行时间尺度在 10 万年或更长。为直观了解地下水质点在空间的旅行时间分布情况，选择地下水的主要径流方向马鬃山至额济纳旗一线建立剖面，选择 4 万年、10 万年为时间节点对地下水质点在含水层中的旅行时间分布情况进程粗略概化（图 5.22）。

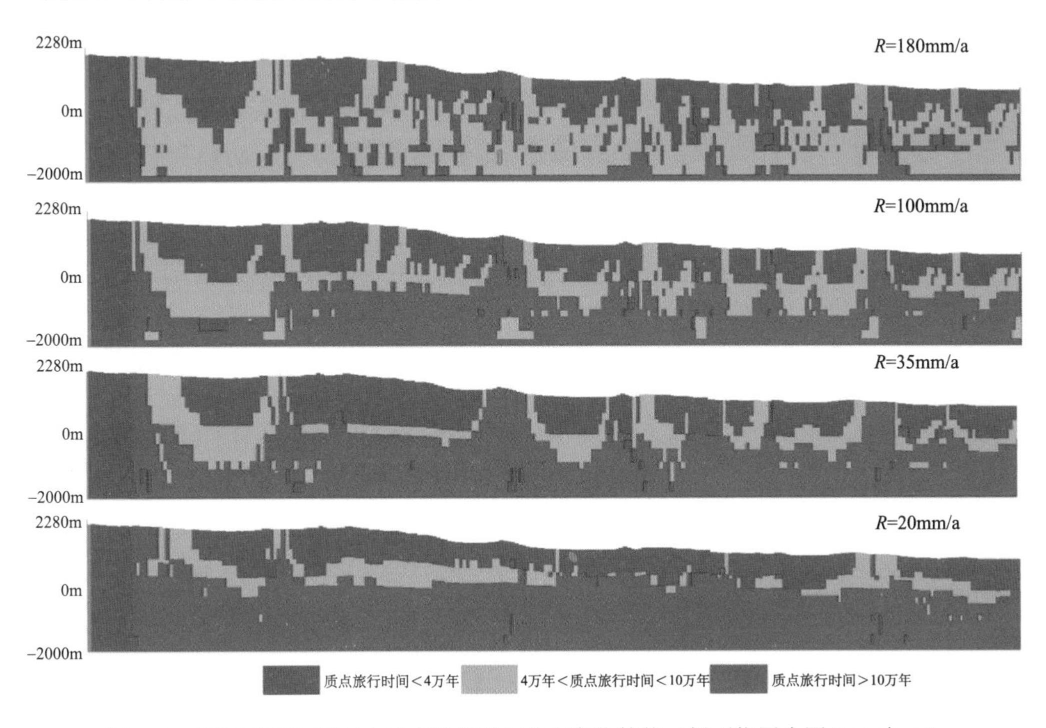

图 5.22　不同情景下地下水质点旅行时间分布变化趋势（剖面位置为图 5.16 中 A）

通常情况下，地下水质点旅行时间短，说明其运动路径短、运动速度快，大致可以认定其为快速循环的局部流动系统；对于旅行时间较长的水质点，说明其运动路径相对远、运动速度慢，则可认定其为区域流动系统。据此划定流动系统的不同级次与边界，包括了局部的、中间的与区域的流动系统（图 5.23）。

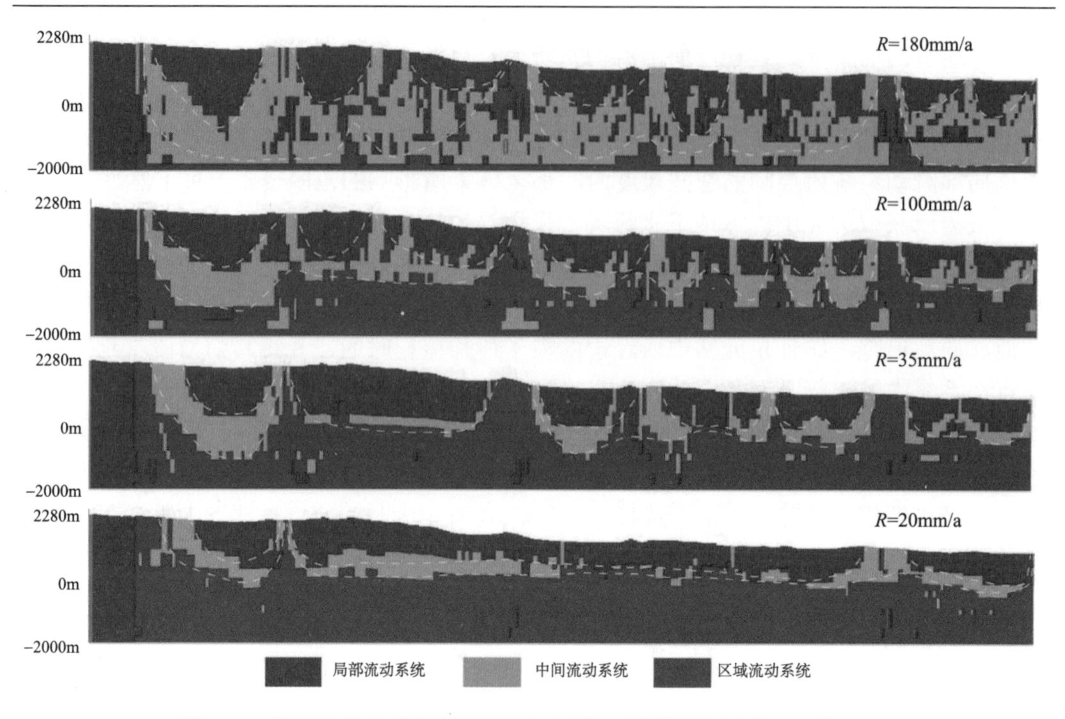

图 5.23　地下水流动系统级次提取与划分（剖面位置为图 5.16 中 A）

根据计算结果可以看出，年降水量设定在 180mm 时，全区几乎都分布着小于 10 万年时间尺度的地下水质点，大于 10 万年的地下水质点仅分布在模型最底部，即区域循环的路径中。降水量充沛的情况下，降雨大量、快速补给地下水，这时地下水循环径流速度快，水头压力大，向下循环深度深，造成全区年龄普遍相对较小。若将旅行时间小于 4 万年的地下水质点归入局部流动系统中，那么全区约有一半属于局部流动系统；随降水量减少，局部地形可引起局部流动系统逐渐弱化、萎缩、合并，中间地段的分水岭逐步消失，全区退化为由旅行时间相对较大的水质点所占据的单一流动系统；当年降水量减少至 20mm 时，旅行时间相当较长的地下水质点占据了绝大多数的地区，在距地表 1500m 处及更深处几乎全由年龄较大（10 万年时间尺度）的地下水质点组成。

5.4　小　　结

（1）以甘肃北山地区为实例，将盆地地下水流动系统应用于基岩山区，结合地表高程起伏形态，确立区域尺度模型边界位置与类型：北部中蒙边界、西部马鬃山一带均为分水岭，南部花海盆地、东部额济纳盆地为排泄边界，上部接受大气降水补给与蒸发排泄，深部地下水以水平运动为主；地下水主要赋存于基岩裂隙中，运动方向与地形起伏关系密切，总体上自西向东径流；地下水基本属于天然未扰动状态，因此可将区域地下水概化为三维稳定流。

（2）采用 MODFLOW 计算程序对区域地下水流动模型进行模拟计算，初步获得区域地下水流场分布特征，通过水量与水位对模型校准后，模型可获取基本能够表现出区域地下水流场的特征，并能为盆地尺度模型提供边界条件。

（3）变换地下水流动数值模型上边界刻画方式，由蒸发变更为排水，并分析了不同降水情景下地下水流场的变化特征。降水量仅为 20mm 时，区域地下水流动系统模式发育较为单一，总体上构成西部补给、东部与南部排泄的流动格局；降水量增大至 180mm 时，局部地形对地下水流动系统模式发育的影响增强，导致区内地形起伏多变之处出现局部流动系统或中间流动系统。同时，在马鬃山一带补给区内投放示踪粒子，主要于石板井附近的沟谷内出露，并未迁移至额济纳旗附近。这是由于本次模拟研究中地下水以三维运动形式为主，对于补给区向深部运动、排泄区向浅部的运动均不容忽视。

（4）利用粒子追踪模拟计算统计了全区地下水质点的旅行时间，按照 4 万年、10 万年时间节点提取了不同级次地下水流动系统，划定了局部的、中间的和区域的流动系统的边界，为下一步盆地尺度模拟计算提供基础。

第6章　利用局部网格细化技术进行区域-盆地嵌套数值模拟

依据分析，盆地尺度模型范围约为500km^2，深度约为3km，对于裂隙介质而言，仍属于较大尺度，目前技术无法构建离散裂隙网络模型，因此盆地尺度模型仍采用等效多孔介质进行概化。这样，从区域尺度到盆地尺度，二者都基于达西定律和连续性方程，均采用 MODFLOW 为计算程序构建模型，保证了多重分辨率网格计算的可行性。本节采用对盆地尺度模型位置进行网格细化的方式达到多重分辨率模拟的目的，从而实现区域-盆地模型的紧密耦合过程。

6.1　局部网格细化方法简介

6.1.1　方法的提出

许多地下水流动数值模型均采用有限差分法离散并求解偏微分控制方程，因此有限差分法所进行的空间离散网格大小代表了数值模型的分辨率。为了了解重点关注区域的特点，提升模型仿真度或模拟精度，往往需要尽可能地细化网格，利用高分辨率的细化网格以获得高精度的解。这些重点关注区域包括了① 由于人工抽水或回灌、河流补给排泄、排水沟排水等造成在小范围内出现较大水力梯度变化的区域；② 在大区域模型中的场地小尺度污染物运移的区域；③ 非均质结构，如薄透镜体、断层、裂隙等出现的区域。

截至目前，针对美国地质调查局所提供的MODFLOW加密技术主要有全网格加密、可变网格加密和局部加密（Walker *et al.*，2005；Mehl *et al.*，2006）。全网格加密方法是当发现研究区内某处需要进行进一步细化网格时，按照细化网格的标准对研究区进行全局重新剖分，以全局细化方式达到局部细化的目的。该方法简单易行，能够获得可靠的结果，针对污染物溶质运移模拟、粒子追踪模拟等研究不存在任何局限性。但是，应该注意到全局细化的缺点，需要进行细化网格的重点研究区块面积可能远小于研究区面积，该方法势必造成研究者对大量不感兴趣的地区进行细化，耗费了大量的存储资源、计算资源及计算时间。尽管目前计算机硬件设备及相应的并行计算软件设备都得到了大幅提升，但该方式仍是一种极大的资源浪费行为。

可变网格加密方法是在逐步靠近重点研究区块的过程中，网格剖分中间加密，在远离重点研究区块的区域采用较粗网格剖分。这样降低了不感兴趣地区的细化网格数量，一定程度上节约了存储、计算等资源，缩短了计算时间。此外，模型仍维持了完整性，在细网格和粗网格之间能够进行实时信息交换，做到紧密耦合，保证了计算结果的精度，因此对于污染物溶质运移模拟和粒子追踪模拟等研究能够提供很好的基础支撑。需要注意的是，该方法存在一定的缺点。存在多重、复杂区域需要细化时，例如研究区内不同位置存在多个抽水井分散分布时，该方式可能会导致全局细化的现象出现；由于MODFLOW采用矩形网格剖分方法，该细化方法仍会导致大量待细化区域外不必要的计算网格，导致存储量与计算量的增加；此外，由于该方式是由外围向重点关注区逐步推进细化的方式，因此在外围区域容易出现长宽比奇异（较大纵横比）的现象，导致一些数值错误的出现；另外由于网格宽度变化不一，造成单元格的处理更加艰难，例如在数据的输入、输出及后处理等方面；该细化方法主要针对平面上的细化，而对于垂向上的则无法完成。

局部网格细化（local grid refinement，LGR）的方法是由 Steffen W.Mehl 和 Mary C. Hill 于 2002 年开发的交互式双程共享节点局部网格加密技术，并于 2013 年提升模拟计算能力，使之能够适应任意整数倍细化（Mehl and Hill，2002；Mehl and Hill，2013）。该细化方法是将重点关注区域进行独立刻画、模拟，建立重点区域模型进行单独网格剖分以达到细化的目的。优点如下：采用不同网格尺寸剖分全区域模型和重点关注的局部区域模型，前者称为“父模型”而后者称为“子模型”，两个模型分别进行模拟，且可对多个重点关注区建立独立子模型模拟，完全规避了对于非重点区域的细化剖分，减少了数据存储与计算量，节约了计算时间；父模型与子模型通过交界面相互传递流量和水头信息并将其作为边界条件进行求解，通过多次紧密耦合迭代的方式避免了边界处累积误差，最终获得高精度水头分布，大大提升了模型的计算精度。

在减少运行时间和贮存空间的前提下提高模型的精度是追求的目标，因此 LGR 加密技术成为目前主流方法并取得较好的结果（Vilhelmsen *et al.*，2012；Borsi *et al.*，2013；Foglia *et al.*，2013；Mansour and Spink，2013；Shao *et al.*，2013）。

6.1.2　基本概念

Mehl 于 2013 年采用虚拟节点法改进了 LGR 加密技术，而虚拟节点法已被 Dickinson 等（2007）证明了其在地下水流动数值模拟计算中的可行性与数值计算结果的精确性，因此这里以虚拟节点的 LGR 加密技术为基础进行介绍。子模型用于模拟需要细化的重点关注区域，父模型为子模型提供边界条件以保证全区流动系统的一致性（图 6.1）。

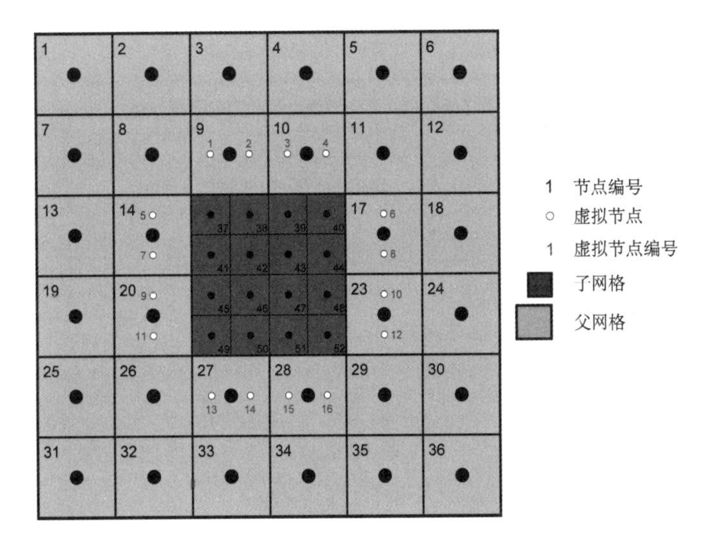

图 6.1　虚拟节点法局部网格细化平面二维模型示意图

因此，LGR 迭代的基本流程为：先求解完整的父模型；圈定子模型范围并从父模型获得边界水头，对子模型进行求解；将子模型边界处流量反馈给“镂空”的父模型，重新求解父模型后更新子模型边界水头；再次求解子模型。如此反复迭代，在父模型、子模型之间的流量与水头达到一致后，结束迭代，输出计算结果。具体流程见图 6.2。

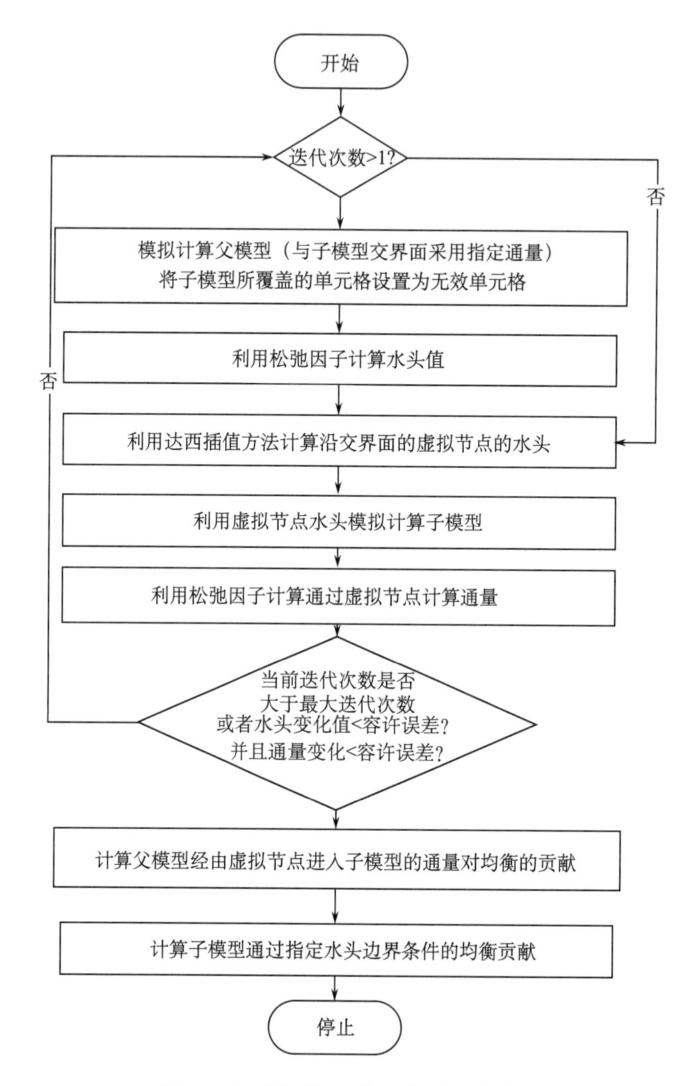

图 6.2　局部网格细化迭代耦合流程图

因此可以看出，父模型与子模型之间呈现出双向耦合的态势，迭代过程不断通过交界面（虚拟节点）交换流量与水头信息，并通过交换的信息更新各自计算结果，达到了同步提高计算精度的效果。

6.1.3　迭代耦合过程

LGR 迭代耦合过程是均衡穿过交界面的流量和交界面两侧水头的过程。它通过更新子模型的虚拟节点水头和父模型边界流量条件来完成。依赖于前一次计算结果，利用松弛因子加权平均本次计算结果，进而保证迭代计算的平稳性（Funaro *et al.*，1988；Székely，1998）。

如图 6.2 所示，LGR 程序开始模拟包含完整研究区的模型。进入迭代过程后，父模型中被子模型所覆盖部分被无效使父模型形成镂空的环状模型。在父模型中沿交界面的单元格中虚拟出与子模型网格相对应的节点，通过父模型求解计算结果对虚拟节点进行插值便能够获取子模型已知水头边界条件。插值获取的水头值通过使用当前水头值与前一次计算水头值进行松弛计算，能够在保证计算结果稳定性的同时加速收敛。

$$\begin{cases} head^{\text{updated}} = \omega \cdot head^{\text{new}} + (1-\omega) \cdot head^{\text{old}} \\ flux^{\text{updated}} = \omega \cdot flux^{\text{new}} + (1-\omega) \cdot flux^{\text{old}} \end{cases} \tag{6.1}$$

子模型模拟计算完成后，通过虚拟节点计算交界面上的通量并同样经过式(6.1)进行松弛计算，之后父模型利用这些更新过的通量边界条件重新模拟计算。父模型的水头计算结果再次通过插值到虚拟节点上为子模型提供边界条件，这样父模型与子模型通过交界面上水头及通量进行紧密耦合连接，该过程一直重复直至交界面上的水头变化与通量变化小于用户指定的收敛标准。

在迭代过程中，耦合是通过虚拟节点上的水头和通量建立起来的，这些被计入矩阵方程的对角系数和右端项内，因此系数矩阵与初始模型标准式保持了一致性。这一点不同于其他的双向耦合局部网格细化方法，它们通常在父子模型交界面处所建立的方程中都出现了不规律的单独系数矩阵，导致正则化后不用于初始模型的标准式（Ewing *et al.*，1991；Edwards *et al.*，1999；Schaars and Kamps，2001；Haefner and Boy，2003），这导致传统的求解计算包都无法再继续使用。

根据 MODFLOW 中系数矩阵公式化整理结果，LGR 形成的系数矩阵不需要进行修改即可代入相应的方程进行求解，具体系数矩阵如下：

$$\begin{cases} [\boldsymbol{A}_{\mathrm{p}}]\{h_{\mathrm{p}}\} = \{f_{\mathrm{p}}(h_{\mathrm{c}})\} \\ [\boldsymbol{A}_{\mathrm{c}}]\{h_{\mathrm{c}}\} = \{f_{\mathrm{c}}(h_{\mathrm{p}})\} \end{cases} \tag{6.2}$$

式中，$[\ ]$为矩阵；$\{\ \}$为向量；$\boldsymbol{A}$ 为系数矩阵，下标 p 为父模型，下标 c 为子模型；h 为水头，下标 p 为父模型，下标 c 为子模型；$\{f_{\mathrm{p}}(h_{\mathrm{c}})\}$ 为父模型右端项，包含了通过虚拟节点获取的通量边界条件；$\{f_{\mathrm{c}}(h_{\mathrm{p}})\}$ 为子模型右端项，包含了通过虚拟节点获取的指定水头边界条件。

6.1.4　虚拟节点耦合

虚拟节点为父子两个模型提供了连接纽带，虚拟节点为子模型提供指定水头边界（类似于 MODFLOW 中的一般水头边界（general head boundary，GHB）。父模型则通过指定通量边界条件进行模拟，通量大小是通过虚拟节点与子模型水头差与导水系数相乘而得。

考虑图 6.1 中单元格编号为 9 的单元，按照水均衡有

$$Q_{8-9}-Q_{9-10}+Q_{3-9}-Q_{9-37}-Q_{9-38}=0 \tag{6.3}$$

利用导水系数与水头差相乘重写式(6.3)：

$$\begin{aligned}&CR_8\times(h_8-h_9)-CR_9\times(h_9-h_{10})+CC_3\times(h_3-h_9)-\\&CGN_1\times(h_{GN1}-h_{37})-CGN_2\times(h_{GN2}-h_{38})=0\end{aligned} \tag{6.4}$$

整理各项：

$$\begin{aligned}&-[CR_8+CR_9+CC_3]\times h_9+CR_8\times h_8+CR_9\times h_{10}+CC_3\times h_3\\&=CGN_1\times(h_{GN1}-h_{37})+CGN_2\times(h_{GN2}-h_{38})\end{aligned} \tag{6.5}$$

考虑单元格 37 号的质量均衡：

$$Q_{14-37}-Q_{37-38}+Q_{9-37}-Q_{37-41}=0 \tag{6.6}$$

重写并整理该方程得到：

$$\begin{aligned}&-[CGN_5+CR_{37}+CGN_1+CC_{37}]\times h_{37}+CR_{37}\times h_{38}+CC_{37}\times h_{41}\\&=-CGN_5\times h_{GN5}-CGN_1\times h_{GN1}\end{aligned} \tag{6.7}$$

其中，

$$\begin{cases}CGN=[COND_{\mathrm{p}}\times COND_{\mathrm{c}}]/[COND_{\mathrm{p}}+COND_{\mathrm{c}}]\\COND_{\mathrm{p}}=[K_{y\mathrm{parent}}\times\Delta x_{\mathrm{child}}\times\Delta z_{\mathrm{child}}]/[\Delta y_{\mathrm{parent}}/2]\\COND_{\mathrm{c}}=[K_{y\mathrm{child}}\times\Delta x_{\mathrm{child}}\times\Delta z_{\mathrm{child}}]/[\Delta y_{\mathrm{child}}/2]\end{cases} \tag{6.8}$$

式中，K_x，K_y 及 K_z，为不同方向的渗透系数；x，y 及 z 分别是父子模型不同方向上单元格剖分尺寸。虚拟节点水头值则通过与之相邻的父模型单元格水头值，通过达西插值方法获得。

6.1.5 达西插值获取虚拟节点水头

对于与父模型恰好重合的虚拟节点，其水头值直接从父模型计算结果获取，而对于其他类的则采用插值的方式获取。线性、低阶、多项式等插值方式均已被讨论（Ward *et al.*，1987；Leake *et al.*，1998；Székely，1998；Davison and Lerner，2000），图 6.3 展示了在非均质条件下，线性插值产生的水头值并不遵循地下水运动的基本物理规律的现象。其他几何插值的方式仍然存在这样的问题无法克服。

地下水运动基本方程为达西定律，对于一维的情况描述如下：

$$q=-K(\mathrm{d}h/\mathrm{d}x) \tag{6.9}$$

式中，q 为通量，单位面积流速或达西流速；K 为渗透系数；$\mathrm{d}h/\mathrm{d}x$ 为水力梯度。

达西定律表明，介质属性、水力梯度（即两点之间的水头损失）能够唯一确定一维通量。沿交界面上对虚拟节点进行插值获取的水头值能够与父模型保持一致性，这样的插值方式也与地下水流动方程有限差分离散化保持了一致性。这里称为达西权重插值方法，计算如下：

$$h_{GN}=h_{\mathrm{p}}-\left\{\frac{Q_{\mathrm{p}\to\mathrm{p}+1}}{K_{\mathrm{p}}}\cdot\frac{L_{\mathrm{p}\to\mathrm{g}}}{A_{\mathrm{p}}}\right\} \tag{6.10}$$

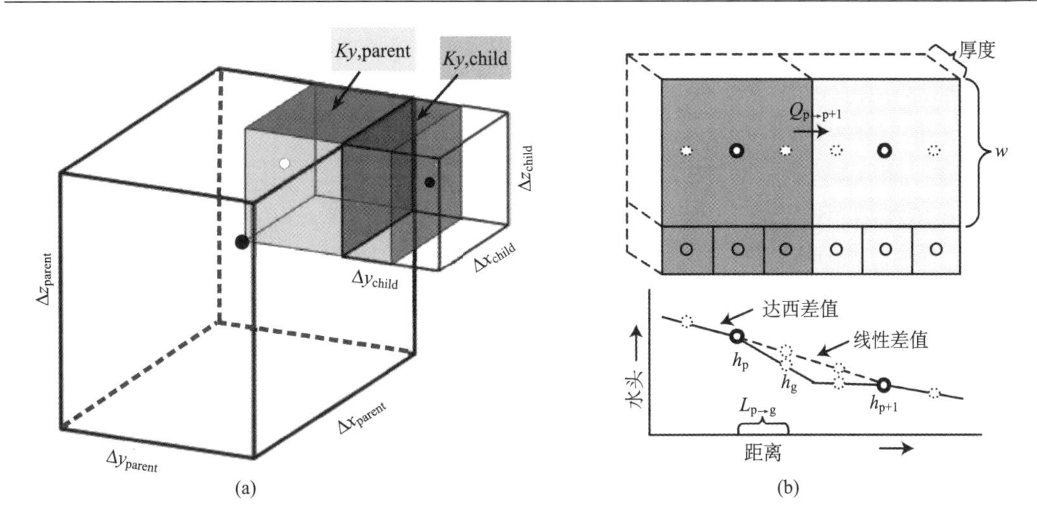

图 6.3　采用不同插值方法对虚拟节点水头进行插值

式中，h_{GN} 为虚拟节点的水头值；h_{p} 为父模型水头值；$Q_{\mathrm{p}\to\mathrm{p}+1}$ 为相邻父模型节点之间的流量；K_{p} 为父模型单元渗透系数；A_{p} 为父模型单元通过流量的横截面积；$L_{\mathrm{p}\to\mathrm{g}}$ 为父模型节点与虚拟节点之间的距离。

利用公式(6.10)可以轻易地将其拓展到二维或三维方向上：

$$h_{\mathrm{g}} = h_{\mathrm{p}} - \left\{ \frac{Q_{x_{\mathrm{p}}\to\mathrm{p}+1}}{K_{x_{\mathrm{p}}}} \cdot \frac{L_{x_{\mathrm{p}}\to g}}{A_{x_{\mathrm{p}}}} \right\} - \left\{ \frac{Q_{y_{\mathrm{p}}\to\mathrm{p}+1}}{K_{y_{\mathrm{p}}}} \cdot \frac{L_{y_{\mathrm{p}}\to g}}{A_{y_{\mathrm{p}}}} \right\} - \left\{ \frac{Q_{z_{\mathrm{p}}\to\mathrm{p}+1}}{K_{z_{\mathrm{p}}}} \cdot \frac{L_{z_{\mathrm{p}}\to g}}{A_{z_{\mathrm{p}}}} \right\} \tag{6.11}$$

这样的一个插值求解过程所获得的水头值与 LGR 第一版本中的共享节点法所采用的 Cage-Shell 插值方法（Mehl and Hill，2004）能够获得同样的计算精度（Foglia *et al.*，2013；Mehl and Hill，2013）。由于在各个方向上该插值方法所达到的精度相同，因此能够通过一步完成，简化过程、便于计算。

6.2　北山区域-盆地地下水流动数值模拟

为建立新场岩体尺度模型奠定基础，本节尝试先构建盆地尺度地下水流动数值模型。为避免模型边界的人为因素，采用区域-盆地紧耦合嵌套模型进行数值模拟。

6.2.1　模型范围确立依据

盆地尺度模型的圈定主要依据区域尺度模型的计算结果。北山地区地下水的主要补给来源是大气降水，同时大气降水与地形地势存在良好的线性关系。北山地区大气降水分布在 60 ~ 80mm/a，考虑仅部分降水会对地下水产生有效补给，因此模型上边界的补给量设定为 35mm/a 较为恰当。这里在利用区域尺度模型圈定盆地尺度模型时以 35mm/a 的降水情景为主要依据。

利用区域尺度模型水流计算结果，投放粒子进行追踪后获取地下水质点旅行时间，据此初步划分局部流动系统、中间流动系统及区域流动系统。处置库的目标岩体设定为新场山东部的完整岩体中，依据分析结果（图 6.4），无论降水如何变化，新场盆地所在位置南部都存在分水岭。降水丰沛时，南部、北部分水岭特征均较为明显，而降水逐渐减弱时，北部分水岭逐渐消失，南部分水岭也逐渐弱化。这一特征也与平面上水位分布特征一致：降水减少时，局部的地形对地下水流动系统的影响逐步弱化，直至消失。因此盆地尺度模型的南北界线设定为分水岭所在位置，即大致与地表分水岭起伏一致。另一方面，从构造角度来看，新场盆地被南北 F1、F2 两条压扭性断裂夹持，断裂具一定阻水意义，因此选择在其附近作为地下水模型的边界也是恰当的。

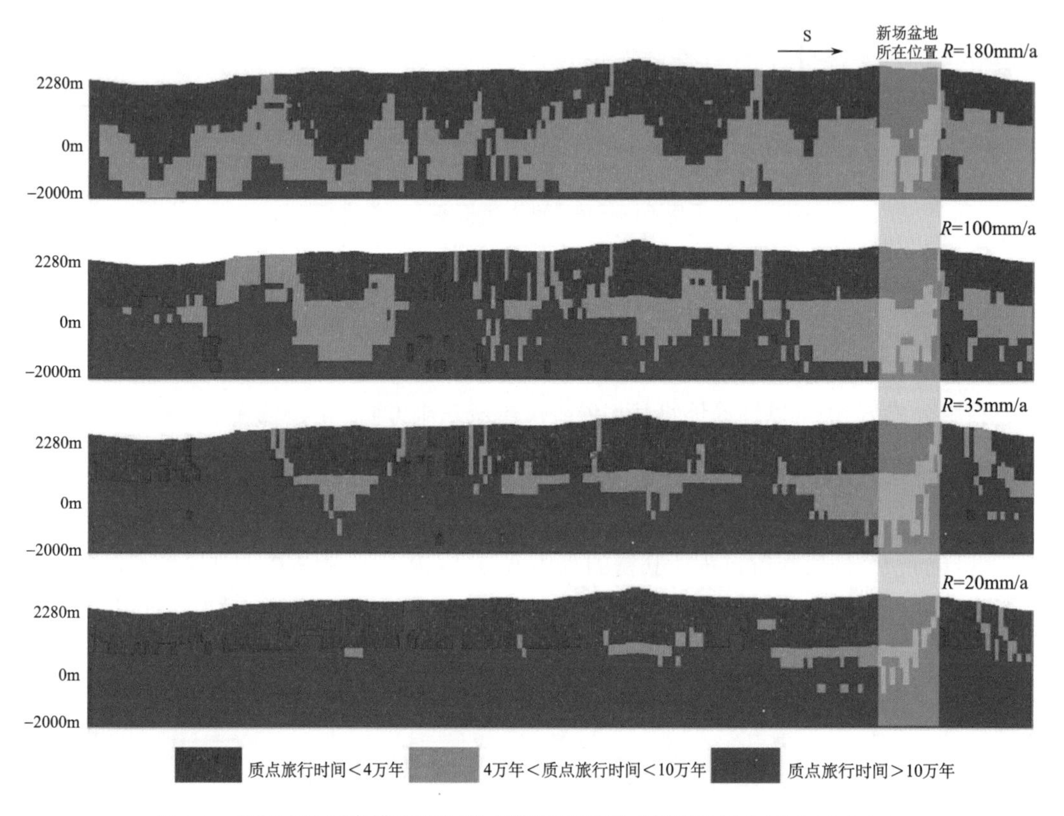

图 6.4　新场盆地尺度模型范围确立依据示意图（剖面位置为图 5.16 中 B）

地下水模型除了需要圈定平面范围外，垂向范围也是非常重要的。地表分水岭、断裂等易于获取或观察到的要素也能够协助确定平面范围，而垂向范围则相对困难。仍然利用区域尺度模型获取的地下水质点旅行时间的方式，通过对图 6.5 分析发现，不同级次流动系统控制的地下水循环深度也有所差异。降水量充足时，局部循环深度位于地表以下 2500m 左右，随降水量减少，局部循环深度也逐渐变浅，至年降水量 20mm 时，局部循环深度缩减至 2000m 左右。考虑研究区实际情况，对于盆地尺度模型采用 35mm 年降水量时的中间流动系统控制的空间域作为模拟深度，即地表以下 3000m。

至此，确定了盆地尺度模型范围：南北为地表分水岭位置（也与压扭性断裂大致重合），约为 24km；东西延伸至岩体展布范围内，约为 25km；垂向上，依据中间流动系统控制范围，设定为自地表向下 3000m。

6.2.2　模型的建立

依据区域尺度模型所确立的盆地尺度模型范围，对盆地所在位置进行网格细化，从而达到构建盆地尺度模型的目的。

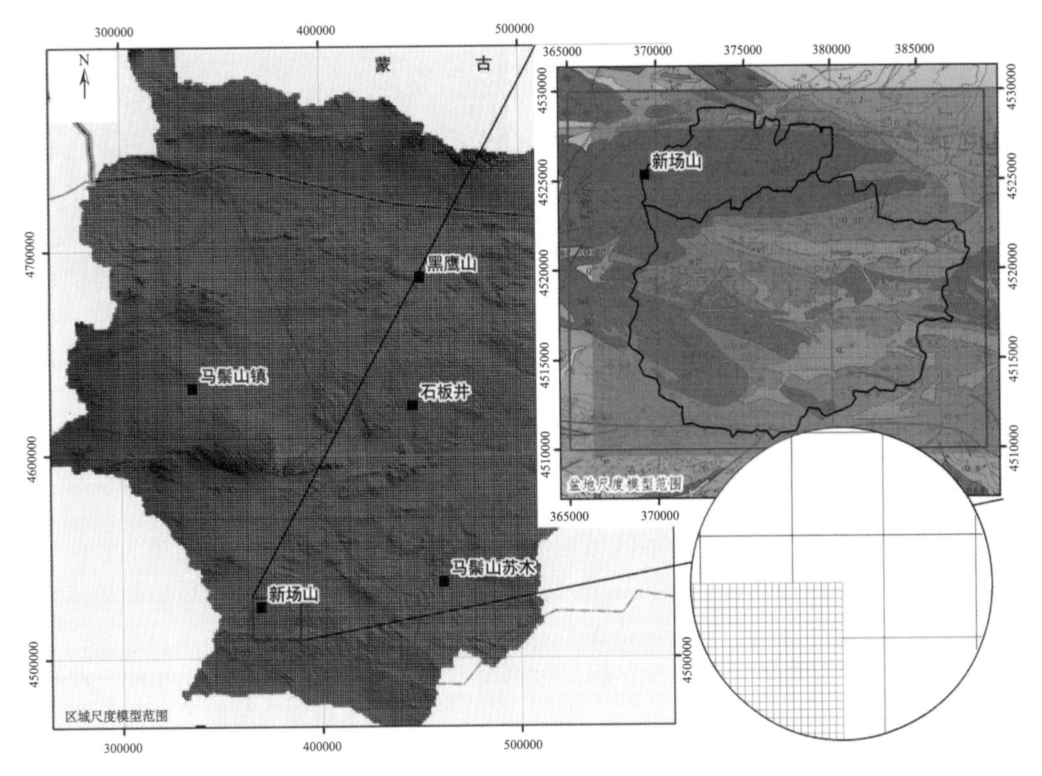

图 6.5　区域-盆地局部细化网格剖分示意图

利用局部细化的方法，将区域尺度模型网格水平方向按照 13:1 进行细化（起始行列为 201、84；结束行列为 216、103），垂向按照 2:1 进行细化（细化为 8 层），细化后的盆地尺度模型网格大小为 100m×98m，网格分辨率得到大幅提升，同时也提升了模型对可能影响地下水运动的水文地质要素（如断裂、岩性非均质等）的刻画能力。

6.2.3　模拟结果与讨论

对比均衡计算结果（表 6.1），区域向盆地补给的流量约为 56112m^3/d，盆地向区域排泄流量约为 105600m^3/d，流量交换量误差在 0.05%以内，说明局部细化的方法本身具有较高可靠性。

表 6.1　局部细化后区域模型与盆地模型流量信息交换

	区域模型		盆地模型	
边界处流量	流入	流出	流入	流出
交换/(m^3/d)	105601.8516	56113.5938	56111.1875	105599.6406

为了了解局部细化方法对模型计算仿真度的提升，图 6.6 对比了均质条件下细化前后流场和加入断裂因素细化前后流场对比。

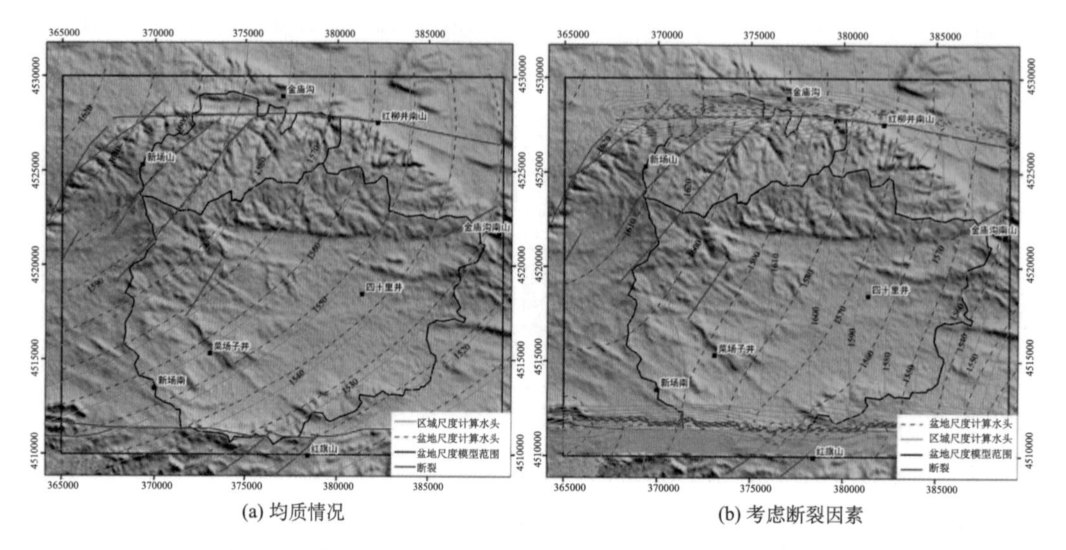

(a) 均质情况　　　　(b) 考虑断裂因素

图 6.6　网格细化前后新场盆地地下水流场对比图（单位：m）

从区域尺度角度看，细化前后区域地下水流场并未发生变化，总体趋势二者保持一致，在未细化地区地下水等水位线几乎完全重合；均质情况下，细化前后的新场盆地内地下水水位分布趋势一直，计算值相差不大。

当加入断裂因素时，由于区域尺度剖分网格分辨率粗糙造成断裂刻画粗略，此时地下水流向受水位的影响出现明显变化，由原来的自西北向东南完全转向为自西向东，同时水位值出现了明显抬升的现象；而局部细化后，地下水流向变化相对微弱，这是由于局部细化后网格分辨率得到了大幅提升，其对断裂的刻画更为精细、真实，此时断裂对地下水流场及水位的影响对比在区域尺度模型下的影响要微弱很多，只在断裂附近位置地下水流向发生明显偏转，而大部分地区保留了区域流场作用下的特征。

为了进一步分析盆地尺度高分辨率计算网格的特点，将模型里年降水量设置为 180mm，盆地尺度模型的模拟计算深度设置为与区域尺度模型一致，考虑不同渗透结构下地下水流场的变化特征。计算结果见图 6.7。

降水量增大时，局部地形起伏变化对地下水水位的分布将会起到明显的作用。含水层介质均质的情况下，采用局部网格细化的盆地模型计算出来的水位与区域地下水位总体分布趋势仍然一致，但局部分水岭的位置与模型所能刻画的水头分布有所差异：区域尺度上网格分辨率粗糙，局部分水岭大致出现在研究区内地势高点处，而盆地尺度由于网格分辨率的提升，对局部地形起伏的刻画更为精确，局部分水岭的位置仅围绕在研究区地势最高点处，即新场山所在地。区域尺度模型在新场盆地计算结果中最大水位值仅能分辨至 1700m，而盆地尺度模型则能刻画至 1790m（图 6.8）。

考虑断裂带非均质性时，区域尺度模型与盆地尺度模拟计算的结果基本一致。但由于区域尺度模型网格粗糙导致断裂带的影响范围较大，新场山附近流场出现显著变化，

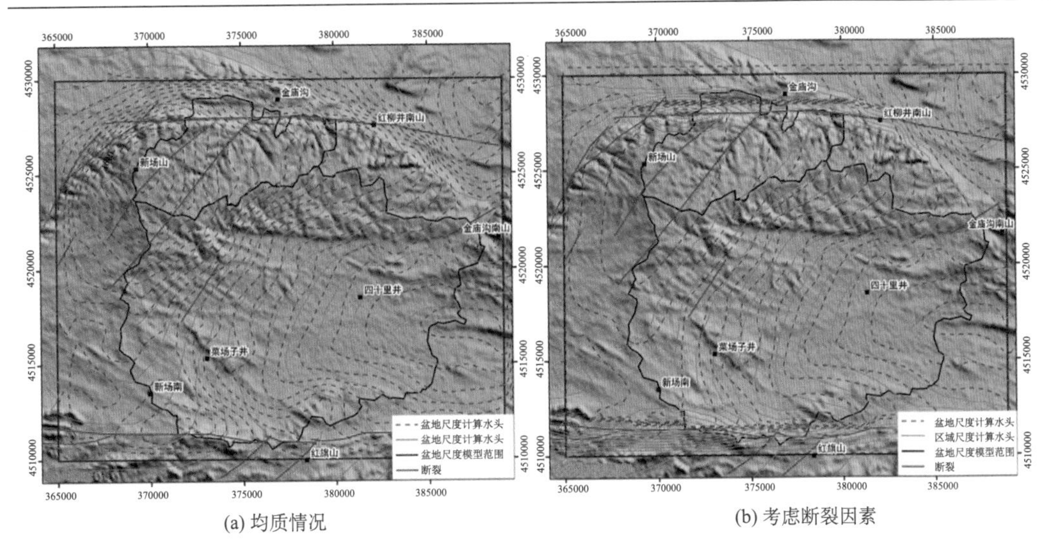

(a) 均质情况　　(b) 考虑断裂因素

图 6.7　增大降水情景下网格细化前后新场盆地地下水流场对比（单位：m）

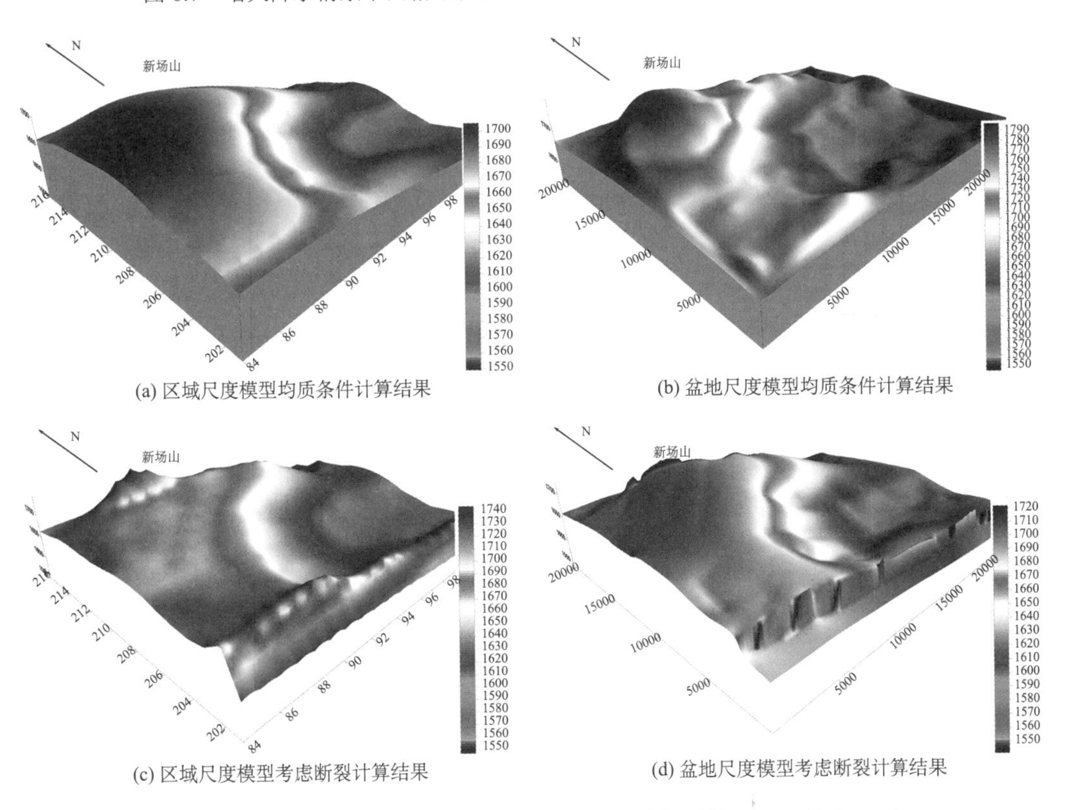

(a) 区域尺度模型均质条件计算结果　　(b) 盆地尺度模型均质条件计算结果

(c) 区域尺度模型考虑断裂计算结果　　(d) 盆地尺度模型考虑断裂计算结果

图 6.8　增大降水情景网格细化前后盆地地下水流场对比（3D，单位：m）

而盆地尺度模型中由于计算网格精度高，断裂带的影响范围相对较小。此外，盆地尺度模型还将新场南山局部高地对地下水位的影响进行了详细刻画，描绘出局部分水岭的分布位置，这能够为后续构建的岩体尺度模型提供依据和保障。

总体看来，采用局部细化的方式能够最大限度保证区域模型对盆地模型的边界作用，与此同时能够有效提高模型对水文地质要素刻画的能力，对提高模型仿真性具有重要作用。

6.3 小　结

本节通过区域地下水流动数值模型计算结果划定盆地尺度模型范围，采用 LGR 构建了盆地尺度模型。通过计算，区域与盆地之间流量交换误差在 0.05%，说明 LGR 的有效性。将模拟尺度从区域尺度缩小至盆地尺度后，精细化的网格大大提升了刻画盆地尺度水文地质要素的能力，在新场山处可将区域模拟计算的 1700m 水位提升至 1790m，表现出新场山对盆地地下水流场的影响。盆地尺度模拟计算网格将区域计算网格细化 13 倍，计算单元格大小为 100m×98m，通过盆地尺度的过渡，有效地保障区域地下水流动特征向岩体尺度的传递，保障了尺度推进的连续性，避免了跨越尺度所造成的计算困难。

第 7 章 裂隙岩体中的地下水流与核素迁移数值模拟

目前我国的高放废物处置库目标地质体多为低渗的坚硬结晶花岗岩体，在这些基岩中，往往存在断裂和节理，地下水的赋存和运动主要存在于不规则交错的裂隙之中，包括了风化裂隙及构造裂隙等，这些裂隙是构成溶解于地下水中的放射性核素的主要迁移通道。因此开展裂隙岩体中的水流与溶质运移规律研究是十分重要的。

被相互交织的网状裂隙切割的岩体所构成的裂隙网络介质在研究中远比连续介质复杂得多。当岩体中的细小裂隙较发育且数量很多时，可以当作连续介质来研究，从而应用成熟的连续介质理论进行求解。当岩体中的裂隙较为稀少或其规模发育程度剧烈影响其中的水流运动时，则必须考虑裂隙造成的非均质性对水流的控制作用。本章主要围绕处置库岩体，分别采用等效连续介质模型与离散裂隙网络模型进一步研究二者在描述裂隙中的水流与核素迁移时的优势与不足。

7.1 裂隙岩体渗流模型

岩体中的裂隙发育受到多种因素的影响，其宽度、展布方向、伸展长度等均具有高度不确定性，导致裂隙岩体具有强烈的非均质各向异性（Bear *et al.*，1993）。高度不确定性的非均质各向异性使得研究者很难利用数学方法进行描述，以地下水渗流的基本定律和组成裂隙网络的单裂隙渗流立方定律（Louis，1969）理论为基础，目前发展相对成熟且进行实例应用的求解裂隙岩体地下水渗流场的数学模型主要有等效连续介质模型、双重介质模型、离散裂隙网络模型和耦合模型（王礼恒等，2013）。离散裂隙网络很好地描述了裂隙岩体渗透的非均质各向异性，当岩块致密低渗时，模型仿真度高、计算精度高，但若计算域所含尺度较大无法统计全域裂隙特征参数时，该模型无法适用。双重介质模型将岩体与裂隙概化为两种不同水力参数的连续介质的叠加体，以达西定律为基础，刻画了优先流现象，考虑了岩体和裂隙间的物质交换，提升了仿真性（李国敏等，2007a）。

7.1.1 等效连续模型

当研究对象基本满足超大尺度条件时，即可以将整个含裂隙的岩体概化为一个连续介质体，整个系统中每一点各自的物理量都处于局部平衡状态，这就是所谓的等效连续模型。流动充满整个连续介质空间并表现出宏观特性，类似于理想情况下多孔介质，利用岩体裂隙渗透张量表征非均质特性。在这个观点下，目前已经成熟的多孔介质溶质运移理论能够进行溶质运移模拟与预测（Timothy，2006），无论是解析解还是数值解都已没有任何障碍。

等效连续介质模型的优点是可以直接套用多孔介质溶质运移机理来求解相应问题，对于解决多孔介质溶质运移问题目前已经拥有成熟的商业化软件，如 MT3D 等

（Chunmiao，1998），因此用户可较容易的进行操作和应用，从而快速解决问题。等效连续模型较适用于裂隙数量庞大、分布密集、几何特征呈现随机性的情况，该模型忽略裂隙与基质的区别，因此这种模型也存在一定缺点，如裂隙介质此时表现出来的仅为裂隙-岩体系统的宏观特征，而对于单个裂隙中或局部岩块内溶质迁移及分布状态无法预知。这种平均效应无法刻画裂隙介质典型的各向异性特点，尤其是沟槽化现象不能够很好的体现。因此无法全面、精确地评估预测溶质运移的范围与到达时间（Tsang and Tsang，1987；Odén *et al.*，2008）。

7.1.2　离散裂隙网络模型

通过考虑每一条裂隙的特征及裂隙之间相互切割贯通程度，刻画水流及溶质在其中运动特点的方法称为离散裂隙网络模型。该方法认为具有裂隙的岩体中，仅有裂隙存在导水性，地下水的运动和溶质运移是通过这些互相贯通的裂隙实现的。离散裂隙网络模型建立在野外裂隙几何特征统计的基础上，利用裂隙网络拓扑建立互相贯通的裂隙，采用三角状（Maryška *et al.*，2005）、圆盘状（Dershowitz and Einstein，1988）、不规则多边形等作为裂隙面在概化岩体内相交，在相交处设置为水量、溶质交换节点，建立方程进行计算即可获得时间空间离散化的浓度分布值（图 7.1）。

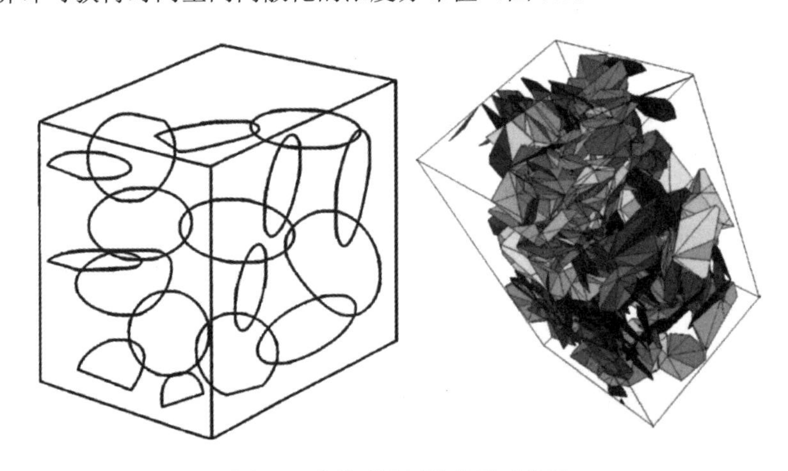

图 7.1　离散裂隙网络模型示意图

离散裂隙网络真实地刻画每一条裂隙的特点，该方法最符合实际。但也正是由于这一点，在建立网络过程中，需要所有涉及水流与溶质运移的裂隙的特征，如产状、迹长、隙宽等，这种情况下，建立的模型数据存储量大、计算强度大。天然条件下，观察岩体中每一条裂隙的特征是十分困难的，再加上计算机硬件设备的局限，因此目前该方法仍停留在小尺度研究上（Weatherill *et al.*，2008）。

尽管离散裂隙网络模型的实际应用还存在一定困难，但仍有许多学者进行探讨研究，利用该方法进行了相应的溶质运移数值模拟（Dershowitz and Fidelibus，1999；Xu and Dowd，2010；Elmo and Stead，2010）。

7.1.3　双重介质模型

在连续介质模型假设的基础上，将裂隙与基质分为两套系统来考虑，两套系统上存在水量与溶质的交换，这样的方法称为双重连续介质模型，属于耦合模型的一种。宏观上来看，任意时刻、任意点上具备两个速度、两个水头值、两个浓度值。两套系统的水流与溶质运移均有相应的控制方程，通过系统界面交换耦合来达到整个系统的求解（Gerke and Van Genuchten，1993a，1993b）。

先前 Barenblatt 等（1960）、Warren 和 Root（1963）考虑该问题时，一个重要的假设为裂隙渗透率远远大于基质的渗透率，而基质的储水性却不容忽略，在这样的情况下建立了双重介质模型，同时给出了相应的概念模型及数值模型。随后 Robert Bibby（1981）推导出该模型下定浓度边界条件下二维弥散解析解，并成功应用于实际。之后，基于同样的思想，Wu 和 Bai（1988）、Bai 等（1993）与 Bai 和 Roegiers（1997）考虑主干裂隙、次级裂隙、微裂隙、基质等多重效应，根据它们自身不同特性来描述其中水流及溶质运移，建立三重介质模型、甚至多重介质模型并给出相应解析解或半解析解，他们认为三（多）重介质模型比二重介质模型能够给出更为精确地结果。

耦合模型的典型代表为双重介质模型，由于其同时考虑了裂隙域、基质域中的水流与溶质运移，因此其出发点较等效连续模型更为符合实际，但其仍建立在多孔介质渗流基础上，对于裂隙本身特征刻画仍不足。此外，利用该模型预测溶质迁移的关键参数，即两套系统中溶质运移交换参数较难确定成为其一大缺点（图 7.2）。

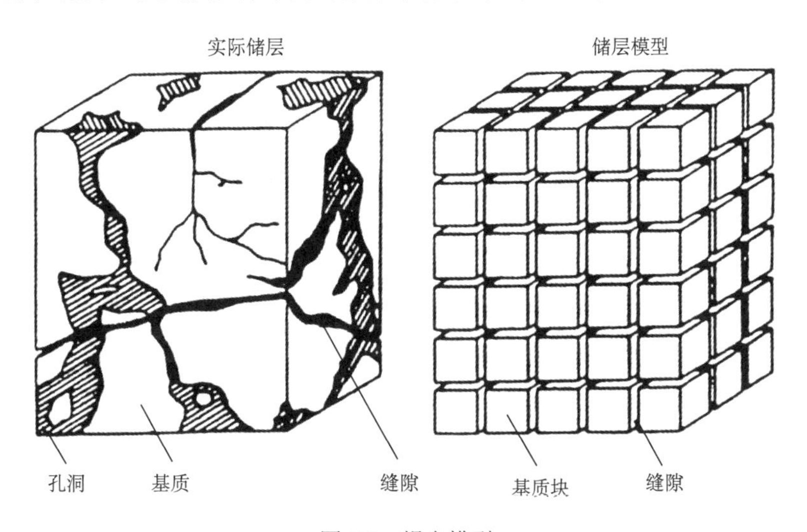

图 7.2　耦合模型

该方法在 20 世纪 60 年代就开始使用并逐步推广流行，至今仍热度不减，许多学者在此基础上对于非饱和裂隙流、多相流、多场流进行了深入研究（Bolshov *et al.*，2009；Moinfar *et al.*，2011）。

7.1.4 对比分析

由于裂隙介质的高度复杂性，三种常见概念模型以不同的侧重点对裂隙岩体进行了概化，它们各有优缺点，且适用范围也不同。

等效连续模型以等效连续渗流理论和渗透张量为基础，重点突出裂隙介质宏观特性，可直接套用成熟多孔介质溶质运移理论，但无法细致描述裂隙本身独特的非均质各向异性，适用于大尺度下、裂隙密集、发育随机的情况，是目前解决实际问题的主要方法；离散裂隙网络模型以单个裂隙入手，详细刻画了每条裂隙中水流与溶质运移特征，反映了实际裂隙强烈非均质性、各向异性、非连续性等特点，但受限于裂隙特征不易获取、模拟计算量、存储量大等缺点，目前仅适用于较小尺度下，或实验室内；混合模型同时考虑裂隙域与基质域中水流、溶质运移等问题，再利用其相互关系计算水量与溶质的交换进行耦合，该模型在刻画溶质运移时较符合实际，即不能够忽略基质域对溶质的迟滞效应，但其缺点也很明显，即系统间的交换系数等很难确定。

由于等效连续介质模型与混合模型对裂隙本身性质描述的不足，使得其在将来的发展中受到各种约束，因此能够精确刻画单个裂隙的离散裂隙网络模型相比之下具有很大发展前景。

7.2 多重交互连续性模型

进行区域尺度、盆地尺度地下水流动模拟时，对比空间尺度而言裂隙几何特征对于地下水运动的影响可忽略，因此将其等效为孔隙介质模型进行概化。对岩体尺度模型进行研究时，尺度进一步缩小，裂隙导致的非均质性和各向异性更加明显，不再适用于概化为孔隙介质模型。本节针对甘肃北山新场附近岩体，采用基于双重介质模型发展起来的多重交互连续性（Multiple Interacting Continua，MINC）模型建立岩体尺度地下水流动模型，分析不同示踪剂的迁移规律。

7.2.1 模型范围

构建岩体尺度模型的障碍一方面是模型边界难以确定，另一方面是岩体内部渗透性能难以刻画。单独构建岩体尺度模型，人为给定边界条件的做法显然不合理。考虑采用松耦合的方式，从盆地尺度模型获取边界流量信息，对岩体尺度采用全流量边界形式定义，能够从一定程度上保证岩体尺度模型的准确性。从平面上讲，岩体尺度模型的范围可以按照需求划定，即新场盆地北部面积约 12km^2 的完整岩体。垂向上，影响地下水运动形式的地形因素变化剧烈，导致岩体尺度范围内地下水的运动形态、循环深度都无法获知。因此将岩体尺度模型垂向深度设定为与盆地尺度一致，即为某一地下水流动系统的空间控制范围。

7.2.2 MINC 模型简介

MINC 最初由 Barenblatt 等（1960）、Warren 和 Root（1963）提出，后经美国劳伦

斯伯克利国家实验室的 Pruess（1992）进一步发展成型。它与双重介质模型类似，区别是二者在不同介质系统中的水交替方程的建立方法不同。传统双重介质模型为拟稳态流（quasi-steady），而 MINC 模型则为完全非稳态流（fully transient）。拟稳态流计算中孔隙间流动速率是与局部基质裂隙间的平均压力差成比例的。对于单相等温条件下具有较小压缩性的流体的流动，这个假设是可以接受的，这是由于基质域中瞬时响应是非常迅速的。然而当碰到非等温或多相流动时，有效弥散度非常小且孔隙间流动的瞬态期可能较长（迟滞），拟稳态流的假设无法适用。在 MINC 模型中，除了必要的裂隙与基质的划分外，还对基质进行了下一步划分。基质域被离散化为一系列互相嵌套的单元，将裂隙与基质界面上的压力梯度引入基质内部，重新求解基质内部的压力分布，将基质中孔隙间流动处理成全瞬态的方式，细化计算基质域中驱动孔隙间流动的梯度（压力、温度等）（图 7.3）。

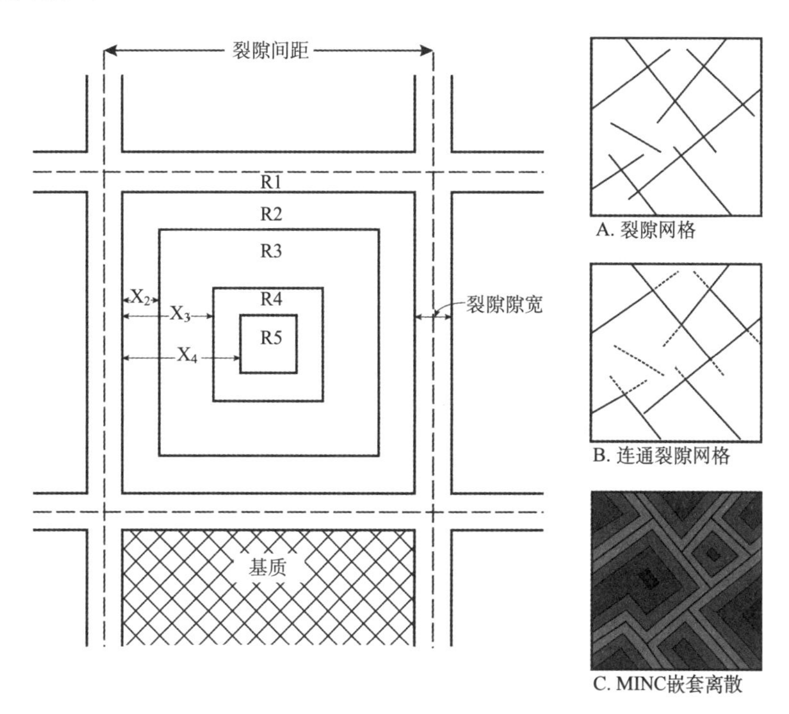

图 7.3　规则非规则 MINC 模型概念示意图

为了求解驱动孔隙间流动的梯度，需要将流动系统继续恰当的离散化。以基质和裂隙不同响应时间为基础，通过以下步骤完成：假设基质域中热力学条件的变化是由最近的裂隙与基质之间的距离控制的，因此，基质域被离散为一系列相互嵌套的基于与离裂隙的距离进行定义的体积单元，如图 7.3 所示。R1 代表裂隙，R2 代表距裂隙最近的基质，R3 代表相对较大距离的基质，依次类推。响应于对于裂隙系统所施加的干扰，流体或热可能自基质域向裂隙域运移或反向运移。因此，孔隙间的流动近似为一维运动。假如 MINC 模型仅定义两级连续体时，则退化为双重孔隙模型。将基质按照距裂隙的距离划分为次级连续体的方法不仅仅局限于规则形状的岩块，对于非规则的情况也同样适用。

实施 MINC 方法的第一步是生成基于多孔介质的计算网格，在这主控网格的框架下生成包含有描述孔隙间流动的额外体积单元、计算界面数据等数据的次级计算网格。目前可通过 GMINC 代码（Pruess，1983）实现网格生成，并采用积分有限差分法求解计算（Falta，2010）。

7.2.3 数学模型与数值方法

针对新场岩体采用 MINC 模型进行概化，求解压力分布，分析保守示踪剂在岩体中的迁移规律。

7.2.3.1 TOUGH2 与状态方程

非饱和地下水流及热运移程序（transport of unsaturated groundwater and heat, TOUGH），主要模拟饱和及非饱和地层，以进行多孔介质或裂隙介质内的多相、多组分及非等温的水流及溶质运移的分析。其应用十分广泛，在地热储藏工程、核废料处置、饱和-非饱和带水文、环境评价和修复、二氧化碳地质封存、页岩气开发等均有应用（Zhang *et al.*，2011；Rutqvist *et al.*，2013）。1999 年由美国国家能源科技技术软件中心发布包含有 11 个状态方程（equation of states，EOS）功能模块的 2.0 版本的 TOUGH2，其增强了过程模拟的能力，包括储层与井管水流耦合、沉淀溶解效应等（Pruess *et al.*，1999，2011）。

TOUGH2 用于模拟水流系统的空间尺度变化可以从微观尺度到流域尺度，水流过程模拟的时间尺度可以从几分之一秒到几万年的地质年代时间，在美国尤卡山核废料处置问题中得到了充分应用（Wu *et al.*，1999，2002）。

由于 TOUGH2 开发之初重点关注非等温水流及热量运移现象，其变量定义为热动力变量（thermodynamic variables），即假设在局部范围内，所有流相为均匀处于热动力平衡状态。考虑系统中有 NK 个组分，根据热动力平衡分属在 NPH 个相中，依据热动力 Gibb's 原理，该热动力系统的自由度为

$$f = NK + 2 - NPH \tag{7.1}$$

因为各流相的总饱和度为 1，所以在饱和度方面，自由度为 $NPH-1$，因此，该系统中的主要热动力变量（总自由度）为

$$NK1 = f + NPH - 1 = NK + 1 \tag{7.2}$$

即该热动力系统由自由度为 NK 个组分的质量守恒方程和一个热能守恒方程组成。若计算域被离散为 NEL 个计算单元，那么将有 $NEL \times NK1$ 个主要热动力变量，并与之相应的相同数量的质量、能量守恒方程用于方程求解。当系统为单相流时，主要变量为压力与温度，若为多相流，则主要变量为压力和饱和度，或组分的分量。

由于不考虑液相以及组分的个数和属性，多相水流和热量运移的控制方程具有相同的数学形式，因此 TOUGH2 将程序结构设置为模块化（图 7.4），主要的水流和热运移模块可以与不同的水流属性模型相互作用，从而能够方便地处理不同的多相、多组分水流系统。TOUGH2 模块化框架围绕两个大的数组建立，我们将其称为 X 数组和 PAR 数

组，其中 X 数组包含了最新时段所有网格上的所有主要热动力变量，这些变量传递至相应的 EOS 中，由 EOS 更新次要变量（数组 PAR）之后主要变量与次要变量会再次传递回模块中，供下一次迭代时计算主要变量的变化量。因此利用 TOUGH2 进行模拟可以看作通过迭代过程不断更新数组 X 和数组 PAR 的过程。

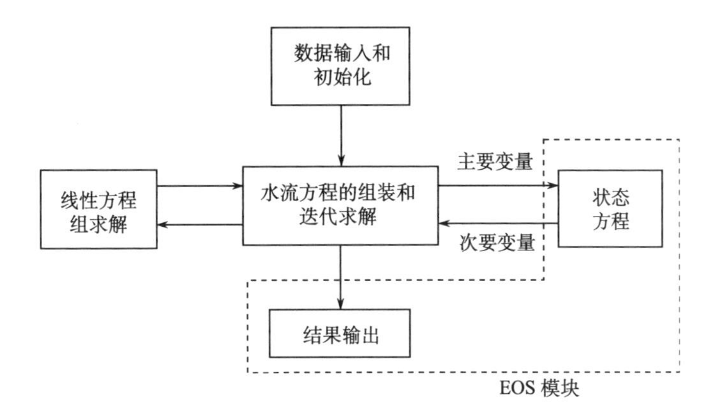

图 7.4　TOUGH2 的模块化结构示意图

TOUGH2 最初开发时并未包含图形用户界面，因此采用文本编辑的方式准备复杂的输入文件相对较为棘手。受美国能源部委托，Thunderhead Engineering 公司开发的 PetraSim 软件对 TOUGH2 家族程序进行了图形化界面封装，使得 TOUGH2 的使用难度大大降低（Yamamoto，2008）。

由于岩体尺度模型边界流量均从盆地尺度模型获取，而 PetraSim 软件本身不具有边界条件导入功能，因此本研究中采用 TOUGH2 代码与可视化软件 PetraSim 进行联用，通过修改 TOUGH 中 GENER 输入数据块获得边界条件后进行岩体尺度地下水流动数值模拟研究（图 7-5）。

```
GENER
  0 1  0 1          1     COM1 0.1975E-010.0000E+000.0000E+00   /*source*/
  0 2  0 2          1     COM1 0.1975E-010.0000E+000.0000E+00   /*source*/
  0 3  0 3          1     MASS -.3146E-010.0000E+000.0000E+00   /*sink  */
  0 4  0 4          1     MASS -.3146E-010.0000E+000.0000E+00   /*sink  */
  0 5  0 5          1     MASS -.3198E-010.0000E+000.0000E+00   /*sink  */
  0 6  0 6          1     MASS -.3198E-010.0000E+000.0000E+00   /*sink  */
  0 7  0 7          1     MASS -.3248E-010.0000E+000.0000E+00   /*sink  */
```

图 7.5　岩体模型边界条件

新场岩体及附近地下水水位埋深分布在 20~40m，而处置库目标层位为地下 500~600m，处置库完全位于饱水层中。根据 TOUGH2 提供的状态方程，选择 EOS1 与 EOS7R 分别进行模拟分析。EOS1 主要用于模拟示踪剂在多相流体中的迁移过程，而

EOS7R 模块能够用于模拟放射性核素、盐、水、气等多组分、多相非等温过程，常用于核素的迁移规律分析。

7.2.3.2　数学模型

TOUGH2 采用有限差分法模拟多维空间、多相流体在孔隙介质的质能运移，由质能平衡原理可推导在模拟空间中任一区域的质能控制方程：

$$\frac{\mathrm{d}}{\mathrm{d}t}\int_{V_n} M^k \mathrm{d}V_n = \int_{\Gamma_n} F^k n \mathrm{d}\Gamma_n + \int_{V_n} q_m^k \mathrm{d}V_n \tag{7.3}$$

式中，V_n 为所研究的流体系统以封闭曲面 Γ_n 所分割而成的任意子空间；M 代表单位体积内相关组分的质量或能量，通过变量 k=1,2,3,···, n，k 对物理组分的质量和其他热学组分的能量进行标记；F 表示质量流或热流；q 表示源汇项；n 为曲面元 $\mathrm{d}\Gamma_n$ 的法向量，指向 V_n。通过高斯散度定律，方程可以转换为以下偏微分形式：

$$\frac{\partial M^k}{\partial t} = -\mathrm{div} F^k + q^k \tag{7.4}$$

该方程是进行数值离散和计算的初始形式。

7.2.3.3　数值方法

对于采用以上提到的离散方法处理的模型，采用与之相适应的积分有限差分法（Integral Finite Difference Method，IFDM）进行定量计算，该计算方法是对质能平衡方程直接进行整体空间离散而非通过偏微分方程进行计算（Narasimhan and Witherspoon，1976）。针对积分有限差分法，流动问题的空间离散几何特征通过指定一系列网格的体积、交界面面积及节点之间的距离来实现，而不需要指定全局坐标系统。这种自由坐标的方法提供了极大的便利。对任意不规则、非均质裂隙介质，或高阶差分方案均能通过指定几何特征数据完成离散过程，而不需要对模拟程序代码进行修改。

对连续性方程[式(7.3)]采用积分有限差分法进行离散化处理，引入恰当体积平均值，得到如下方程：

$$\int_{V_n} M \mathrm{d}v = V_n M_n \tag{7.5}$$

式中，M 为标准体积外延量；M_n 为计算域体积 V_n 中对 M 的平均值。表面积分被近似为 A_{nm} 的离散平均值之和：

$$\int \mathbb{F}^k \cdot n \mathrm{d}\Gamma = \sum_m A_{nm} F_{nm} \tag{7.6}$$

式中，F_{nm} 表示体积元 V_n 和 V_m 的接触面 A_{nm} 上 F 的一般组分平均值。具体几何参数的意义见图 7.6。

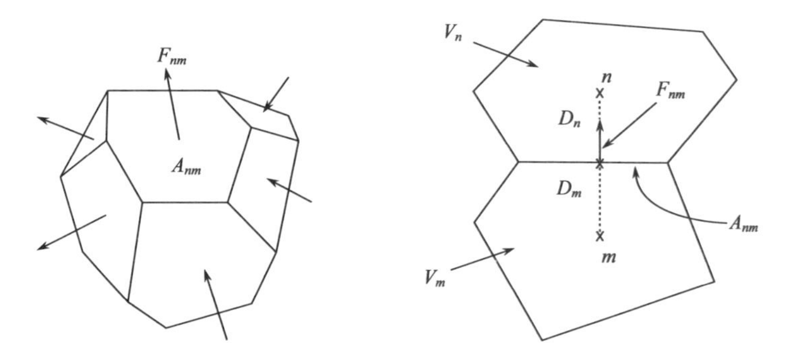

图 7.6　积分有限差分法的空间离散示意图（据 Pruess *et al.*，2011，修改）

离散通量被视为计算单元 V_n 和 V_m 上的参数在数值上的平均值。通过达西定律有：

$$F_{\beta,nm} = -k_{nm}\left[\frac{k_{r\beta}\rho_\beta}{\mu_\beta}\right]_{nm}\left[\frac{P_{\beta,n} - P_{\beta,m}}{D_{nm}} - \rho_{\beta,nm}g_{nm}\right] \tag{7.7}$$

式中，D_{nm} 为节点 n 与 m 之间的距离；g_{nm} 是从 m 到 n 的重力加速度。将式(7.5)、式(7.6)代入式(7.3)形成对时间的常微分方程：

$$\frac{\mathrm{d}M_n^k}{\mathrm{d}t} = \frac{1}{V_n}\sum_m A_{nm}F_{nm}^k + q_n^k \tag{7-8}$$

时间以一阶有限差分进行离散，上式右端项是流量与源汇项之和。为了保证数值稳定性提高多相流求解计算效率，每个时间步长都对右端项进行再计算。至此完成了积分有限差分方法在计算域上的时空离散。

积分有限差分法采用比传统的中心差分法在概念上更简单的办法来处理空间域上的梯度。对于常见的无流量边界的处理，积分有限差分法仅需通过设置穿过该边界没有任何流量连接来实现。而对第一类狄里克里边界，积分有限差分法可采用无效计算单元的办法，或者将该边界单元体积设置为一个非常大的值，而单元中心到边界的距离又设置为一个很小的值（Smith and Seth，1999）。

7.2.4　模型的构建与模拟结果分析

岩体尺度模型主要基于盆地模型获得的边界与初始条件，用 TOUGH2 建立地下水流动数值模型，并着重分析不同示踪剂的迁移规律。

7.2.4.1　模型构建

岩体尺度模型主要建立在新场盆地北部的完整岩体上，模型平面范围为 4000m×3000m，模型深度为 3000m 与盆地尺度模拟深度保持一致。剖分网格大小设定为 50m×50m，为适应从盆地尺度获取流量边界，垂向剖分与盆地尺度模型保持一致（图 7.7）。

岩体尺度模型边界条件均来自盆地尺度模型计算结果。将岩体尺度模型边界单元格映射到盆地尺度模型中，通过均衡区的计算方式，获得每个单元格的流量进出量，将该数据读入 TOUGH2 输入数据模块 GENER 中，以源汇项（Source/Sink）形式定义岩体尺度模型边界条件。岩体尺度模型初始条件则依据盆地尺度稳定流模拟计算结果水头值换算为压力获得。

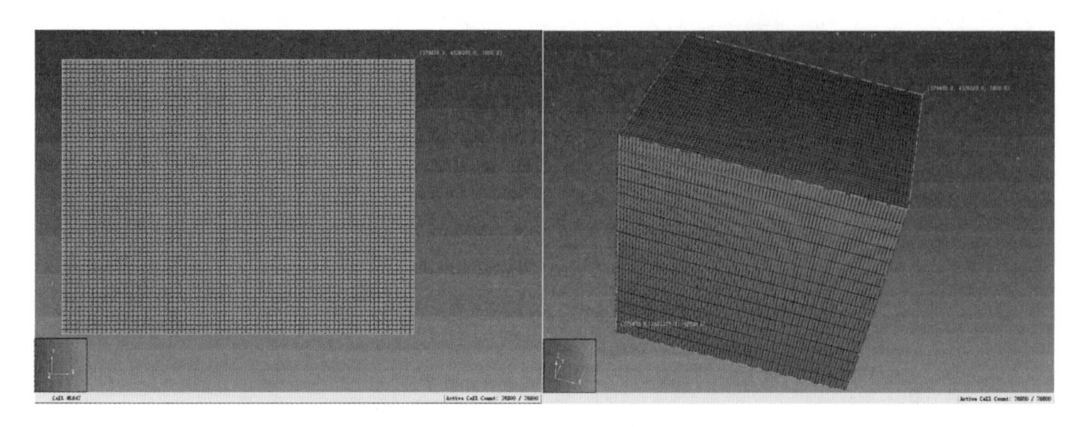

图 7.7　岩体尺度网格剖分示意图（基于 PetraSim 实现可视化）

7.2.4.2　模拟结果与分析

通过模拟计算，岩体尺度模拟计算结果以压力形式展示（图 7.8），平面上压力的传导以自西向东方向为主导，与盆地尺度在该处得到的水位分布结果一致。

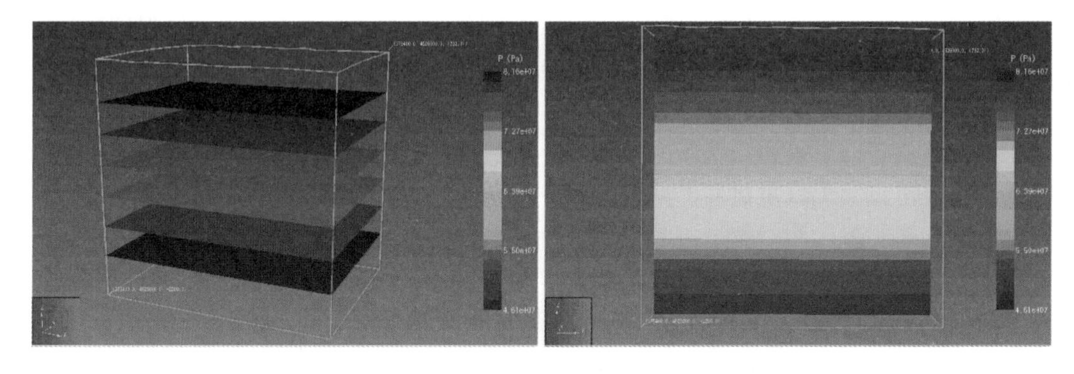

图 7.8　岩体尺度模型计算结果（压力分布）

为了探讨裂隙岩体中基质对示踪剂的影响，在模型中设定一处示踪剂投放点，选择 EOS1 为状态方程，在压力变化的主导方向上距投放点 50m、100m、150m、200m、250m 设置观测点，假定基质所占比例分别为 0.01、0.02、0.05、0.1、0.2 五种情形，并与不使用 MINC 模型时的结果作对比（图 7.9）。

通过模拟计算分析：引入 MINC 方法后，基质占比仅为 1%时，由于裂隙介质具有相对高的渗透率，相同观测点获取的相对浓度略高于不采用 MINC 方法时的模型（图 7.9）。其中距离最近的观测点相对浓度维持在 58.05%，随距离增大迅速下降，至 250m 距离时降低为 3.2%；当基质比例增加为 2%时，相比前者距离投放示踪剂最近的观测点（x=50m）相对浓度略微下降，为 58.02%，随观测点距离逐步增大，相对浓度降幅也逐步增大，最远观测点相对浓度仅为 3.9%；基质比例增大至 5%及以上时，最近观测点的相对浓度已无法再模型所设定的模拟时段达到稳定，仅达到 48.0%、32.1%、17.8%（基质比例分别为 5%、10%、20%），对比距离最远处的观测点相对浓度，衰减幅度变化更加明显，自 0.009%迅速降低为 0.002%。

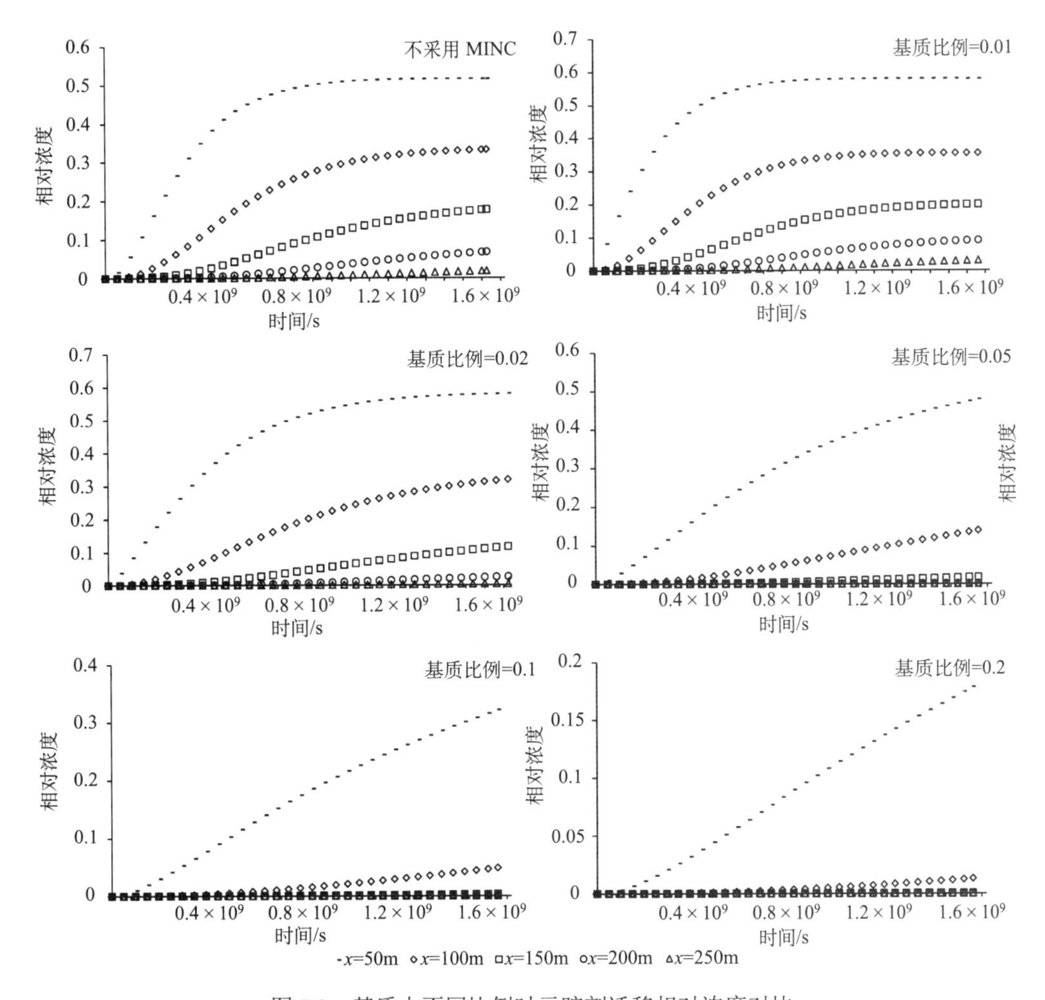

图 7.9　基质占不同比例时示踪剂迁移相对浓度对比

当把裂隙与基质共同纳入模型中考虑时，渗透性较好的裂隙会优先输送示踪剂，导致相对浓度上升。同时随着基质占比增加，其对示踪剂的迟滞越发明显，大大延缓了示踪剂在介质中的迁移。裂隙介质本身特点即具备高度非均质性，因此在岩体尺度模型上仍采用等效多孔介质的方式刻画是不恰当的，需考虑裂隙的优势导水性与基质的储水性协同作用评估示踪剂的迁移。因此以下针对使用 MINC 模型讨论基质比例差异造成的示踪剂浓度变化。

以距离示踪剂投放点最近观测点（x=50m）为例，当基质占比较小时，示踪剂相对浓度在相对较短的时间内即可达到稳定，维持在 58%附近；基质比例增加 1%后（自 1%增加至 2%），示踪剂浓度仍然上升较快，但增速低于前者，大约需要两倍于前者的时间方可达到稳定值（图 7.10）；基质比例增至 5%时，示踪剂增速明显降低，在模拟时段内最大相对浓度仅为 48%；若基质比例为 20%时，示踪剂浓度上升趋势已由对数函数形状变化为线性函数变化，增速明显降低，至模拟时段结束时相对浓度仅为 17.8%。

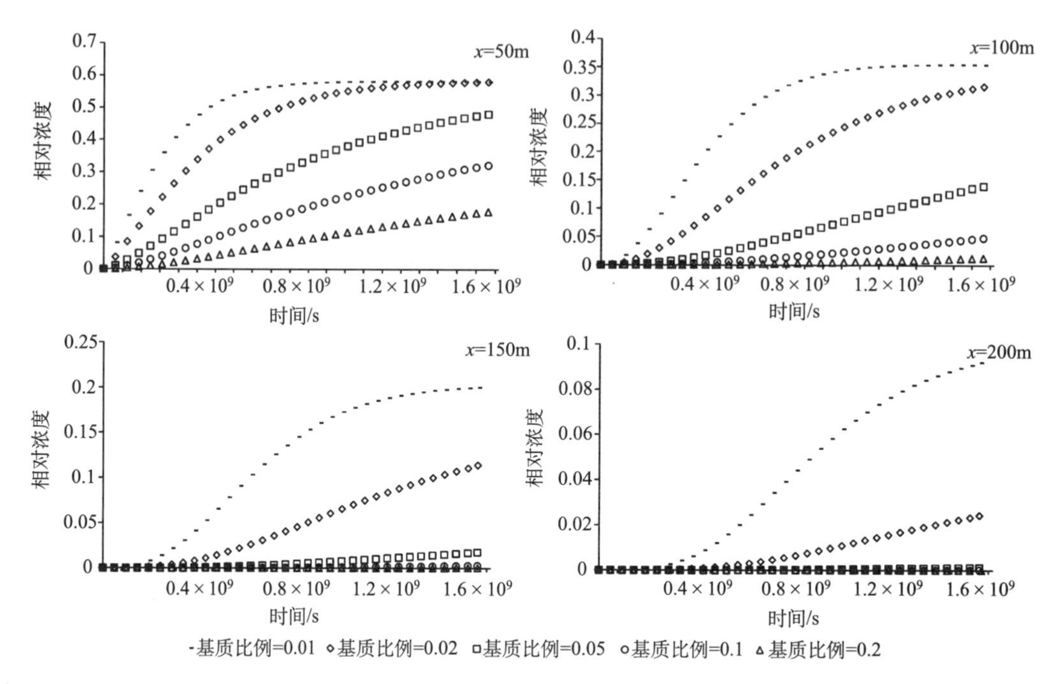

图 7.10　不同裂隙比例相同观测点示踪剂相对浓度对比

对于距离示踪剂投放点 100m 处观测点而言，模拟时段内仅有基质比例为 1%的模型可达到稳定值，基质比例为 0.02 的相对示踪剂浓度已逼近稳定值，其余均距离稳定时间尚早。距离示踪剂投放点越远的观测点，相对浓度越难以达到稳定，尤其当基质比例大幅提升时，相对浓度几乎都维持在 0.01 以下。

7.2.4.3　放射性核素示踪模拟结果

高放废物中的镎（Np）、钚（Pu）、镅（Am）、锝（Tc）、碘（I）、锶（Sz）、铯（Cs）等放射性核素是其主要组成部分。但由于它们在介质中的衰变、吸附等机理性研究尚不明确，这里考虑 ^{239}Pu 和 ^{137}Cs 作为代表性核素，分析具不同半衰期的核素在裂隙介质中的运移规律。其中 ^{239}Pu 半衰期为 2.41 万年，衰变后形成相对稳定的 ^{235}U。Cs 半衰期为 30 年，衰变后形成稳定的 ^{133}Cs。二者半衰期相差较大，共同点是衰变后都形成稳定元素。

以 MINC 模型为基础，采用 EOS7R 状态方程进行模拟，选择在岩体中部（距离地表约 500m）投放核素，模拟其迁移的时空分布规律（图 7.11、图 7.12）

模拟结果显示，模拟初期（约为 30 年），^{239}Pu 与 ^{137}Cs 均沿投放点呈晕状分布；模拟中期（约为 200 年），^{239}Pu 已开始逐步离开岩体进入盆地模型中，而 ^{137}Cs 仍在投放点附近，相比初期而言面积有所扩大；模拟后期（约为 850 年），^{239}Pu 以相对浓度 0.3

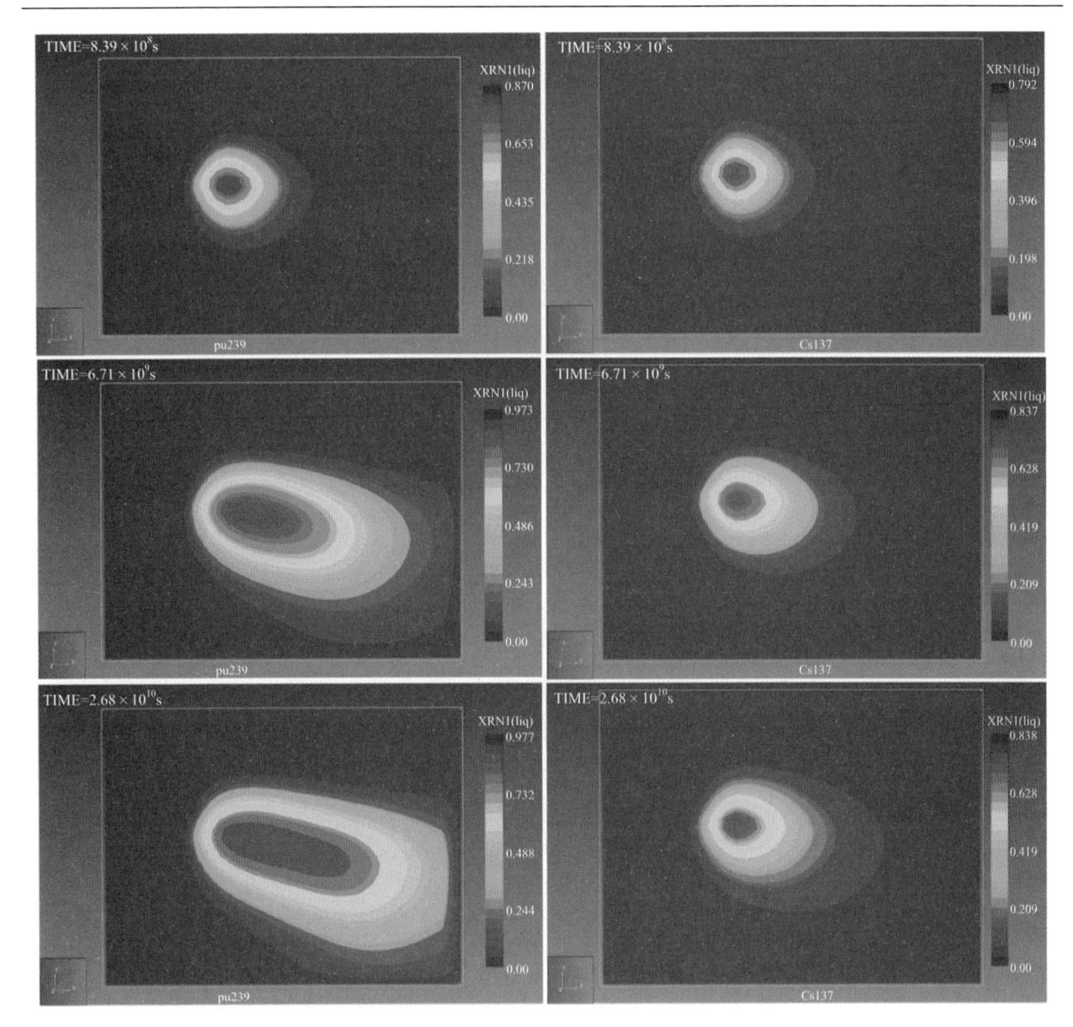

图 7.11　^{239}Pu 与 ^{137}Cs 在岩体模型中迁移时空分布

边框即为岩体尺度模型范围，长 4km、宽 3km，以平面展示

开始由岩体向盆地中释放，此时 ^{137}Cs 仍在岩体范围内，尚未迁移至盆地中。总体而言，由于持续投入核素，两种核素在岩体中的相对浓度始终在上升，由于 ^{239}Pu 半衰期较长，其相对浓度持续增加至 0.977，而 ^{137}Cs 由于半衰期较短，在投放过程中部分衰减为稳定的 ^{133}Cs，因此其最高仅为 0.838。

对于衰变后的产物，^{239}Pu 与 ^{137}Cs 分别对应的是稳定元素 ^{235}U 和 ^{133}Cs，二者在岩体模型中的分布形状几乎一致，但相对浓度差异较大。模拟初期（约 30 年），^{235}U 相对浓度仅为 0.000252，模拟中期（约为 200 年）相对浓度之后逐步上升为 0.0023，至模拟后期（约 850 年），相对浓度上升至 0.00405，开始向盆地中释放核素；而对 ^{133}Cs 而言，模拟初期相对浓度已上升为 0.164，模拟中期上升至 0.696，并开始向盆地中迁移，模拟后期相对浓度已达 0.857，且相对浓度最高点距离岩体边界仅不足 1km。

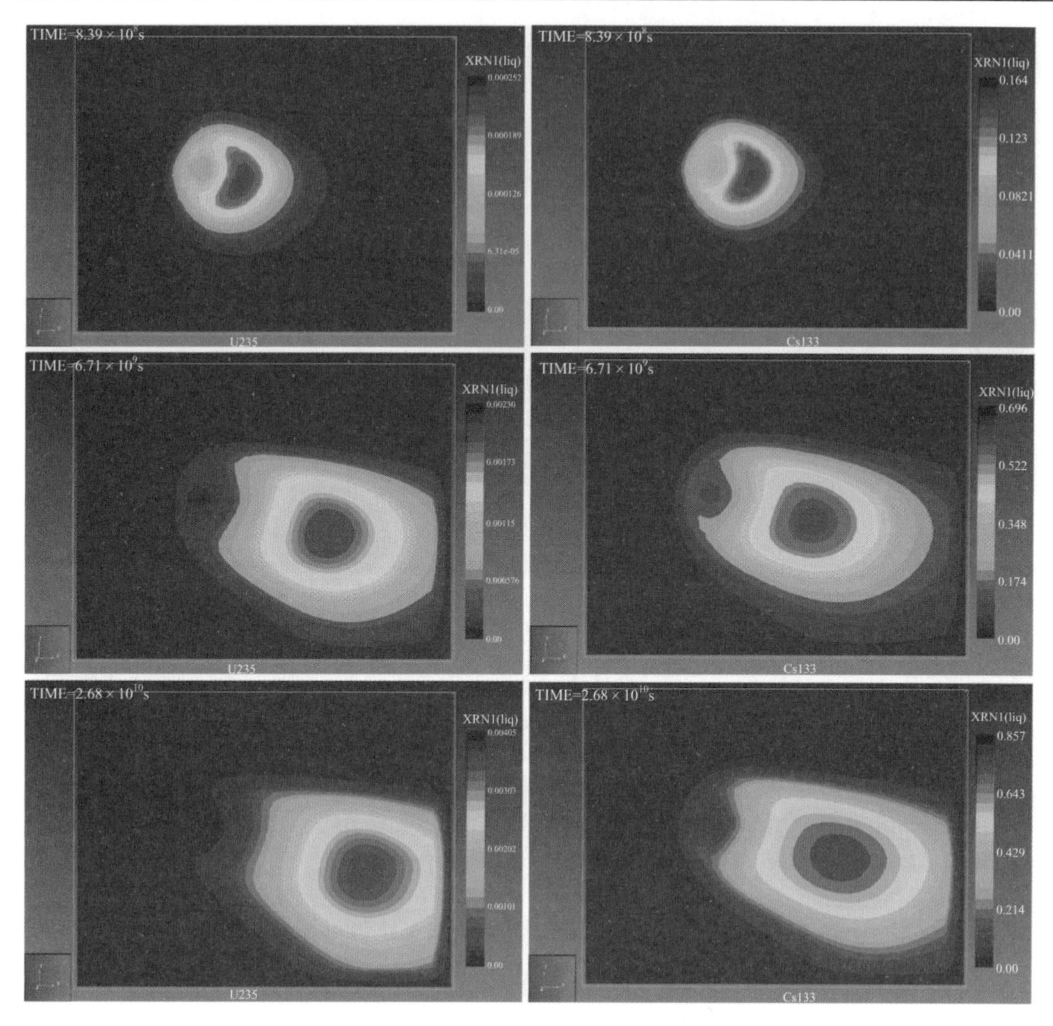

图 7.12　^{235}U 与 ^{133}Cs 在岩体模型中迁移时空分布

边框即为岩体尺度模型范围，长 4km、宽 3km，以平面展示

7.2.5　小结

尺度进一步缩小，进行岩体尺度地下水流动数值模型构建时，裂隙、基质不同介质对地下水的运动及示踪剂的迁移影响不可再忽略。本节采用了多重交互连续性模型刻画裂隙岩体中地下水的运动，通过投放示踪剂并追踪其相对浓度的变化情况发现：由于引入渗透率相对较好的裂隙，示踪剂迁移速度加快，相对浓度维持稳定；随着基质占比增大，示踪剂迁移速率显著下降，相对浓度偏低，并且需要较长时间方可达到稳定浓度。因此，在进行小尺度模拟研究时应当充分考虑裂隙介质的高度非均质性，综合裂隙的优势导水性与基质的储水性协同作用，才能准确评估示踪剂的迁移特征。通过投放不同半衰期核素，分析发现，岩体中的基质对其具备一定阻滞作用，半衰期较长的核素在百年尺度内即开始由岩体向盆地释放，而半衰期相对较短的则由于自身衰变等因素，需更长

时间才能离开岩体向盆地释放。

7.3　离散裂隙网络模型

7.3.1　模拟软件

模型构建和分析采用的模拟工具是 FracMan 软件，该软件是由美国 Golder Associates 公司于 1987 年研发，历经 27 年开发的一套综合软件系统，用于分析和模拟非均质性和裂缝性储层，包括诸如断层，裂缝，古河道，和扭曲带等。目前在全球如下的大公司和其他小油公司里已安装了 200 多个用户 licenses。包括 BP-Amoco，Chevron，ENI-Agip Division，Exxon-Mobile，Esso/Imperial Oil，Marathon Oil，Statoil，Phillips petroleum，Schlumberger，Shell，Texaco，PetroChina，SinoPec，CNOOC，长庆油田，西北局，胜利油田等。

FracMan 软件提供了一套集成的，基于 windows 界面风格的软件工具平台，借助地震资料，钻井资料，生产动态，试井资料，中途测试等资料可以进行离散裂缝数据分析、地质模拟、空间立体分析、可视化、流动和传导、地质力学分析等。

7.3.2　模型构建

7.3.2.1　钻孔成像裂隙数据分析

根据 NRG01 钻孔成像数据导入 FracMan 软件，与钻孔交叉的裂隙以圆盘状显示在图 7.13 中，钻孔深 600m。钻孔成像共记录有 53 条裂隙穿插钻孔。其裂隙法向、走向、倾角分布如图 7.14 所示。

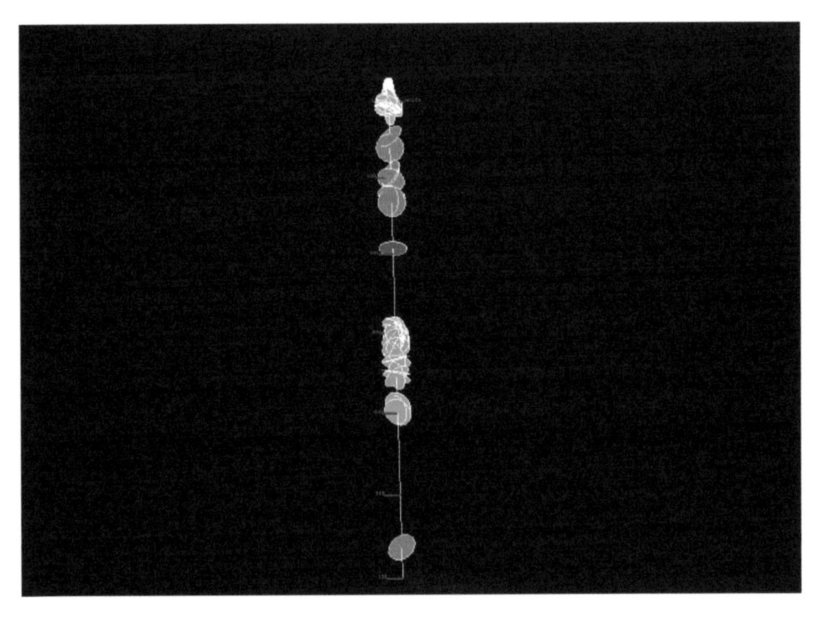

图 7.13　钻孔交叉裂隙显示图

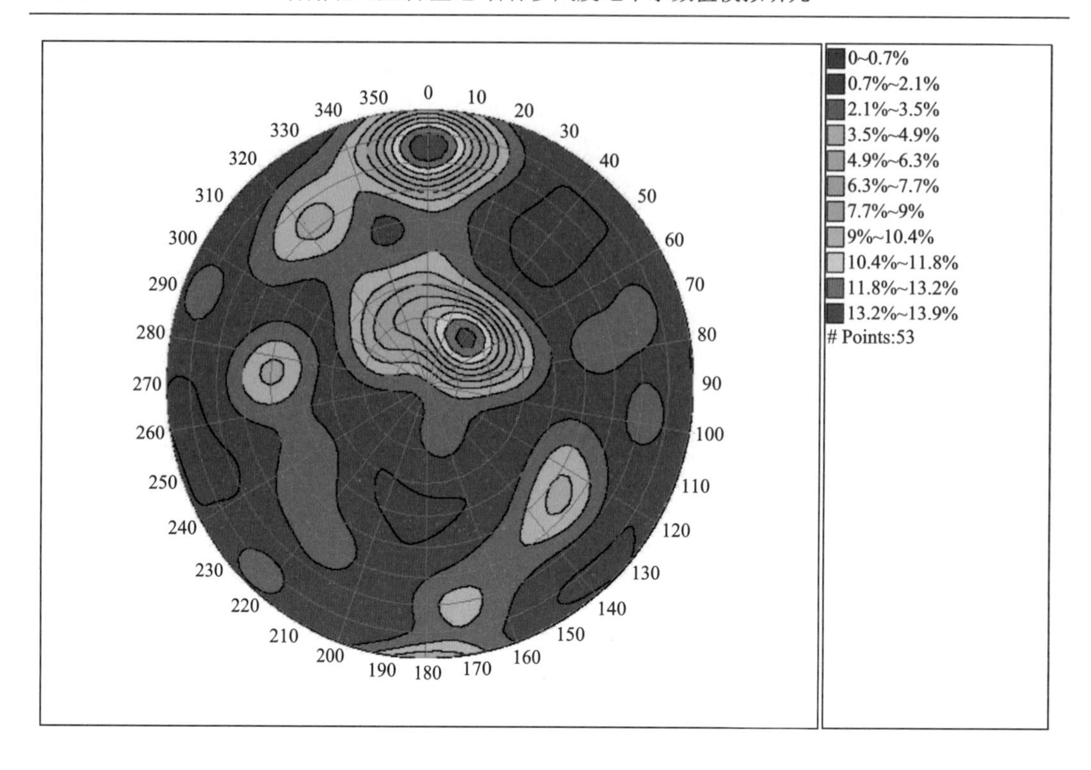

图 7.14　裂隙法向、走向、倾角分布图

7.3.2.2　等密度区确定及分区

目前，采用 FracMan 建立区域离散裂隙网络模型时，主要采用 P10 线密度分区法。主要把裂隙密度相同的井段作为同一段生成裂隙并参与分析。NRG01 钻孔的沿钻孔裂隙密度曲线（cumulative fracture intensity plot）和沿深度裂隙分布直方图如图 7.15 所示，由图可分析出钻孔裂隙共存在五个等密度区间，同时，对不同区段的线密度 P10 进行了计算，以便生成裂隙，区间具体分布情况及线密度值见表 7.1。

表 7.1　NRG01 钻孔等密度分区及对应线密度（P10）值

区段	起始深度/m	终止深度/m	P10
区段 1	0	15	1.067
区段 2	15	140	0.064
区段 3	140	280	0.007
区段 4	280	400	0.225
区段 5	400	600	0.005

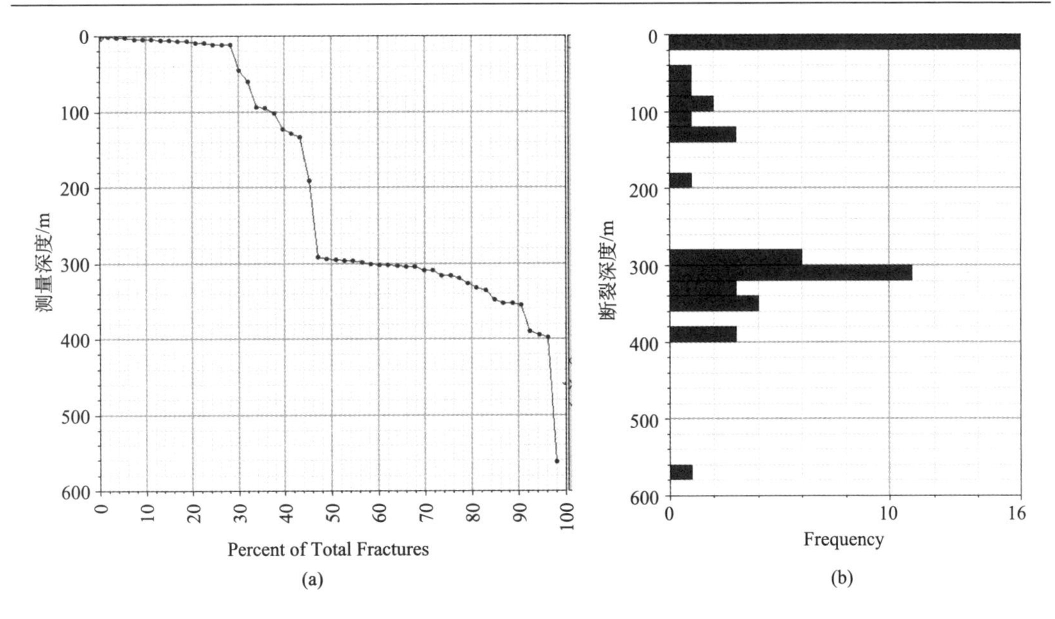

图 7.15　NRG01 钻孔沿孔裂隙密度曲线(a)和沿深度裂隙分布直方图(b)

7.3.2.3　不同分区裂隙几何参数分析

在分区确定后，需要对每个区域内裂隙的优势方向展开分析，并对优势方向的分布特征进行探讨以生成裂隙。根据等密度区，分别绘制五个分区内裂隙分布的极点图，如图 7.16 所示。右图可以看出，不同区段内的裂隙分布随深度变化明显，采用 FracMan 的裂缝集交互识别系统（Interactive Set Indentification System，ISIS），ISIS 用自适应概念模式识别技术计算测井 FMI 或 UBI 或岩心数据中各裂缝集的裂缝方位分布，然后根据概率加权比例重新分配裂缝分布，重新计算裂缝集方位，一直重复该步骤直到裂缝集分配达到最优。得到裂缝分组特征，即倾角和方位角。 可用于确定各组裂隙内优势裂隙产状和倾角以及分布形态，得到裂缝在井筒附近的空间分布规律，以确定裂缝外推方式。

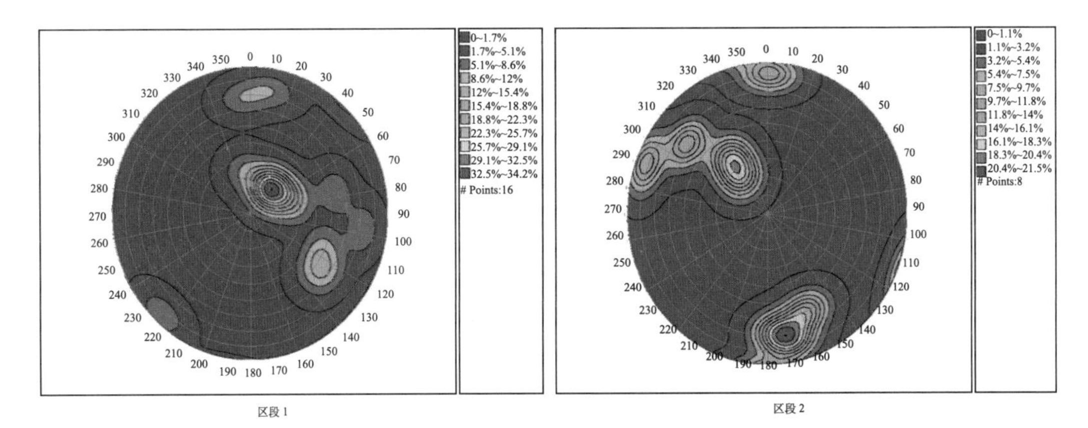

图 7.16　不同分区内裂隙分布极点图

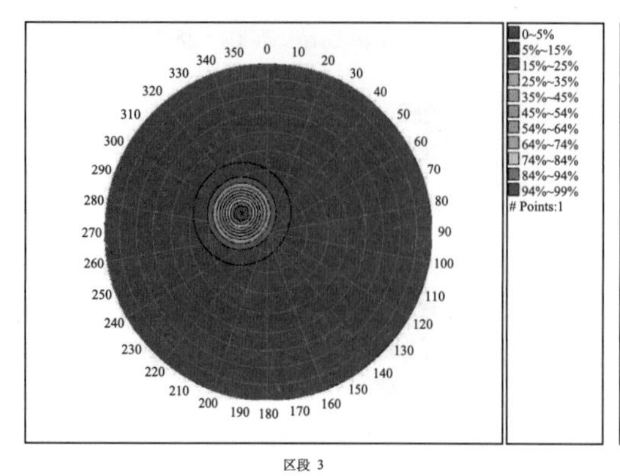

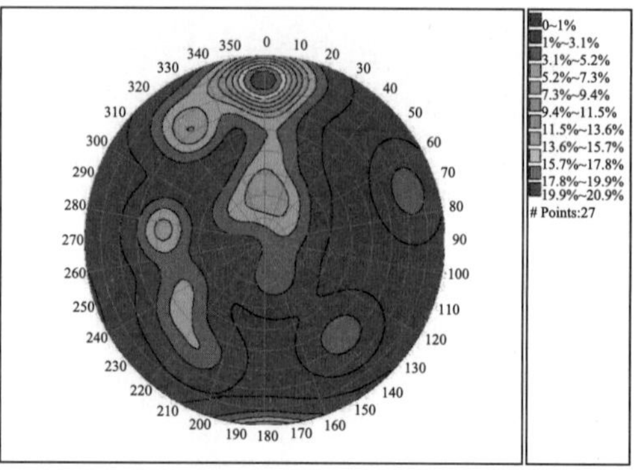

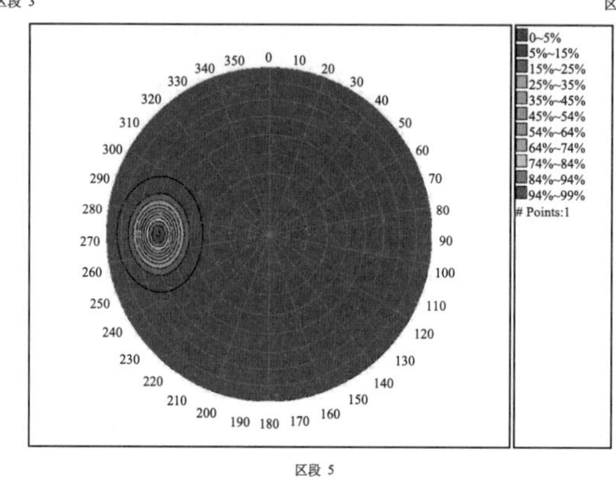

图 7.16　不同分区内裂隙分布极点图（续）

表 7.2　不同分区优势产状及其参数统计分布特征

分区		区段 1	区段 2		区段 3
			区段 2-1	区段 2-2	
优势走向，倾角		48.065，45.348	325.000，52.000	156.213，0.917	305，74
拟合形式		Elliptical Fisher	Elliptical Fisher		Elliptical Fisher
走向	分布形态	对数正态分布	正态分布		
	平均值	185.451	180.61		
	偏差	113.724	77.2121		
倾角	分布形态	对数正态分布	正态分布		
	平均值	38.319	37.9878		
	偏差	39.4836	19.1712		

分区		区段 4	区段 5
优势走向，倾角		349.871，33.488	270,32
拟合形式		Elliptical Fisher	Elliptical Fisher
走向	分布形态	正态分布	
	平均值	202.637	
	偏差	88.4299	
倾角	分布形态	对数正态分布	
	平均值	41.5273	
	偏差	50.3433	

由 ISIS 分析可以看出，区段 1、区段 2 以及区段 4 内裂隙较发育，区段 3 以及区段 5 内裂隙相对不发育。区段 1 内裂隙法向优势走向/倾角为 48.065/45.348，拟合分布形态为 Elliptical Fisher 分布，走向和倾角分布形态均为对数正态分布。区段 2 内裂隙拟合形态为 Elliptical Fisher 分布，裂隙可分为两组，两组裂隙的优势走向/倾角分别为 325.000，52.000 和 156.213，0.917，两组裂隙走向和倾角均符合正态分布。区段 4 内裂隙拟合形态为 Elliptical Fisher 分布，裂隙的优势走向/倾角分别为 349.871，33.488，裂隙走向符合正态分布，裂隙倾角符合对数正态分布。各区段主要裂隙组及其走向倾角分布情况见表 7.2。通过这些裂隙统计分布数据，可以进一步开展裂隙生成研究。

7.3.2.4　离散裂隙网络模型建立

FracMan 软件裂隙生成模块具有多种创建三维裂缝模型的功能，能通过多种实现，提供不同尺度的裂缝模型。主要采用 Mote Carlo 随机裂缝生成模拟。

蒙特卡罗（Monte Carlo）模拟是一种通过设定随机过程，反复生成时间序列，计算参数估计量和统计量，进而研究其分布特征的方法。具体的，当系统中各个单元的可靠性特征量已知，但系统的可靠性过于复杂，难以建立可靠性预计的精确数学模型或模型太复杂而不便应用时，可用随机模拟法近似计算出系统可靠性的预计值；随着模拟次数的增多，其预计精度也逐渐增高。由于涉及时间序列的反复生成，蒙特卡罗模拟法是以高容量和高速度的计算机为前提条件的，因此只是在近些年才得到广泛推广。

若已知随机参数变量的概率分布，根据随机转子系统的特征值方程可以方便地利用蒙塔卡罗随机模拟法来研究动力响应等的统计特性。设随机变量 r 的概率分布函数为 $P_r(x)$，蒙塔卡罗方法的步骤如下：

（1）根据 $P_r(x)$ 模拟产生一组随机参数 $r_1^i, r_2^i, \cdots, r_m^i, i=1$；

（2）将上述随机参数代入特征值方程求 $w_1^i, w_2^i, \cdots, w_m^i$；

（3）令 $i=1,2,3....$ 重复步骤（1）、（2）模拟生成足够多的 $w_1^i, w_2^i, \cdots, w_m^i, i=1,2,3\cdots L$；

（4）计算随机参数转子系统动力响应的统计特征值

$$\begin{cases} E(\omega_k) = \dfrac{1}{L}\sum\limits_{i=1}^{L}\omega_k^{(i)} \\ Var(\omega_k) = \dfrac{1}{L-1}\sum\limits_{i=1}^{L}(\omega_k^i - E(\omega_k))^2 \end{cases} \tag{7.9}$$

模型裂隙均采用六边形刻画，裂隙等效半径设置在 10～30m 范围内，不同分段的裂隙等效半径符合正态分布。裂隙渗透率设置为等效半径的函数，裂隙等效半径越大，渗透率越大。

根据 NRG01 岩体深度与核废料处置要求，建立 NRG01 钻孔岩体离散裂隙网络模型（DFN），模型范围为 1000m×1000m×600m。模型纵向按照等密度区划分为 5 层，每层采用 P10 线密度方法生成了离散裂隙网络（图 7.17～图 7.19）。

建立的立方体模型范围内继续剖分成细网格，网格平面剖分成 50m×50m，每层共 400 个网格。不同区段纵向分区网格大小根据区段长度设置。模型共生成 135635 条裂隙。

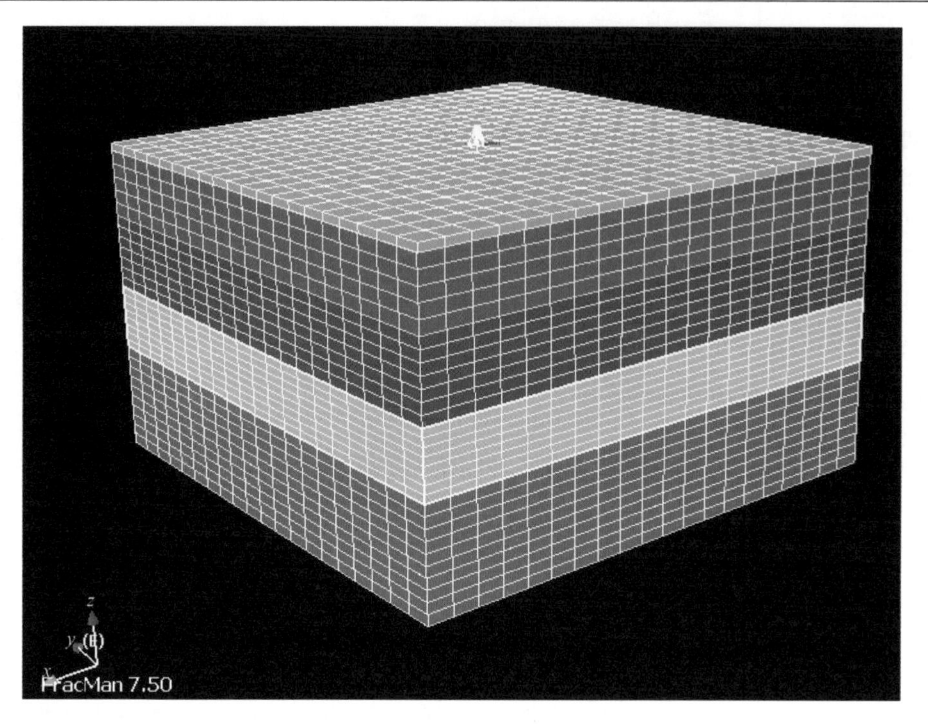

图 7.17　模型网格及边界图

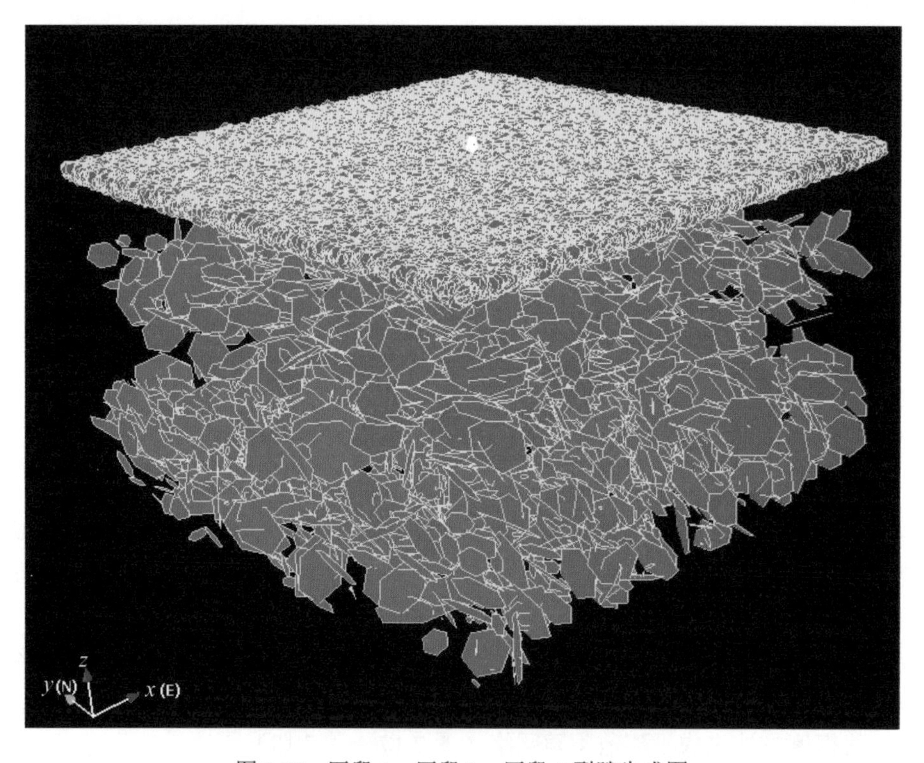

图 7.18　区段 1、区段 3、区段 5 裂隙生成图

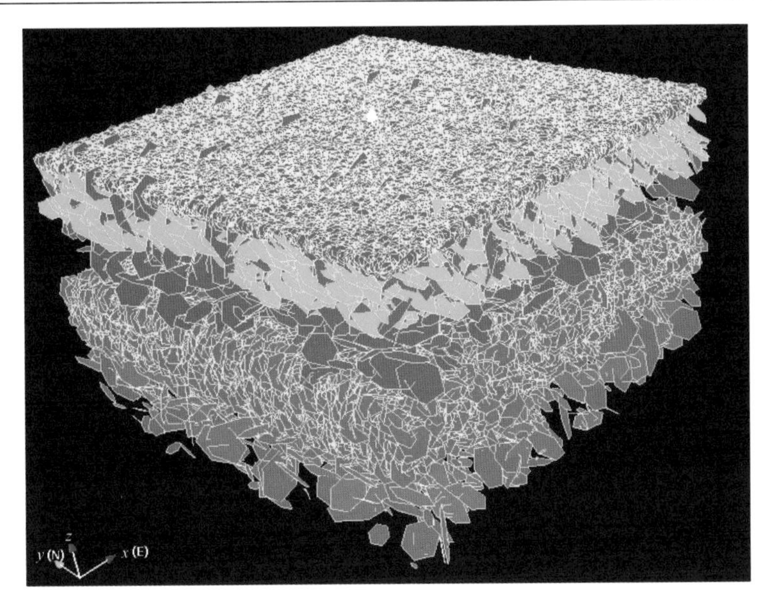

图 7.19　NRG01 围岩裂隙模拟图

7.3.2.5　模型验证

FracMan 可以计算和钻孔直接连通裂隙，可以利用该功能获取和钻孔连通裂隙并和实际裂隙分布情况进行对比，验证模型可靠性。

在生成的裂隙中，和 NRG01 钻孔井管直接相连通的裂隙显示在图 7.20 中，模型显示和钻孔直接连通的裂隙为 68 条。由图 7.20 可以看出，生成部分贯穿钻孔裂隙基本和钻孔成像裂隙相对应。

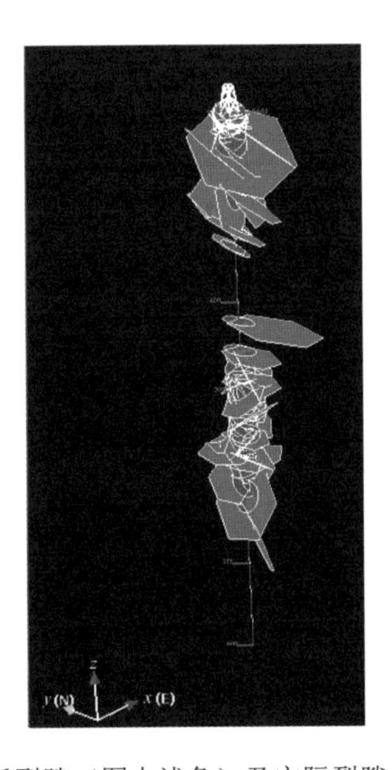

图 7.20 模型钻孔穿插裂隙（图中浅色）及实际裂隙（图中圆盘）分布图

同时模型计算了跟钻孔直接连通裂隙的累积密度曲线（CFI 曲线）和实际裂隙 CFI 曲线对比如图 7.21 所示。

由图 7.22 可以看出，模型生成和钻孔直接连通裂隙的 CFI 曲线和实际情况吻合的较好，说明模型具有较高可信度。

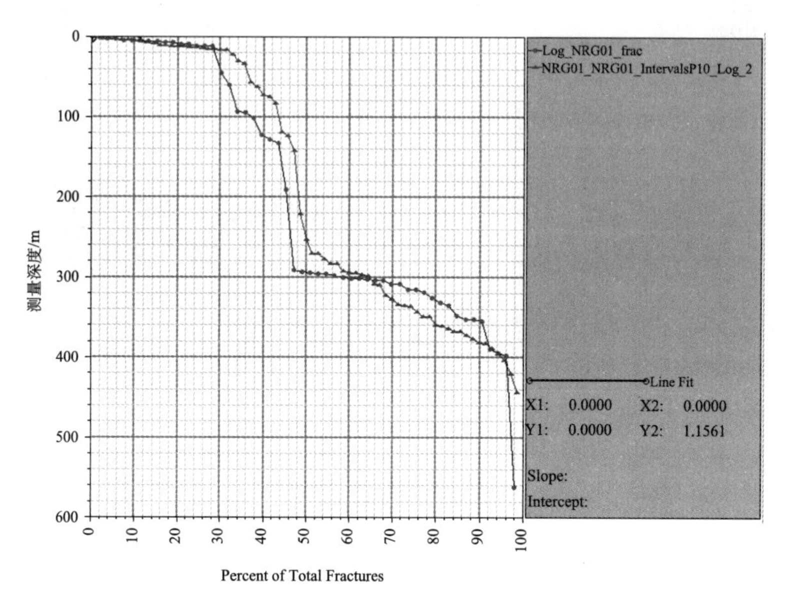

图 7.21　直接连接钻孔裂隙 CFI 对比图

图中浅色线为实测裂隙，深色线为实测裂隙

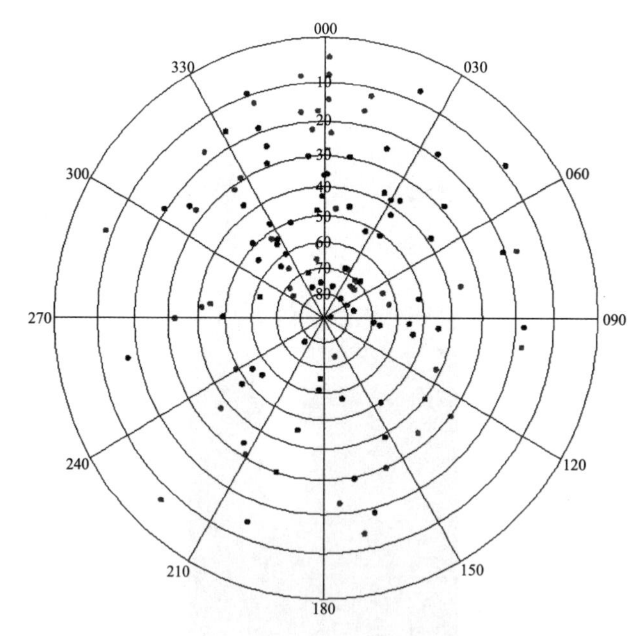

图 7.22　模型生成直接连通钻孔裂隙和实际裂隙对比极点图

图中黑点为实测裂隙，灰点为模型生成值

极点对比图也可以看出，生成钻孔连通裂隙和实测裂隙有着较好的对应关系，模型基本可以反映该区段实际裂隙分布情况。

7.3.3 模型分析

7.3.3.1 裂隙连通性分析

裂隙的连通性对于溶质运移计算而言较为重要。连通性直接影响到溶质的迁移路径。FracMan 提供了裂隙连通性分析，可分析计算和钻孔直接连通或间接连通的裂隙。为了分析 NRG01 钻孔附近裂隙的连通情况，对钻孔进行了连通性裂隙计算分析。该分析能直观展示钻孔附近裂隙连通情况，与 NRG01 钻孔相连通的裂隙分布图如图 7.23 所示。

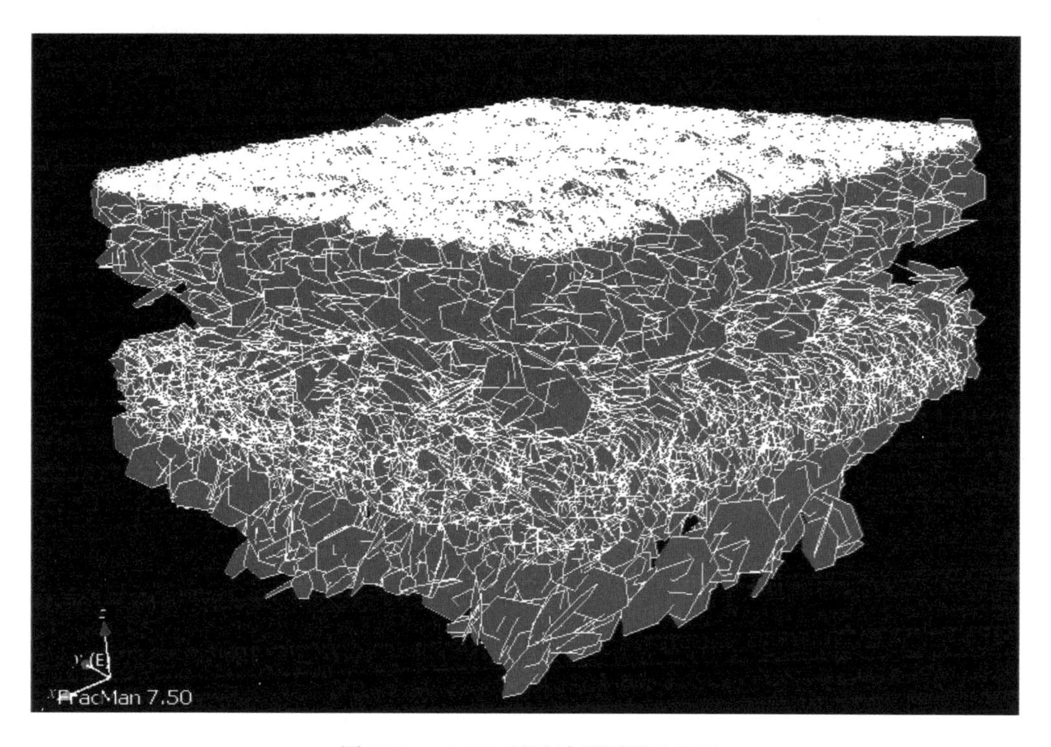

图 7.23　NRG01 钻孔连通裂隙分布图

由图 7.23 可以看出，区段 1、区段 2 以及区段 4 钻孔中大部分裂隙均与钻孔相连通，区段 3 和区段 5 两部分裂隙由于较为稀疏，和钻孔相连通裂隙较少。经计算和钻孔连通裂隙数目为 134682 条。和区域裂隙总数目相比，大部分裂隙是和钻孔相连通的。由于处置库拟放置在岩体 500m 左右深度，因此重点展示了区段 5（400～600m）和钻孔相连通裂隙的情况。

由图 7.24 可以看出，处置库拟在深度裂隙连通性较差，连通裂隙范围和数量有限，对核素迁移而言是较好的屏障。

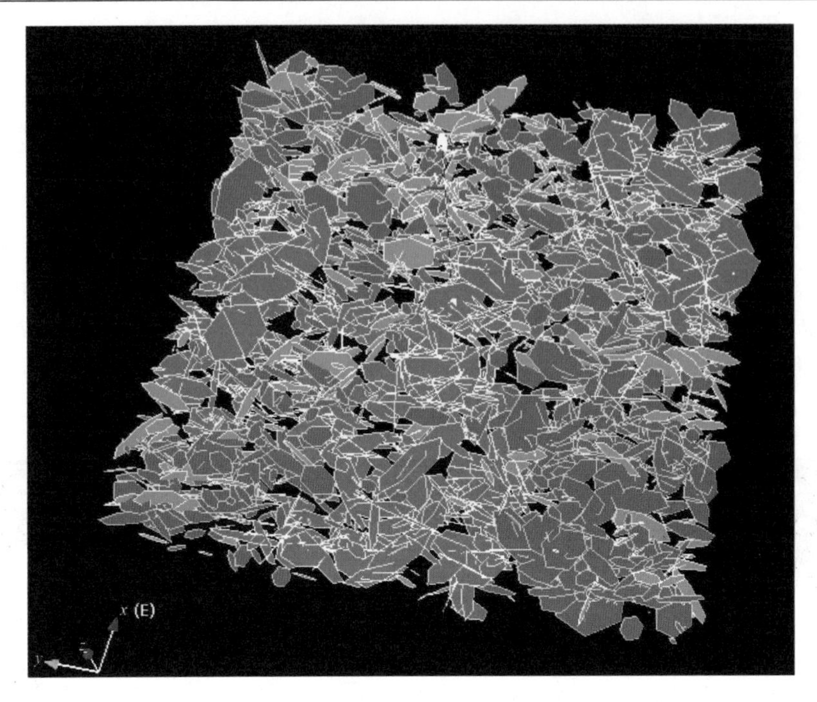

图 7.24　区段 5 钻孔连通裂隙分布图（图中绿色裂隙为连通裂隙）

7.3.3.2　裂隙参数分析

裂隙的渗透率是决定渗流情形的关键因素。而对于 FracMan 软件而言，裂隙渗透率在同一个裂隙面上是一样的，裂隙渗透率可随机生成，也可以设置成其余裂隙参数的函数形式，赋值形式多样。NRG01 钻孔附近岩体的裂隙渗透率分布场如图 7.25 所示。

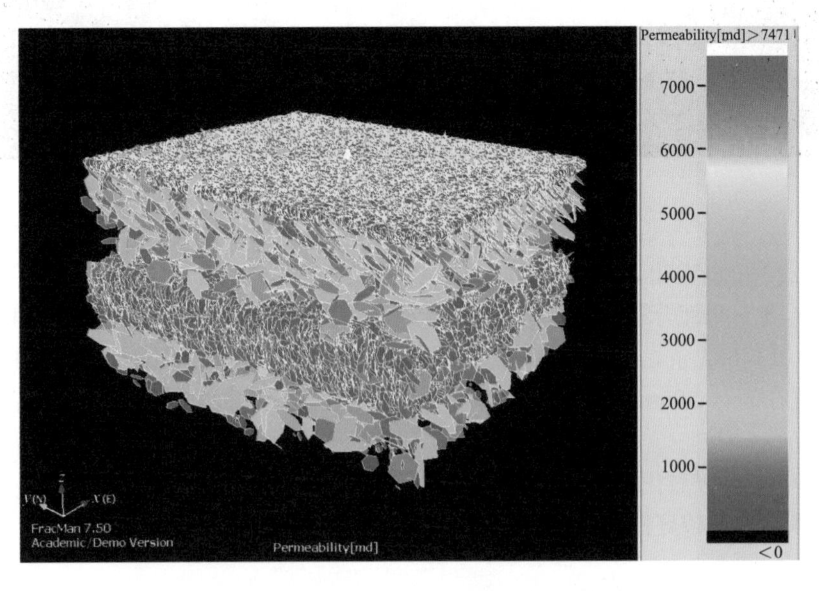

图 7.25　NRG01 附近岩体模拟裂隙渗透率分布图

从图 7.25 可以看出，岩层区段 2、区段 3 以及区段 5 深度处的裂隙渗透率相对较大，但是裂隙分布较为稀疏，导致裂隙连通性差，可能不会作为溶质的主要迁移通道，整体渗透性可能偏差。而区段 1 和区段 4 裂隙密集，可能单个裂隙渗透率偏小，但是裂隙密集导致整体渗透性能较好。

7.3.4　核素迁移模拟预测

7.3.4.1　数学模型

FracMan 对于裂隙渗流的处理主要是使用有限单元法，在不考虑基质渗流的情形下，将裂隙空间剖分成三角网格进行计算。流体渗流连续性方程可表示为

$$\frac{\partial}{\partial x_i}\left[\frac{\rho}{\mu}k_{ij}(\frac{\partial P}{\partial x_i}+\rho g\frac{\partial z}{\partial x_j})\right]=\rho(\alpha+\phi\beta)\frac{\partial P}{\partial t}-q \tag{7.10}$$

式中，ρ 为流体密度；μ 为流体黏度；k_{ij} 为裂隙渗透率；P 为流体压力；g 为重力加速度；α 为孔隙压缩系数；ϕ 为孔隙率；β 为流体压缩系数；q 为源汇项。

对于不可压缩流体，当流体在二维裂隙平面内流动时，连续性方程可简化为一个体积守恒方程：

$$S\frac{\partial h}{\partial t}-T\overline{\nabla}^2 h=q \tag{7.11}$$

式中，S 为裂隙存储系数；h 为水头；T 为裂隙导水系数；q 为源汇项；$\overline{\nabla}^2$ 为二维拉普拉斯算子。

而对于考虑基质渗流以及尺度升级后的等效连续介质渗流情形，其渗流控制方程可写作：

$$S_s\frac{\partial h}{\partial t}-K\overline{\nabla}^2 h=q \tag{7.12}$$

式中，S_s 为单位储水系数；h 为水头；K 为渗透系数；q 为源汇项；$\overline{\nabla}^2$ 为三维拉普拉斯算子。

FracMan 中的核素衰变运算过程如下：当模型开始计算时，每一个粒子给定了一个半衰期，随机选择衰变粒子。当半衰期过去，粒子衰变成新的子核素，并给与新的半衰期。因此尽量提供足够多的粒子参与核素迁移模型。

所有已知的放射性同位素的放射性衰变均遵循以下公式，

$$N_R(t)=N_{R0}e^{-(\frac{0.693}{L_R})t} \tag{7.13}$$

式中，$N_R(t)$ 为 t 时刻的放射性核素原子数目；N_{R0} 为放射性核素 R 的初始数目；L_R 为核素 R 的半衰期，在半衰期到达时，将有约 50%的放射性核素发生衰变。衰变可以认为是一个随机过程，所有核素粒子在指定时间内衰变的可能性，是由一个指数分布函数给定的。

在粒子注入时刻，所有粒子寿命按照如下方程给定：

$$f_L(L)=\left(\frac{0.693}{L_R}\right)e^{-(0.693L/L_R)} \tag{7.14}$$

式中，$f_L(L)$为粒子寿命的指数分布函数。

粒子在到达它们随机分配的寿命之前一直保持着其本身特性，之后会转化为一个子核素产物。这个过程一直重复，直至一个稳定核素产生，或者模型运行终止。

7.3.4.2 概念模型

处置库拟放置在地下深度 500m 处，对应模型区段 5。目前我国高放核废料地质处置尚处于选址阶段，具体核废料储存位置待定。假定处置库在区段 5 内发生渗漏，渗漏点为 NRG01 钻孔与区段 5 内裂隙穿插部位，深度为 421.304m 处，考虑高放射性核素在区段 5 内裂隙介质中流动。对此展开三维 DFN 核素运移的数值模拟研究。

7.3.4.3 模型边界条件与初始条件

由于处置库位置较深，研究区为干旱区域，降雨量极小，模型地表和底部均设置为零通量（no-flex）边界，岩体附近地下水流向主要为南北向，从南至北流动。东西边界依流线设置为零通量边界（no-flex）边界。岩体所在区域的地下水流场图所示，依据图中的地下水流场情况，计算出 1000m×1000m 岩体内的南北水位差为 8.33m，依据水位线间距及模型边界，获取模型北边界地下水水头为 1.21m（以地表为基准面），南部边界水位设为–7.12m，均设为定水头边界，水力梯度为 0.833%。钻孔揭露该处地下水位埋深为 3.75m，因此将模型初始水头设为–3.75m。

模型采用稳定流模拟，在 NRG01 钻孔区段 5 深度范围内设置核素粒子。FracMan 采用粒子追踪方式对核素展开模拟，核素粒子从钻孔和揭露裂隙连接处泄露，之后在裂隙介质中运移。

高放射性废物的危害主要来源于非天然放射性核素，主要包括裂变碎片（重核发生裂变后形成的中等质量的核素产物，如锶、铯、铈、钷、碘等）、活化产物（物质在中子等粒子碰撞作用下，发生核反应而产生的放射性核素）以及超铀元素（质量数大于或等于 95 的元素，如钚、镅等）等。其中钚同位素中最重要的为 ^{239}Pu，半衰期在上述核素中最长，为 24100 年，这也说明了该核素是存在长距离迁移可能的。它主要是由天然铀作装料的热中子反应堆生产，可作为反应堆核燃料的核武器装料。^{239}Pu 为极毒性核素，钚在机体中易水解成难溶的氢氧化物胶体或聚合物。因此本次模拟采用 ^{239}Pu 作为特征核素开展模拟研究。^{239}Pu 衰变方程如下：

$$\begin{cases} {}^{239}_{94}\mathrm{Pu} \rightarrow {}^{235}_{92}\mathrm{U} + {}^{4}_{2}\mathrm{He} \\ {}^{235}_{92}\mathrm{U} \rightarrow {}^{231}_{91}\mathrm{Pa} + {}^{4}_{2}\mathrm{He} + {}^{0}_{-1}\mathrm{e} \end{cases} \tag{7.15}$$

本次模拟采用 ^{239}Pu 的三级衰变体系，^{239}Pu 衰变过程为α衰变，衰变后产生天然放射性同位素 ^{235}U，^{235}U 经过一次α衰变和一次β衰变后生成衰变周期较长的 ^{231}Pa。模型采用 ^{239}Pu 作为衰变母体，^{235}U 和 ^{231}Pa 作为衰变子体，其半衰期为 7.04 亿年和 3.28 亿年。根据项目子课题研究成果，核素主要来源于玻璃固化体（将放射性废物和玻璃形成剂在

1000℃或更高的温度下熔制成玻璃体），其盘存量为 1.60×10^{-1} mol，即 38.24g。假设单个粒子 0.01912g，共包含核素粒子 2000 个。玻璃固化体中的 ^{239}Pu 盘存量全部发生泄露，泄漏形式为全部泄露，核素粒子同时进入周边裂隙含水层中。

7.3.4.4　核素迁移预测结果

利用区段 5 内连通裂隙展开 DFN 核素运移的模拟。2000 个核素粒子在裂隙介质中的运移路径如图 7.26 所示。

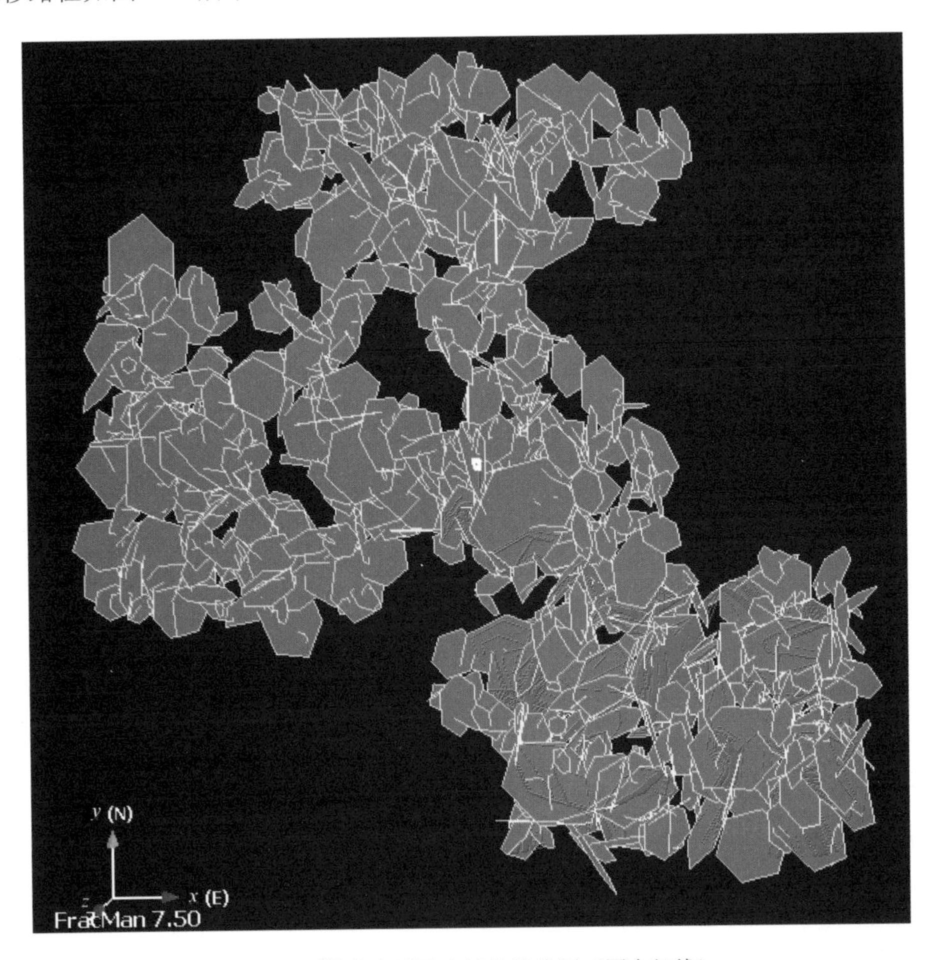

图 7.26　核素在裂隙中迁移路线图（图中红线）

计算结果显示，所有粒子运移到边界的迁移路径长度平均为 1293.35m，粒子运移到边界耗费的时间平均为 1.70×10^{11} 天（约 4.66 亿年；图 7.27、图 7.28）。

实际场地的离散裂隙网络系统中，可能存在部分裂隙未能和其余裂隙相连通，产生渗流的“死角”，在不考虑基质渗流的情形下，粒子运移到该处便被“卡住”而无法移动，图 7.28 展示了该模型粒子堵塞的情况，该模型中共有 347 个粒子发生堵塞情况。

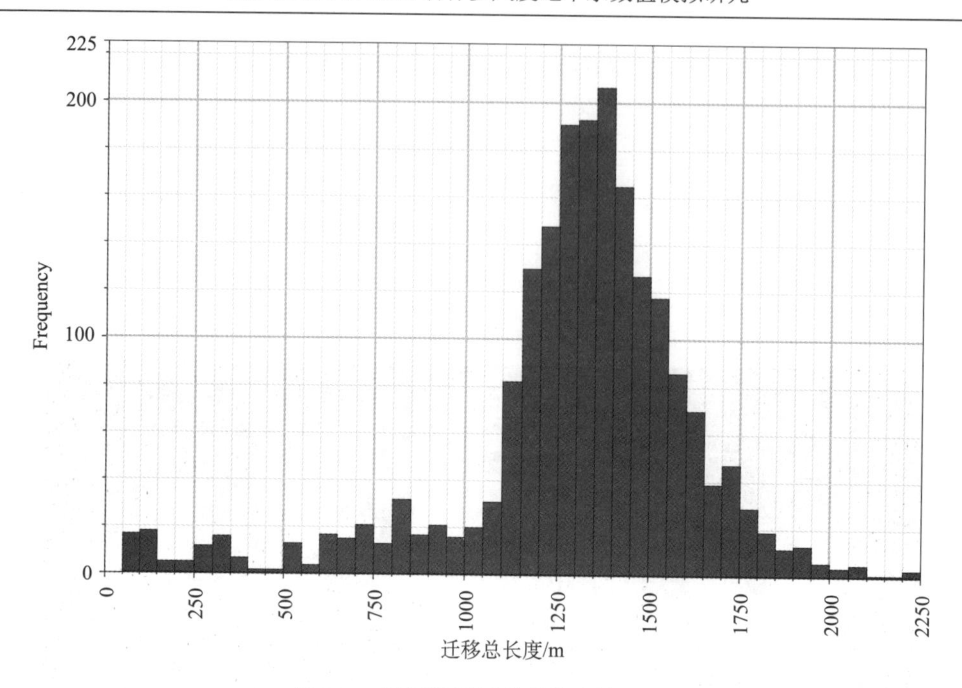

图 7.27　不同粒子迁移总长度柱状图

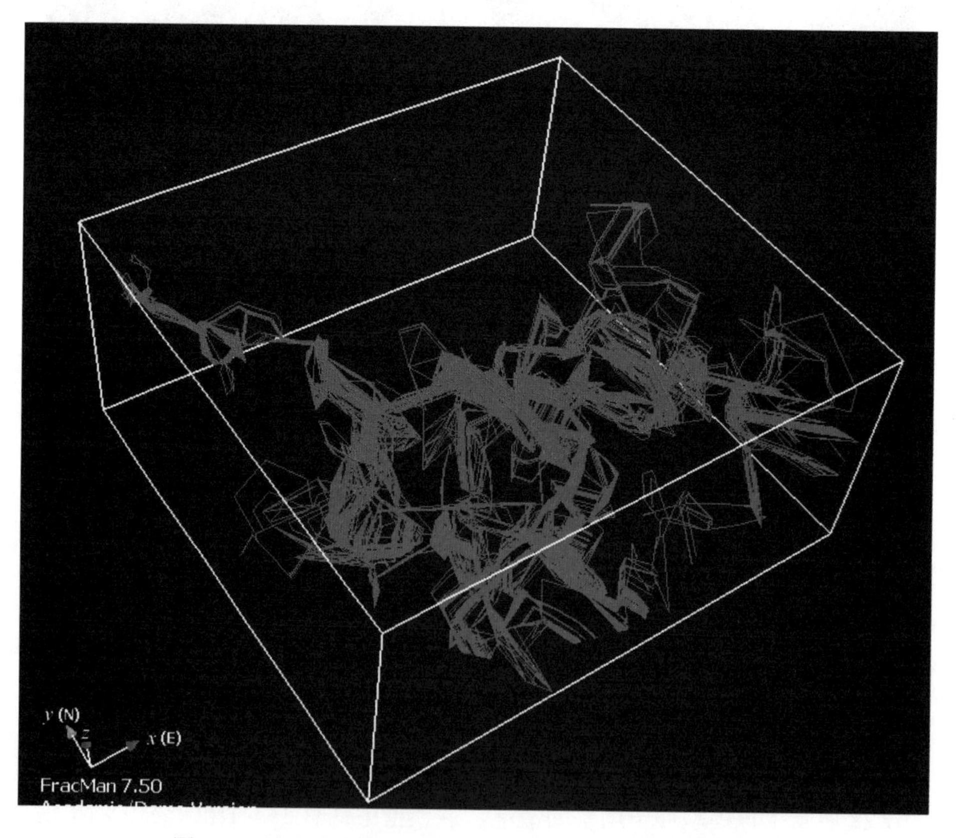

图 7.28　粒子迁移情况展示图（图中红色显示粒子被堵塞）

图 7.29 展示了不同粒子运移到边界后的运移路径长度。图中显示粒子运移到模型南边界的路径较短，运移到模型东边界的路径偏长。同时，从图 7.30 中可以看出，粒子从钻孔处释放后沿着裂隙迁移到连通裂隙的不同深度位置，导致各个深度均有分布。

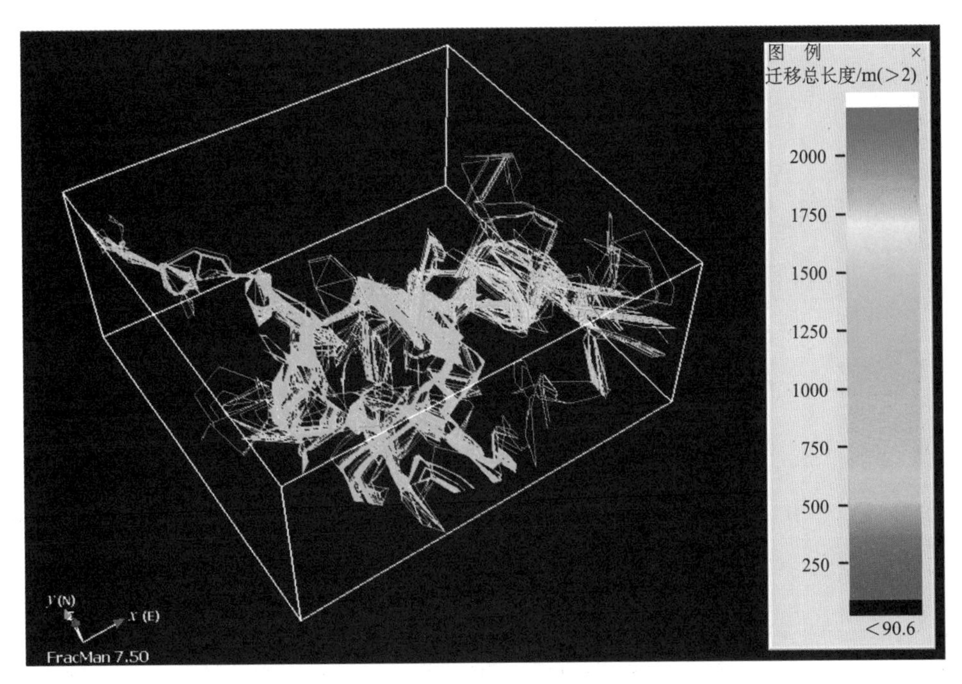

图 7.29　粒子迁移路径长度展示图

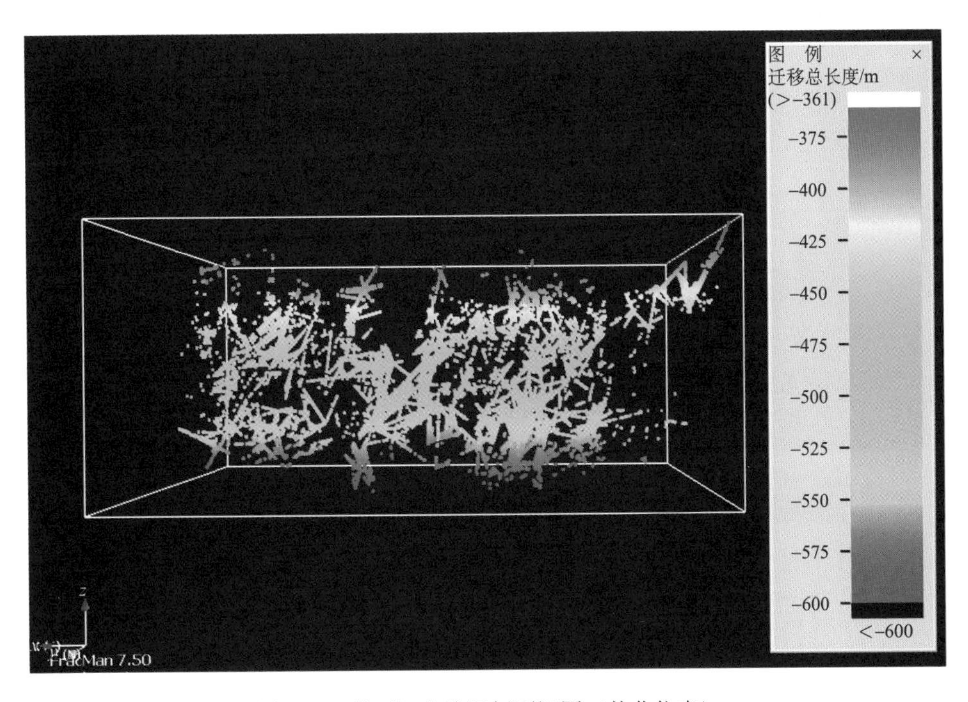

图 7.30　粒子运移情况剖面视图（从北往南）

图 7.31 中展示了 2000 个粒子在不同时刻的位置，不同颜色代表流速大小不同。从图中可以看出，该模型中多数时刻，粒子运移流速小于 5×10^{-8}m/s，在中间部位出现了流速偏快区域，可能是由于多个裂隙在该处交叉导致该处裂隙面积较大且多裂隙交叉而致。

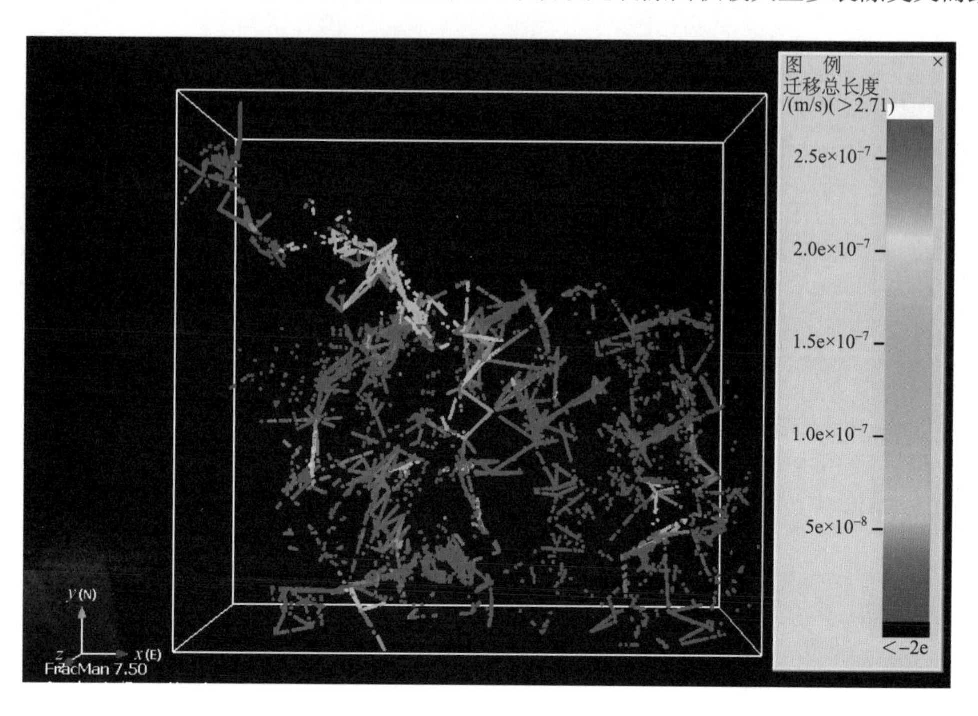

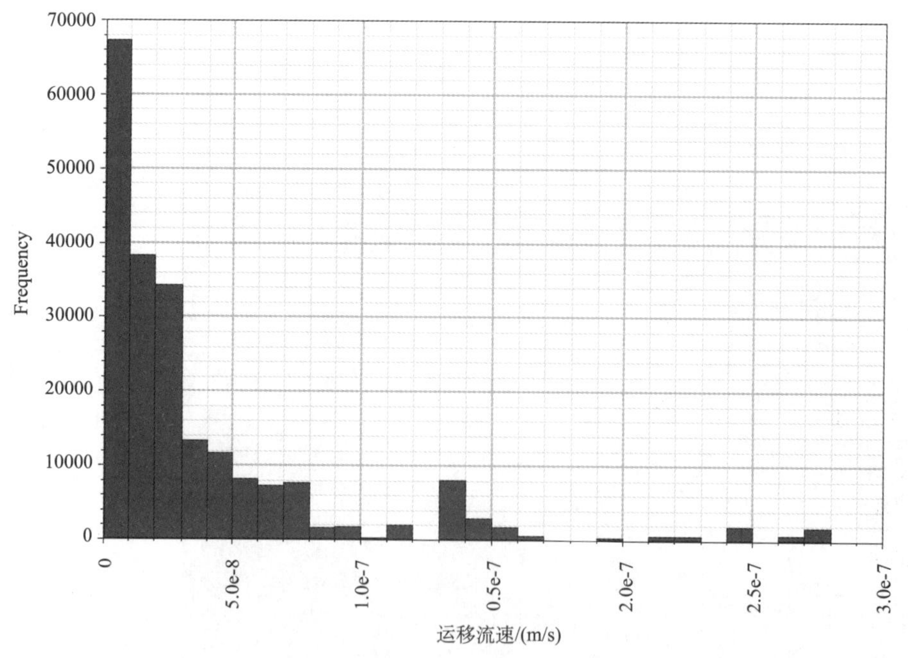

图 7.31　不同时刻粒子迁移速度分布图以及柱状图

7.4 本章小结

本章围绕甘肃北山预选区，利用多重分辨率模拟方法构建了区域-盆地-岩体三级尺度地下水流动模型，针对各尺度模型的异同，采用不同的概念模型和数值模型，大大提升了模型的仿真性，其中对于更多以宏观角度关注地下水运动规律的区域尺度和盆地尺度，采用等效多孔介质的方式概化、模拟；对于无法忽略裂隙作用的岩体尺度模型，则采用多重交互连续性模型（MINC 模型）进行模拟、计算。

对于区域尺度模型，研究中利用水文分析方法获取模型边界，通过变换上边界条件讨论了不同降水情景地下水流场的变化特征与地下水流动系统发育模式。降水量仅为 20mm 时，全区构成西部补给、东部与南部排泄的单一区域地下水流动系统，排泄区占全区面积的 18.17%，地下水旅行时间以大于 10 万年的为主；降水量增加至 180mm 时，局部地形引起区内发育多级次嵌套流动系统，包括了局部的和中间的流动系统，排泄区面积占全区 73.54%，地下水旅行时间以小于 10 万年的为主。基于地下水质点旅行时间，尝试划分不同级次地下水流动系统边界，为盆地尺度模拟提供了基础。

采用局部细化技术在区域尺度模型的基础上建立盆地尺度地下水流动模型，通过二者之间水量、水位信息的交换，保证了盆地尺度模型的计算精度。盆地尺度模型计算单元格为区域模型的 1/13，高分辨率计算单元能够有效刻画介质非均质性与地形对地下水流场的影响。对于新场山附近，区域尺度模型仅能刻画至 1700m 的水位，而盆地尺度模型在同样条件下最高模拟水位可达 1790m。同时作为过渡尺度，盆地模型能够为岩体尺度模型提供高精度的边界条件。

在开展岩体尺度研究时，由于尺度的缩小，介质非均质性不容忽略。本节采用多重交互连续性模型刻画裂隙岩体中地下水的运动及核素的迁移规律，通过投放示踪剂观察其相对浓度的变化情况发现：基质能够有效阻滞示踪剂的迁移速率，当基质比例显著增大时，示踪剂在岩体中迁移困难，观测点相对浓度偏低，并且需要较长时间方可达到稳定浓度。通过投放不同半衰期核素发现，尽管岩体中的基质对其具备一定阻滞作用，但半衰期较长的核素仍在 200 年左右就已开始由岩体向盆地释放，而半衰期相对较短的则由于自身衰变等因素，需更长时间（大于 850 年）才能离开岩体。因此，在进行小尺度模拟研究时应当充分考虑裂隙介质的高度非均质性，综合裂隙的优势导水性与基质的储水性协同作用，才能准确评估示踪剂的迁移特征。

第 8 章　结论与展望

8.1　主 要 结 论

本书依托国家国防科技工业局资助的高放废物地质处置研究开发项目：“高放废物地质处置甘肃北山预选区区域-盆地-岩体多尺度地下水数值模拟研究”，开展了甘肃北山地区的多尺度地下水模型研究工作。针对不同尺度上地下水赋存与运动规律的特征，探索研究了区域-盆地-岩体三级尺度地下水数值模拟方法，并采用该方法进行了甘肃北山预选区水文地质适宜性评价：

（1）北山及其邻区地下水化学与同位素特征分析结果表明：北山地下水 $\delta^{18}O$ 和 δD 分别分布在$-12.9\sim-4.7‰$、$-76\sim-34‰$，并沿西北地区大气降水及右下分布，因此北山地下水主要来自当地大气降水补给。受地质条件、气象因素等影响，蒸发浓缩主导着地下水演化过程，因此地下水矿化度分布在 0.79~9.09g/L，同时表现出高氯、高钠的干旱区地下水的典型特征。水化学与同位素特征研究，为不同尺度地下水系统划分提供了重要参考依据。

（2）利用区域地下水流动数值模拟分析了不同降水情景地下水流场的变化特征与地下水流动系统发育模式。降水量仅为 20mm 时，全区构成西部补给、东部与南部排泄的单一区域地下水流动系统，排泄区占全区面积的 18.17%，地下水旅行时间以大于 10 万年的为主；降水量增加至 180mm 时，局部地形引起区内发育多级次嵌套流动系统，包括了局部的和中间的流动系统，排泄区面积占全区 73.54%，地下水旅行时间以小于 10 万年的为主。基于地下水质点旅行时间能够方便、快捷地划分出不同级次地下水流动系统边界，并为盆地尺度模拟提供基础支撑。

（3）采用多重分辨率模拟方法构建重点关注区模型，一方面能够大大提升模拟效率，另一方面也与相应尺度所关注的问题契合，是一种直观、有效的解决多尺度问题的模拟方法。在盆地尺度采用高分辨率计算单元网格（为区域模型计算单元大小的 1/13），通过局部细化技术实现其与区域模型之间在水量与水位上的耦合，全面保障了模型计算准确度与精确度。尤其是对非均质介质的刻画及局部地形对地下水流场的影响，将新场山附近水位刻画至 1790m。同时作为过渡尺度，盆地模型也为岩体尺度模型提供了精确的边界流量。

（4）多重交互连续性模型考虑了基质与裂隙差异的同时，进一步将基质中孔隙间流体的运动细化，有效地模拟出基质对示踪剂的阻滞作用。通过对该方式构建的岩体尺度模型分析发现，当基质占比明显增大时，示踪剂在介质中迁移的速率明显降低，但裂隙域的优势导水造成示踪剂相对浓度偏高、迁移速率上升。因此在进行岩体尺度模拟中必须考虑介质非均质性对核素迁移所产生的影响。尽管岩体中的基质具有一定的阻滞作用，模拟发现，半衰期较长的核素仍在百年时间尺度（200 年）内迁移出岩体范围（4km），向盆地围岩中释放。

（5）基于野外实际钻孔数据构建岩体尺度离散裂隙网络模型，使用随机游走算法模拟溶质粒子迁移过程，并运用开发的概率密度分布方法减小了离散裂隙网络模型模拟时的不确定性，同时对不确定性进行了定量化，可使得模拟结果更为可信。基于岩体尺度的离散裂隙网络模型研究在高放废物地质处置库适宜性评价技术发展中具有极大的潜力。

（6）诸多地下水问题的解决都不可避免涉及多个尺度，由于各个尺度地下水特征存在差异、所掌握的信息丰富程度也不一致，因此必须考虑多级尺度地下水模型才可精确的刻画地下水流场。本书相关研究提出和采用的基于渗流场与水化学场信息验证的地下水流动系统边界圈定方法、基于地下水质点旅行时间的地下水流动系统级次划分方法、多级尺度数值模拟及耦合方法，为多尺度地下水研究发展提出了新的思路。研究成果不仅可为高放废物地质处置选址水文地质评价提供科学方法，也可有力支撑其他多尺度地下水问题的解决。

8.2　建　　议

受限于研究区水文地质资料，本研究中主要从方法学方面进行了多尺度地下水研究手段的初步探索与创新，在下一步研究中需完善各个方法的验证与适用条件分析。

（1）区域和盆地模拟中，对基岩采用了孔隙介质模型的假设，下一步应该针对大尺度非均质性的模型表达方面进行创新；

（2）基于 MINC 的双重介质模型对于裂隙渗流的模拟存在局限性，DFN 离散裂隙网络模型值得进行深入的研究；

（3）全面、系统的进行北山地区地下水勘察与深部地下水来源、分布与流动特征研究，通过地下水年龄分布校正多尺度流动模型，这样才能为处置库核素运移实际径流时间的准确估算提供可靠支撑。

参 考 文 献

曹伯勋. 1995. 地貌学及第四纪地质学. 武汉: 中国地质大学出版社

陈崇希, 唐仲华. 1990. 地下水流动问题数值方法. 武汉: 中国地质大学出版社

陈建生, 赵霞. 2007. 塔里木盆地与北山地区高放废物处置地质环境安全性对比分析. 岩石力学与工程学报, (S1): 3297~3303

陈俊勇. 2005. 对 SRTM3 和 GTOPO30 地形数据质量的评估. 武汉大学学报(信息科学版), (11): 4~7

陈伟明, 王驹, 赵宏刚, 金远新, 李云峰. 2007. 高放废物地质处置北山预选区新场地段地质特征. 岩石力学与工程学报, (S2): 4000~4006

陈喜, 刘传杰, 胡忠明, 李献昆. 2006. 泉域地下水数值模拟及泉流量动态变化预测. 水文地质工程地质, (02): 36~40

成思危. 1999. 复杂科学与系统工程. 管理科学学报, (02): 3~9

董艳辉, 李国敏. 2010. 甘肃北山区域地下水随机模拟研究. 第三届废物地下处置学术研讨会, 53~58

董艳辉, 李国敏, 郭永海. 2008a. SRTM3 DEM 在区域地下水数值模拟中的应用. 工程勘察, (11): 41~43

董艳辉, 李国敏, 徐海珍. 2008b. 应用 PEST 及 GIS 的北山区域地下水流动模型校正. 第二届废物地下处置学术研讨会, 51~58

董艳辉, 李国敏, 黎明. 2009. 甘肃北山大区域地下水流动模拟. 科学通报, (23): 3790~3792

杜尚海, 苏小四, 郑连阁. 2013. CO_2泄漏停止后天然条件下浅层含水层的自我修复能力评价. 吉林大学学报(地球科学版), (06): 1980~1986

冯 • 贝塔朗菲. 1987. 一般系统论——基础, 发展和应用. 林康义, 魏洪森译. 北京: 清华大学出版社

郭永海, 刘淑芬, 吕川河. 2003. 高放废物处置系统地下水同位素特征. 地球学报, (06): 525~528

郭永海, 刘淑芬, 王驹, 王志明, 苏锐, 吕川河, 宗自华. 2007. 高放废物处置库选址中的水文地质特性评价. 世界核地质科学, (04): 233~237

郭永海, 苏锐, 季瑞利, 刘淑芬, 董建楠. 2012. 甘肃北山新场——向阳山地段深部水文地质特征研究. 北京: 核工业北京地质研究院

郭永海, 苏锐, 季瑞利, 王海龙, 刘淑芬, 宗自华, 董建楠, 张明. 2014. 高放废物处置库甘肃北山预选区综合水文地质研究. 世界核地质科学, (04): 587~593

郭永海, 王海龙, 董建楠, 苏锐, 刘淑芬, 周志超. 2013. 高放废物处置库芨芨槽预选场址深部地下水同位素研究. 地质学报, (09): 1477~1485

郭永海, 王驹, 金远新. 2001. 世界高放废物地质处置库选址研究概况及国内进展. 地学前缘, (02): 327~332

郭永海, 王驹, 王志明, 刘淑芬, 苏锐, 宗自华. 2008a. 高放废物处置库甘肃北山预选区地下水资源的分布和形成. 工程勘察, (S1): 194~197

郭永海, 王驹, 王志明, 肖丰, 刘淑芬, 苏锐, 宗自华, 李亚伟. 2010. 高放废物处置库甘肃北山预选区地下水位动态特征. 铀矿地质, (01): 46~50, 59

郭永海, 王驹, 萧丰, 王志明, 刘淑芬, 苏锐, 宗自华. 2008b. 高放废物处置库北山预选区地下水同位素

组成特征及其意义. 地球学报, (06): 735~739
郭召杰, 张志诚, 张臣. 2007. 甘肃北山预选区 1: 25 万区域地质特征研究. 北京: 核工业北京地质研究院
胡朋. 2008. 北山南带构造岩浆演化与金的成矿作用. 北京: 中国地质科学院
黄润秋. 2004. 复杂岩体结构精细描述及其工程应用. 北京: 科学出版社
黄勇, 周志芳. 2005. 多尺度裂隙介质中溶质运移研究进展. 河海大学学报(自然科学版), (05): 500~504
蒋小伟. 2001. 盆地含水系统与地下水流动系统特征. 中国地质大学（北京）博士学位论文
李国敏. 1994. 核废物处置试验场环境地质研究综述. 地质科技情报, (04): 52~58
李国敏, 黎明, 韩巍, Chin-Fu T. 2007a. 裂隙中滞水区对溶质运移影响的模拟分析. 岩石力学与工程学报, 193 (S2): 3855~3860
李国敏, 赵春虎, 董艳辉, 黎明. 2007b. 甘肃北山区域地下水循环与数值模拟初步研究. 北京: 中国科学院地质与地球物理研究所
李国敏, 赵春虎, 郭永海, 王驹, 黎明. 2007c. 高放废物地质处置场甘肃北山预选区区域地下水循环模式与意义. 中国矿物岩石地球化学学会第 11 届学术年会, 610~611
李寻, 张土乔, 李金轩. 2010. 单裂隙介质中核素迁移模型的解析解及其应用. 哈尔滨工业大学学报, (12): 1990~1994
梁杏, 张人权, 牛宏, 靳孟贵, 孙蓉琳. 2012. 地下水流系统理论与研究方法的发展. 地质科技情报, (05): 143~151
刘国兴. 2005. 电法勘探原理与方法. 北京: 地质出版社
刘学艳, 项彦勇. 2012. 米尺度裂隙岩体模型水流-传热试验的数值模拟分析. 岩土力学, (01): 287~294
刘雪亚, 王荃. 1995. 中国西部北山造山带的大地构造及其演化. 地学研究
刘彦, 梁杏, 权董杰, 靳孟贵. 2010. 改变入渗强度的地下水流模式实验. 地学前缘, (06): 111~116
庞洪喜, 何元庆, 张忠林, 卢爱刚, 顾娟, 赵井东. 2005. 季风降水中 $\delta^{18}O$ 与季风水汽来源. 科学通报, (20): 81~84
任秉琛, 何世平, 姚文光, 傅力浦. 2001. 甘肃北山牛圈子蛇绿岩铷-锶同位素年龄及其大地构造意义. 西北地质, (02): 21~27
沈照理, 朱宛华, 钟佐燊. 1993. 水文地球化学基础. 北京: 地质出版社
石应俊, 刘国栋, 吴广耀. 1985. 大地电磁测深教程. 北京: 地质出版社
苏锐, 李春江, 王驹, 高宏成. 2000. 花岗岩体单裂隙中核素迁移数学模型, III. 扩散模型及其有限单元法解. 核化学与放射化学, (02): 80~86
孙蓉琳, 梁杏, 靳孟贵. 2006. 基于野外水力试验的玄武岩渗透性及尺度效应. 岩土力学, (09): 1490~1494
汤国安, 杨昕. 2012. ArcGIS 地理信息系统空间分析实验教程（第二版）. 北京: 科学出版社
王大纯, 张人权, 史毅虹, 许绍倬, 于青春, 梁杏. 1995. 水文地质学基础. 北京: 地质出版社
王海龙. 2014. 高放废物处置库北山预选区区域地下水流模拟及岩体渗透特征研究. 核工业北京地质研究院博士学位论文
王海龙, 郭永海. 2014. 高放废物处置库北山预选区区域水文地质概念模型. 世界核地质科学, (01): 27~31, 38
王恒纯. 1991. 同位素水文地质概论. 北京: 地质出版社
王驹, 徐国庆. 1998. 中国高放废物深地质处置研究. 水文地质工程地质, (05): 11~14

王驹, 徐国庆, 郑华铃, 范显华, 王承祖, 范智文. 2005. 中国高放废物地质处置研究进展: 1985～2004. 世界核地质科学, (01): 5~16

王驹, 陈伟明, 苏锐, 郭永海, 金远新. 2006. 高放废物地质处置及其若干关键科学问题. 岩石力学与工程学报, (04): 801~812

王礼恒, 李国敏, 董艳辉. 2013. 裂隙介质水流与溶质运移数值模拟研究综述. 水利水电科技进展, (04): 84~88

徐海珍, 李国敏, 张寿全, 董艳辉, 黎明, 杨忠山, 周东. 2011. 北京市平谷盆地地下水三维数值模拟及管理应用. 水文地质工程地质, (02): 27~34

薛禹群, 谢春红. 2007. 地下水数值模拟. 北京: 科学出版社

杨森楠. 1985. 中国区域大地构造学. 武汉: 地质出版社

张朝忙, 刘庆生, 刘高焕, 丁树文, 王鹏, 董金发. 2012. SRTM3 与 ASTER GDEM 数据处理及应用进展. 地理与地理信息科学, (05): 29~34

张光辉, 郝明亮, 杨丽芝, 聂振龙. 2006. 中国大尺度区域地下水演化研究起源与进展. 地质论评, (06): 771~776

张俊, 侯光才, 赵振宏, 尹立河, 王冬. 2012. 基于剖面数值模拟的地下水流系统结构控制因素——以鄂尔多斯白垩系盆地北部典型剖面为例. 水利水电科技进展, (02): 18~22

张人权. 1987. 水文地质学发展的若干趋向. 水文地质工程地质, (02): 1~2

赵春虎, 李国敏, 郭永海, 王驹, 黎明. 2008. 甘肃北山区域地下水流动特征. 工程地质力学创新与发展暨工程地质研究室成立 50 周年学术研讨会, 中国北京, 174~178

赵良菊, 尹力, 肖洪浪, 程国栋, 周茅先, 杨永刚, 李彩芝, 周剑. 2011. 黑河源区水汽来源及地表径流组成的稳定同位素证据. 科学通报, (01): 58~70

中国地质调查局. 2012. 水文地质手册. 北京: 地质出版社

中国核能行业协会. 2015. 中国核电信息发布

中国科学院地质研究所. 1958. 中国大地构造纲要. 北京: 科学出版社

周胜, 王革华. 2006. 国际核能发展态势. 科技导报, (06): 15~17

周志超. 2014. 高放废物处置库北山预选区深部地下水成因机制研究. 核工业北京地质研究院博士研究生学位论文

周志芳. 2007. 裂隙介质水动力学原理. 北京: 高等教育出版社

宗自华, 王驹, 苏锐, 郭永海, 徐健, 周佳. 2008. BS03 钻孔周围裂隙特征分析及 3D 裂隙网络模拟. 第二届废物地下处置学术研讨会, 83~90

左国朝, 何国琦. 1990. 北山板块构造及成矿规律. 北京: 北京大学出版社

左国朝, 刘义科, 刘春燕. 2003. 甘新蒙北山地区构造格局及演化. 甘肃地质学报, 12 (1): 1~15

Aarnes J E, Kippe V, Lie K A. 2005. Mixed multiscale finite elements and streamline methods for reservoir simulation of large geomodels. Advances in Water Resources, 28 (3): 257~271

Al-Charideh A, Hasan A. 2013. Use of isotopic tracers to characterize the interaction of water components and nitrate contamination in the arid Rasafeh area (Syria). Environmental Earth Sciences, 70 (1): 71~82

Alexander W R, McKinley L. 2011. Deep Geological Disposal of Radioactive Waste. Elsevier

Anderson M P, Woessner W W. 1992. Applied Groundwater Modeling: Simulation of Flow and Advective Transport. Gulf Professional Publishing

Anwar S, Sukop M C. 2009. Regional scale transient groundwater flow modeling using Lattice Boltzmann methods. Computers and Mathematics with Applications, 58 (5): 1015~1023.

Arbogast T, Pencheva G, Wheeler M F, Yotov I. 2007. A multiscale mortar mixed finite element method. Multiscale Modeling & Simulation, 6 (1): 319~346

Association W N. 2015. World Nuclear Fuel Cycle. England and Wales

Bai M, Elsworth D, Roegiers J C. 1993. Multiporosity/multipermeability approach to the simulation of naturally fractured reservoirs. Water Resources Research, 29 (6): 1621~1634

Bai M, Roegiers J C. 1997. Triple-porosity analysis of solute transport. Journal of Contaminant Hydrology, 28 (3): 247~266

Barenblatt G, Zheltov I P, Kochina I. 1960. Basic concepts in the theory of seepage of homogeneous liquids in fissured rocks. Journal of Applied Mathematics and Mechanics, 24 (5): 1286~1303

Bear J. 2013. Dynamics of Fluids in Porous Media. New York: American Elsevier

Bear J, Chin-Fu T, Marsily G D. 1993. Flow and contaminant transport in fractured rock. London: Academic Press

Behlau J, Mingerzahn G. 2001. Geological and tectonic investigations in the former Morsleben salt mine (Germany) as a basis for the safety assessment of a radioactive waste repository. Engineering Geology, 61(2): 83~97

Belcher W R. 2004. Death valley regional ground-water flow system, Nevada and California—hydrogeologic framework and transient ground-water flow model. US Geological Survey

Belcher W R, Elliott P E, Geldon A L. 2001. Hydraulic-property estimates for use with a transient ground-water flow model of the Death Valley regional ground-water flow system, Nevada and California. US Department of the Interior, US Geological Survey

Bennetts D A, Webb J A, Stone D J M, Hill D M. 2006. Understanding the salinisation process for groundwater in an area of south-eastern Australia, using hydrochemical and isotopic evidence. Journal of Hydrology, 323 (1-4): 178~192

Bibby R. 1981. Mass transport of solutes in dual-porosity media. Water Resour Res, 17 (4): 1075~1081

Blessent D, Therrien R, Gable C W. 2011. Large-scale numerical simulation of groundwater flow and solute transport in discretely-fractured crystalline bedrock. Advances in Water Resources, 34 (12): 1539~1552

Bodvarsson G S, Boyle W, Patterson R, Williams D. 1999. Overview of scientific investigations at Yucca Mountain—the potential repository for high-level nuclear waste. Journal of Contaminant Hydrology, 38 (1): 3~24

Bodvarsson G S, Wu Y S, Zhang K. 2003. Development of discrete flow paths in unsaturated fractures at Yucca Mountain. Journal of Contaminant Hydrology, 6(2-3): 23~42

Bolshov L, Kondratenko P, Matveev L, Pruess K. 2009. Elements of fractal generalization of dual-porosity model for solute transport in unsaturated fractured rocks. Vadose Zone Journal, 7 (4): 1198

Borsi I, Rossetto R, Schifani C, Hill M C. 2013. Modeling unsaturated zone flow and runoff processes by integrating MODFLOW-LGR and VSF, and creating the new CFL package. Journal of Hydrology, 488: 33~47

Bredehoeft J D, England A, Stewart D, Trask N, Winograd I. 1978. Geologic disposal of high-level radioactive wastes: Earth-science perspectives. US Department of the Interior, Geological Survey

Carroll R W H, Pohll G M, Hershey R L. 2009. An unconfined groundwater model of the Death Valley

Regional Flow System and a comparison to its confined predecessor. Journal of Hydrology, 373 (3-4): 316~328

Cartwright I, Hall S, Tweed S, Leblanc M. 2009. Geochemical and isotopic constraints on the interaction between saline lakes and groundwater in southeast Australia. Hydrogeology Journal, 17 (8): 1991~2004

CGIAR-CSI(Consultative Group on International Agricultural Research, Consortium for Spatial Information). 2015. Accessed 15 February 2015. http: //srtm. csi. cgiar. org/index. asp

Chunmiao Z. 1998. MT3DMS: A modular three-dimensional multispeces transport model for simulation of advection, dispersion, and chemical reactions of contaminants in groundwater systems. SS Papadopulos & Associates

Cirpka O A, Frind E O, Helmig R. 1999. Numerical simulation of biodegradation controlled by transverse mixing. Journal of Contaminant Hydrology, 40 (2): 159~182

Clark I D, Fritz P. 1997. Environmental Isotopes in Hydrogeology. CRC Press,

Craig H. 1961. Isotopic variations in meteoric waters. Science, 133(3465): 1702~1703

D'Agnese F A, Faunt C C, Hill M C, Turner A K. 1999. Death valley regional ground-water flow model calibration using optimal parameter estimation methods and geoscientific information systems. Advances in Water Resources, 22(8): 777~790

Davison R, Lerner D. 2000. Evaluating natural attenuation of groundwater pollution from a coal - carbonisation plant: developing a local-scale model using MODFLOW, MODTMR and MT3D. Water and Environment Journal, 14(6): 419~426

Delay J, Distinguin M. 2004. Hydrogeological investigations in deep wells at the meuse/haute marne underground research laboratory. Engineering Geology for Infrastructure Planning in Europe Springer, 219~225

Delay J, Rebours H, Vinsot A, Robin P. 2007. Scientific investigation in deep wells for nuclear waste disposal studies at the Meuse/Haute Marne underground research laboratory, Northeastern France. Physics and Chemistry of the Earth, Parts A/B/C, 32 (1): 42~57

Demetriades A. 2010. General ground water geochemistry of Hellas using bottled water samples. Journal of Geochemical Exploration, 107(3): 283~298

Dershowitz W S, Einstein H H. 1988. Characterizing rock joint geometry with joint system models. Rock Mechanics and Rock Engineering, 21 (1): 21~51

Dershowitz W S, Fidelibus C. 1999. Derivation of equivalent pipe network analogues for three-dimensional discrete fracture networks by the boundary element method. Water Resour Res, 35 (9): 2685~2691

Dickinson J E, James S C, Mehl S, Hill M C, Leake S, Zyvoloski G A, Faunt C C, Eddebbarh A A. 2007. A new ghost-node method for linking different models and initial investigations of heterogeneity and nonmatching grids. Advances in Water Resources, 30 (8): 1722~1736

Dong Y, Li G. 2009. A parallel PCG solver for MODFLOW. Ground Water, 47 (6): 845~850

Edmunds W M, Guendouz A H, Mamou A, Moulla A, Shand P, Zouari K. 2003. Groundwater evolution in the Continental Intercalaire aquifer of southern Algeria and Tunisia: trace element and isotopic indicators. Applied Geochemistry, 18(6): 805~822

Edmunds W M, Ma J, Aeschbach-Hertig W, Kipfer R, Darbyshire D P F. 2006. Groundwater recharge history and hydrogeochemical evolution in the Minqin Basin, North West China. Applied Geochemistry, 21 (12):

2148~2170

Edwards M G, Delshad M, Pope G A, Sepehrnoori K. 1999. A high-resolution method coupled with local grid refinement for three-dimensional aquifer remediation. In Situ, 23(4): 333~377

El Harrouni K, Ouazar D, Walters G A, Cheng A D. 1996. Groundwater optimization and parameter estimation by genetic algorithm and dual reciprocity boundary element method. Engineering Analysis with Boundary Elements, 18(4): 287~296

Elmo D, Stead D. 2010. An integrated numerical modelling-discrete fracture network approach applied to the characterisation of rock mass strength of naturally fractured pillars. Rock Mechanics and Rock Engineering, 43(1): 3~19

Engelen G B, Kloosterman F. 1996. Hydrological Systems Analysis: Methods and Applications. Kluwer Academic Publishers

Engelen G B, Jones G P. 1986. Developments in the analysis of groundwater flow systems. Wallingford: International Association of Hydrological Sciences

Ewing R C, Lazarov R, Vassilevski P. 1991. Local refinement techniques for elliptic problems on cell-centered grids. Numerische Mathematik, 59(1): 431~452

Ewing R C, Weber W J, Clinard Jr F W. 1995. Radiation effects in nuclear waste forms for high-level radioactive waste. Progress in Nuclear Energy, 29(2): 63~127

Falta R. 2010. STMVOC user's guide. San Francisco: Lawrence Berkeley National Laboratory

Faunt C C, D'Agnese F A, O'Brien G M. 2004. Death Valley Regional Ground-Water Flow System, Nevada and California—Hydrogeologic Framework and Transient Ground-Water Flow Model. US Department of the Interior and US Geological Survey, 2004

Fleckenstein J, Fogg G. 2008. Efficient upscaling of hydraulic conductivity in heterogeneous alluvial aquifers. Hydrogeology Journal, 16(7): 1239~1250

Foglia L, Mehl S W, Hill M C, Burlando P. 2013. Evaluating model structure adequacy: the case of the Maggia Valley groundwater system, southern Switzerland. Water Resources Research, 49(1): 260~282

Follin S, Hartley L. 2014. Approaches to confirmatory testing of a groundwater flow model for sparsely fractured crystalline rock, exemplified by data from the proposed high-level nuclear waste repository site at Forsmark, Sweden. Hydrogeology Journal, 22(2): 333~349

Fredrick K, Becker M, Matott L S, Daw A, Bandilla K, Flewelling D. 2007. Development of a numerical groundwater flow model using SRTM elevations. Hydrogeology Journal, 15(1): 171~181

Freeze R A, Withersp P. 1967. The oretical analysis of regional groundwater flow 2, effect of water-table configuration and subsurface permeability variation. Water Resources Research, 3(2): 623

Funaro D, Quarteroni A, Zanolli P. 1988. An iterative procedure with interface relaxation for domain decomposition methods. SIAM Journal on Numerical Analysis, 25(6): 1213~1236

Gerke H, Van Genuchten M T. 1993a. A dual-porosity model for simulating the preferential movement of water and solutes in structured porous media. Water Resources Research, 29: 305~305

Gerke H, Van Genuchten M T. 1993b. Evaluation of a first-order water transfer term for variably saturated dual-porosity flow models. Water Resources Research, 29: 1225~1225

Ghia U, Ghia K N, Shin C. 1982. High-Re solutions for incompressible flow using the Navier-Stokes equations and a multigrid method. Journal of Computational Physics, 48(3): 387~411

Gleeson T, Marklund L, Smith L, Manning A H. 2011. Classifying the water table at regional to continental scales. Geophysical Research Letters, 38: L05401

Goderniaux P, Davy P, Bresciani E, de Dreuzy J R, Le Borgne T. 2013. Partitioning a regional groundwater flow system into shallow local and deep regional flow compartments. Water Resources Research, 49(4): 2274~2286

Gomez J D, Wilson J L. 2013. Age distributions and dynamically changing hydrologic systems: Exploring topography-driven flow. Water Resources Research, 49(3): 1503~1522

Guendouz A, Moulla A S, Edmunds W M, Zouari K, Shand P, Mamou A. 2003. Hydrogeochemical and isotopic evolution of water in the Complexe Terminal aquifer in the Algerian Sahara. Hydrogeology Journal, 11(4): 483~495

Guimerà J, Vives L, Carrera J. 1995. A discussion of scale effects on hydraulic conductivity at a granitic site (El Berrocal, Spain). Geophysical Research Letters, 22(11): 1449~1452

Guin A, Ramanathan R, Ritzi R W, Dominic D F, Lunt I A, Scheibe T D, Freedman V L. 2010. Simulating the heterogeneity in braided channel belt deposits: 2. examples of results and comparison to natural deposits. Water Resources Research, 46(4)

Hackbusch W. 1985. Multi-grid Methods and Applications. Springer-Verlag Berlin

Haefner F, Boy S. 2003. Fast transport simulation with an adaptive grid refinement. Ground Water, 41(2): 273~279

Haitjema H M, Mitchell-Bruker S. 2005. Are water tables a subdued replica of the topography? Ground Water, 43(6): 781~786

Hakim B, Jaouher K, Laurent T, Gregory D, Pierre P. 2014. Modelling of predictive hydraulic impacts of a potential radioactive waste geological repository on the meuse/haute-marne multilayered aquifer system (France). Journal of Applied Mathematics and Physics, 2(12): 1085

Harbaugh A W, Banta E R, Hill M C, McDonald M G. 2000. MODFLOW-2000, the US Geological Survey modular ground-water model: User guide to modularization concepts and the ground-water flow process. US Geological Survey Reston, VA

He J, Ma J, Zhang P, Tian L, Zhu G, Edmunds W M, Zhang Q. 2012. Groundwater recharge environments and hydrogeochemical evolution in the Jiuquan Basin, Northwest China. Applied Geochemistry, 27(4): 866~878

Herczeg A L, Leaney F W. 2011. Review: Environmental tracers in arid-zone hydrology. Hydrogeology Journal, 19(1): 17~29

Hoek E. 2000. Practical rock engineering. Rocscience

Holmen J, Benabderrahmane H, Brulhet J. 2012. Groundwater flows in Meuse/Haute-Marne aquifer system and the importance of the evolution of the geomorphology over the next million of years

Hou G, Liang Y, Su X, Zhao Z, Tao Z, Yin L, Yang Y, Wang X. 2008. Groundwater Systems and Resources in the Ordos Basin, China. Acta Geologica Sinica-English Edition, 82(5): 1061~1069

Hubbert M K. 1940. The theory of ground-water motion. The Journal of Geology, 785~944

IAEA, WMO. 2004. Global Network of Isotopes in Precipitation (GNIP) Database. Vienna, Austria

Inc W H. 2011. Visual Modflow user's manual

Ingebritsen S E, Manning C. 2010. Permeability of the continental crust: dynamic variations inferred from seismicity and metamorphism. Geofluids, 10(1-2): 193~205

Ingebritsen S E, Sanford W E. 1999. Groundwater in Geologic Processes. Cambridge University Press

Jakimavičiūte-Maseliene V, Mažeika J, Petrošius R. 2006. Modelling of coupled groundwater flow and radionuclide transport in crystalline basement using FEFLOW 5. 0. Journal of Environmental Engineering and Landscape Management, 14(2): 101~112

James S C, Doherty J E, Eddebbarh A A. 2009. Practical postcalibration uncertainty analysis: Yucca Mountain, Nevada. Ground Water, 47(6): 851~869

Jenny P, Lee S, Tchelepi H. 2003. Multi-scale finite-volume method for elliptic problems in subsurface flow simulation. Journal of Computational Physics, 187 (1): 47~67

Jia S P, Chen W Z. 2011. Study on excavation-induced permeability changes in clay stone. Advanced Materials Research, 243: 2548~2551

Jiang T, Xu W, Shao J. 2014. Multiscale study of the nonlinear behavior of heterogeneous clayey rocks based on the FFT method. Rock Mechanics and Rock Engineering, 1~10

Jiang X W, Wan L, Wang X S, Ge S, Liu J. 2009. Effect of exponential decay in hydraulic conductivity with depth on regional groundwater flow. Geophysical Research Letters, 36(24): L24402

Jiang X W, Wang X S, Wan L, Ge S. 2011. An analytical study on stagnation points in nested flow systems in basins with depth-decaying hydraulic conductivity. Water Resources Research, 47: W01512

Jiang X W, Wan L, Cardenas M B, Ge S, Wang X S. 2010. Simultaneous rejuvenation and aging of groundwater in basins due to depth-decaying hydraulic conductivity and porosity. Geophysical Research Letters, 37(5)

Joyce S, Hartley L, Applegate D, Hoek J, Jackson P. 2014. Multi-scale groundwater flow modeling during temperate climate conditions for the safety assessment of the proposed high-level nuclear waste repository site at Forsmark, Sweden. Hydrogeology Journal, 22(6): 1233~1249

Kendall C, McDonnell J J. 1999. Isotope Tracers in Catchment Hydrology. Elsevier

Kim G B, Park J H. 2014. Hydrogeochemical interpretation of water seepage through a geological barrier at a reservoir boundary. Hydrological Processes, 28(19): 5065~5080

Knutson C, Valocchi A, Werth C. 2007. Comparison of continuum and pore-scale models of nutrient biodegradation under transverse mixing conditions. Advances in Water Resources, 30(6): 1421~1431

Kolditz O, Ratke R, Diersch H J G, Zielke W. 1998. Coupled groundwater flow and transport: 1. verification of variable density flow and transport models. Advances in Water Resources, 21(1): 27~46

Löfman J. 2000. Site scale groundwater flow in Olkiluoto-Complementary simulations. Posiva Oy, Helsinki (Finland)

Leake S A, Lawson P W, Lilly M R, Claar D V. 1998. Assignment of boundary conditions in embedded ground water flow models. Groundwater, 36(4): 621~625

Li X, Li G, Zhang Y. 2014. Identifying major factors affecting groundwater change in the north China Plain with grey relational analysis. Water, 6(6): 1581~1600

Li X Q, Zhang L, Hou X W. 2008. Use of hydrogeochemistry and environmental isotopes for evaluation of groundwater in Qingshuihe Basin, northwestern China. Hydrogeology Journal, 16(2): 335~348

Liang X, Liu Y, Jin M, Lu X, Zhang R. 2010. Direct observation of complex Tóthian groundwater flow systems in the laboratory. Hydrological Processes, 24(24): 3568~3573

Liang X, Quan D, Jin M, Liu Y, Zhang R. 2013. Numerical simulation of groundwater flow patterns using flux as upper boundary. Hydrological Processes, 27(24): 3475~3483

Lin L, Jin-Zhong Y, Zhang B, Yan Z. 2010. A simplified numerical model of 3-D groundwater and solute transport at large scale area. Journal of Hydrodynamics, Ser B, 22(3): 319~328

Lipnikov K, Moulton J D, Svyatskiy D. 2008. A multilevel multiscale mimetic (M3) method for two-phase flows in porous media. Journal of Computational Physics, 227(14): 6727~6753

Louis C. 1969. A study of groundwater flow in jointed rock and its influence on the stability of rock masses. Imperial College of Science and Technology

Louis C. 1972. Rock Mechanics. Vienna: Springer. 299~387

Mallants D. 2009. Groundwater flow and transport modelling in support of environmental impact assessment, hydrogeological investigations for groundwater flow and solute transport calculations. QUEZON CITY, Philippines

Mansour M M, Spink A E F. 2013. Grid refinement in cartesian coordinates for groundwater flow models using the divergence theorem and taylor's series. Ground Water, 51(1): 66~75

Marklund L, Wörman A. 2011. The use of spectral analysis-based exact solutions to characterize topography-controlled groundwater flow. Hydrogeology Journal, 19(8): 1531~1543

Maryška J, Severýn O, Vohralík M. 2005. Numerical simulation of fracture flow with a mixed-hybrid FEM stochastic discrete fracture network model. Computational Geosciences, 8(3): 217~234

McDonald M G, Harbaugh A W. 1988. A modular three-dimensional finite-difference ground-water flow model. Virginia. US Geological Survey Techniques of Water-Resources Investigations, 586

McLaren R G, Forsyth P A, Sudicky E A, Vanderkwaak J E, Schwartz F W, Kessler J H. 2000. Flow and transport in fractured tuff at Yucca Mountain: numerical experiments on fast preferential flow mechanisms. Journal of Contaminant Hydrology, 43(3-4): 211~238

Mehl S, Hill M C. 2002. Development and evaluation of a local grid refinement method for block-centered finite-difference groundwater models using shared nodes. Advances in Water Resources, 25(5): 497~511

Mehl S, Hill M C. 2004. Three-dimensional local grid refinement for block-centered finite-difference groundwater models using iteratively coupled shared nodes: a new method of interpolation and analysis of errors. Advances in Water Resources, 27(9): 899~912

Mehl S, Hill M C. 2013. MODFLOW-LGR. Documentation of Ghost Node Local Grid Refinement (LGR2) for Multiple Areas and the Boundary Flow and Head (BFH2) Package, 43

Mehl S, Hill M C, Leake S A. 2006. Comparison of local grid refinement methods for MODFLOW. Ground Water, 44(6): 792~796

Miller W M, Chapman N, McKinley I, Alexander R, Smellie J. 2011. Natural analogue studies in the geological disposal of radioactive wastes. Elsevier

Moinfar A, Narr W, Hui M H, Mallison B, Lee S. 2011. Comparison of discrete-fracture and dual-permeability models for multiphase flow in naturally fractured reservoirs. Society of Petroleum Engineers-SPE Reservoir

Narasimhan T, Witherspoon P. 1976. An integrated finite difference method for analyzing fluid flow in porous media. Water Resources Research, 12(1): 57~64

Nastev M, Rivera A, Lefebvre R, Martel R, Savard M. 2005. Numerical simulation of groundwater flow in regional rock aquifers, southwestern Quebec, Canada. Hydrogeology Journal, 13(5-6): 835~848

Nativ R, Adar E, Dahan O, Nissim I. 1997. Water salinization in arid regions- observations from the Negev desert, Israel. Journal of Hydrology, 196(1-4): 271~296

Nield D A, Bejan A. 2013. Mechanics of Fluid Flow Through a Porous Medium. Springer

Odén M, Niemi A, Tsang C F, Öhman J. 2008. Regional channelized transport in fractured media with matrix diffusion and linear sorption. Water Resour Res, 44(2): W02421

Panday S, Langevin C D. 2012. Improving sub-grid scale accuracy of boundary features in regional finite-difference models. Advances in Water Resources, 41: 65~75

Peter G C, Andrew L H. 2000. Environmental tracers in subsurface hydrology. Kluwer Dordrecht: Springer

Pollock D W. 1994. User's Guide for MODPATH/MODPATH-PLOT, Version 3: A Particle Tracking Post-processing Package for MODFLOW, the US: Geological Survey Finite-difference Ground-water Flow Model. US Department of Interior

Price M. 2008. Mastering ArcGIS, 153

Pruess K. 1983. Heat transfer in fractured geothermal reservoirs with boiling. Water Resources Research, 19(1): 201~208

Pruess K. 1992. Brief guide to the MINC-method for modeling flow and transport in fractured media. LBL-32195 Earth Sciences Division, Lawrence Berkeley Laboratory, University of California, USA

Pruess K. , Faybishenko B, Bodvarsson G S. 1999. Alternative concepts and approaches for modeling flow and transport in thick unsaturated zones of fractured rocks. Journal of Contaminant Hydrology, 38(1-3): 281~322

Pruess K, Oldenburg C, Moridis G. 2011. TOUGH2 User’s Guide, Version 2. 0. CA USA: Earth Sciences Division, Lawrence Berkeley National Laboratory

Pruess K, Tsang Y, Wang J. 1984. Numerical studies of fluid and heat flow near high-level nuclear waste packages emplaced in partially saturated fractured tuff. Lawrence Berkeley Lab, CA (United States)

Qin D, Zhao Z, Han L, Qian Y, Ou L, Wu Z, Wang M. 2012. Determination of groundwater recharge regime and flowpath in the Lower Heihe River basin in an arid area of northwest China by using environmental tracers: implications for vegetation degradation in the Ejina Oasis. Applied Geochemistry, 27(6): 1133~1145

Raje D S, Kapoor V. 2000. Experimental study of bimolecular reaction kinetics in porous media. Environmental Science & Technology, 34(7): 1234~1239

Ramanathan R, Guin A, Ritzi R W, Dominic D F, Freedman V L, Scheibe T D, Lunt I A. 2010. Simulating the heterogeneity in braided channel belt deposits: 1. a geometric-based methodology and code. Water Resources Research, 46(4)

Refsgaard J C, Christensen S, Sonnenborg T O, Seifert D, Højberg A L, Troldborg L. 2012. Review of strategies for handling geological uncertainty in groundwater flow and transport modeling. Advances in Water Resources, 36: 36~50

Reilly T E. 2001. System and boundary conceptualization in ground-water flow simulation. US Geological Survey

Rhén I. 2006. Evaluation of hydrogeological properties for Hydraulic Conductor Domains (HCD) and Hydraulic Rock Domains (HRD). Laxemar subarea: version 1. 2, SKB

Rogiers B. 2013. Multi-scale aquifer characterization: From outcrop analogue, direct-push and borehole investigations towards improved groundwater flow models. PhD thesis, Faculty of Science, KU Leuven, 234

Rouabhia A, Baali F, Fehdi C, Abderrahmane B, Djamel B. 2011. Hydrogeochemistry of groundwaters in a semi-arid region. El Ma El Abiod aquifer, Eastern Algeria. Arabian Journal of Geosciences, 4(5-6): 973~982

Rutqvist J, Rinaldi A P, Cappa F, Moridis G J. 2013. Modeling of fault reactivation and induced seismicity during hydraulic fracturing of shale-gas reservoirs. Journal of Petroleum Science and Engineering, 107: 31~44

Saar M, Manga M. 2004. Depth dependence of permeability in the Oregon Cascades inferred from hydrogeologic, thermal, seismic, and magmatic modeling constraints. Journal of Geophysical Research: Solid Earth (1978–2012), 109 (B4)

Schaars F, Kamps P. 2001. MODGRID: Simultaneous solving of different groundwater flow models at various scales. In: Poeter S, *et al*(eds). Proceedings of MODFLOW 2001 and Other Modeling Odysseys Conference. Colorado School of Mines, Golden, Colorado, September, 11~14

Scheibe T D, Murphy E M, Chen X, Rice A K, Carroll K C, Palmer B J, Tartakovsky A M, Battiato I, Wood B D. 2014. An Analysis Platform for Multiscale Hydrogeologic Modeling with Emphasis on Hybrid Multiscale Methods. Groundwater

Schoeller H. 1965. Hydrodynamique dans le karst(Hydrodynamics of karst). IAHS/UNESCO: Wallingford, 3~20

Schoeniger M, Sommerhaeuser M, Herrmann A. 1997. Modelling flow and transport processes in fractured rock groundwater systems on a small basin scale. Iahs Publication, (241): 143~149

Shao J, Li L, Cui Y, Zhang Z. 2013. Groundwater flow simulation and its application in groundwater resource evaluation in the north China Plain, China. Acta Geologica Sinica-English Edition, 87(1): 243~253

Smith E H, Seth M S. 1999. Efficient solution for matrix - fracture flow with multiple interacting continua. International Journal for Numerical and Analytical Methods in Geomechanics, 23(5): 427~438

Stroes-Gascoyne S, West J M. 1996. An overview of microbial research related to high-level nuclear waste disposal with emphasis on the Canadian concept for the disposal of nuclear fuel waste. Canadian Journal of Microbiology, 42(4): 349~366

Székely F. 1998. Windowed spatial zooming in finite-difference ground water flow models. Groundwater, 36(5): 718~721

Tóth J. 1963. A theoretical analysis of groundwater flow in small drainage basins. Journal of Geophysical Research, 68(16): 4795~4812

Tóth J. 1980. Cross-formational gravity-flow of groundwater: a mechanism of the transport and accumulation of petroleum. The Generalized Hydraulic Theory of Petroleum Migration

Tóth J. 1978. Gravity-induced cross-formational flow of formation fluids, red earth region, Alberta, Canada: analysis, patterns, and evolution. Water Resources Research, 14(5): 805~843

Tóth J. 1999. Groundwater as a geologic agent: an overview of the causes, processes, and manifestations. Hydrogeology Journal, 7(1): 1~14

Tóth J, Sheng G. 1996. Enhancing safety of nuclear waste disposal by exploiting regional groundwater flow:

the recharge area concept. Hydrogeology Journal, 4(4): 4~25

Tiedeman C R, Hill M C, D'Agnese F A, Faunt C C. 2003. Methods for using groundwater model predictions to guide hydrogeologic data collection, with application to the Death Valley regional groundwater flow system. Water Resources Research, 39(1): 1010

Timothy T E. 2006. On the importance of geological heterogeneity for flow simulation. Sedimentary Geology, 184(3-4): 187~201

Trefry M G, Muffels C. 2007. FEFLOW: A Finite - Element Ground Water Flow and Transport Modeling Tool. Groundwater, 45(5): 525~528

Trottenberg U, Oosterlee C, Schüuller A. 2000. Multigrid Methods: Basics, Parallelism, and Adaptivity. Elsevier

Tsang Y W, Tsang C F. 1987. Channel model of flow through fractured media. Water Resources Research, 23(3): 467~479

Twarakavi N K C, Šimůnek J, Seo S. 2008. Evaluating interactions between groundwater and vadose zone using the HYDRUS-based flow package for MODFLOW. Vadose Zone Journal, 7(2): 757~768

Tweed S, Leblanc M, Cartwright I, Favreau G, Leduc C. 2011. Arid zone groundwater recharge and salinisation processes; an example from the Lake Eyre Basin, Australia. Journal of Hydrology, 408 (3-4): 257~275

Vilhelmsen T N, Christensen S, Mehl S W. 2012. Evaluation of MODFLOW-LGR in connection with a synthetic regional-scale model. Ground Water, 50(1): 118~132

Voss C, Provost A. 2001. Recharge-area nuclear waste repository in Southeastern Sweden. Demonstration of Hydrogeologic Siting Concepts and Techniques, SKI Report, 1: 44

Walker D D, Gylling B, Selroos J O. 2005. Upscaling of hydraulic conductivity and telescopic mesh refinement. Ground Water, 43(1): 40~51

Wang H F, Anderson M P. 1995. Introduction to Groundwater Modeling: Finite Difference and Finite Element Methods. Academic Press

Wang J. 2010. High-level radioactive waste disposal in China: update 2010. Journal of Rock Mechanics and Geotechnical Engineering, 2(1): 1~11

Wang L, Li G, Dong Y, Han D, Zhang J. 2015. Using hydrochemical and isotopic data to determine sources of recharge and groundwater evolution in an arid region: a case study in the upper–middle reaches of the Shule River basin, northwestern China. Environmental Earth Sciences, 73(4): 1901~1915

Wang S, Jaffe P, Li G, Wang S, Rabitz H. 2003. Simulating bioremediation of uranium-contaminated aquifers: uncertainty assessment of model parameters. Journal of Contaminant Hydrology, 64(3): 283~307

Wang X S, Jiang X W, Wan L, Ge S, Li H. 2011. A new analytical solution of topography-driven flow in a drainage basin with depth-dependent anisotropy of permeability. Water Resources Research, 47(9): W09603

Ward D S, Buss D R, Mercer J W, Hughes S S. 1987. Evaluation of a groundwater corrective action at the Chem-Dyne Hazardous Waste Site using a telescopic mesh refinement modeling approach. Water Resources Research, 23(4): 603~617

Warren J E, Root P J. 1963. The behavior of naturally fractured reservoirs. Old SPE Journal, 3(3): 245~255

Weatherill D, Graf T, Simmons C T, Cook P G, Therrien R, Reynolds D A. 2008. Discretizing the fracture-matrix interface to simulate solute transport. Ground Water, 46(4): 606~615

Weinan E, Engquist B, Huang Z. 2003. Heterogeneous multiscale method: A general methodology for multiscale modeling. Physical Review B, 67(9)

Welch L A, Allen D M, van Meerveld H. 2012. Topographic controls on deep groundwater contributions to mountain headwater streams and sensitivity to available recharge. Canadian Water Resources Journal, 37(4): 349~371

Wen X H, Gómez-Hernández J J. 1996. Upscaling hydraulic conductivities in heterogeneous media: an overview. Journal of Hydrology, 183(1): ix~xxxii

Werner A D, Gallagher M R, Weeks S W. 2006. Regional-scale, fully coupled modelling of stream-aquifer interaction in a tropical catchment. Journal of Hydrology, 328(3): 497~510

Wesseling P. 1991. An Introduction to Multigrid Methods. New York: Willey

Wu Y S, Pruess K. 1988. A multiple-porosity method for simulation of naturally fractured petroleum reservoirs. SPE Reservoir Engineering, 3(1): 327~336

Wu Y S, Pruess K. 1998. Several TOUGH2 modules developed for site characterization studies of Yucca Mountain. LBNL-Lawrence Berkeley National Laboratory, 89~94

Wu Y S, Haukwa C, Bodvarsson G S. 1999. A site-scale model for fluid and heat flow in the unsaturated zone of Yucca Mountain, Nevada. Journal of Contaminant Hydrology, 38 (1-3): 185~215

Wu Y S, Zhang K, Ding C, Pruess K, Elmroth E, Bodvarsson G S. 2002. An efficient parallel-computing method for modeling nonisothermal multiphase flow and multicomponent transport in porous and fractured media. Advances in Water Resources, 25(3): 243~261

Xu C, Dowd P. 2010. A new computer code for discrete fracture network modelling. Computers & Geosciences, 36(3): 292~301

Xu X, Huang G, Zhan H, Qu Z, Huang Q. 2012. Integration of SWAP and MODFLOW-2000 for modeling groundwater dynamics in shallow water table areas. Journal of Hydrology, 412: 170~181

Yamamoto H. 2008. PetraSim: A graphical user interface for the TOUGH2 family of multiphase flow and transport codes. Ground Water, 46(4): 525~528

Yan H D, Guo M L, Ming L. 2009. Numerical modeling of the regional ground water flow in Beishan area, Gansu Province. Chinese Science Bulletin, 54(16)(Accepted)

Zammouri M, Siegfried T, El-Fahem T, Kriâa S, Kinzelbach W. 2007. Salinization of groundwater in the Nefzawa oases region, Tunisia: results of a regional-scale hydrogeologic approach. Hydrogeology Journal, 15(7): 1357~1375

Zghibi A, Zouhri L, Tarhouni J, Kouzana L. 2013. Groundwater mineralisation processes in Mediterranean semi-arid systems (Cap-Bon, North east of Tunisia): hydrogeological and geochemical approaches. Hydrological Processes, 27(22): 3227~3239

Zhang K, Moridis G, Pruess K. 2011. TOUGH+CO_2: a multiphase fluid-flow simulator for CO_2 geologic sequestration in saline aquifers. Computers & Geosciences, 37(6): 714~723

Zhang L, Franklin J. 1993. Prediction of water flow into rock tunnels: an analytical solution assuming an hydraulic conductivity gradient. International Journal of Rock Mechanics and Mining Sciences & Geomechanics Abstracts, 37~46

Zhang Y, Li G M. 2013. Influence of south-to-north water diversion on major cones of depression in North

China Plain. Environmental Earth Sciences, 1~9

Zhao L, Yin L, Xiao H, Cheng G, Zhou M, Yang Y, Li C, Zhou J. 2011. Isotopic evidence for the moisture origin and composition of surface runoff in the headwaters of the Heihe River basin. Chinese Science Bulletin, 56(4-5): 406~415

Zhou H, Li L, Gómez-Hernández J J. 2010. Three-dimensional hydraulic conductivity upscaling in groundwater modeling. Computers & Geosciences, 36(10): 1224~1235

Zhu G, Su Y, Huang C, Qi F, Liu Z. 2010. Hydrogeochemical processes in the groundwater environment of Heihe River Basin, northwest China. Environmental Earth Sciences, 60(1): 139~153

Zijl W. 1999. Scale aspects of groundwater flow and transport systems. Hydrogeology Journal, 7(1): 139~150

Zyvoloski G, Kwicklis E, Eddebbarh A A, Arnold B, Faunt C, Robinson B A. 2003. The site-scale saturated zone flow model for Yucca Mountain: calibration of different conceptual models and their impact on flow paths. Journal of Contaminant Hydrology, 62-63(0): 731~750